趣味系列 05

Interesting Logic

趣味逻辑

修订本

徐德清 著

山东人民出版社

国家一级出版社 全国百佳图书出版单位

图书在版编目（CIP）数据

趣味逻辑 / 徐德清著 . — 济南：山东人民出版社，2014.5（2022.3 重印）

（趣味系列）

ISBN 978 – 7 – 209 – 08279 – 2

Ⅰ. ①趣… Ⅱ. ①徐… Ⅲ. ①逻辑 – 青年读物 ②逻辑–少年读物 Ⅳ. ① B81 – 49

中国版本图书馆 CIP 数据核字（2014）第 036452 号

责任编辑：王海涛　崔　敏
装帧设计：蔡立国

趣味逻辑
徐德清　著

山东出版传媒股份有限公司
山东人民出版社出版发行
社　址：济南市市中区舜耕路517号　邮　编：250003
网　址：http：// www.sd–book.com.cn
发行部：（0531）82098027　82098028

新华书店经销
山东华立印务有限公司印装

规　格　16 开（169mm × 228mm）
印　张　21.5
字　数　300 千字
版　次　2014 年 5 月第 1 版
印　次　2022 年 3 月第 7 次
ISBN　978 – 7 – 209 – 08279 – 2
定　价　29.00 元

《趣味系列》修订本序

这是一套以“趣味”命名的系列读物，包括：《趣味语文》《趣味历史》《趣味考古》《趣味地理》《趣味逻辑》《趣味哲学》《趣味文字》《趣味美学》《趣味心理》等九个人文社会学科。为什么要用“趣味”命名呢？因为每本书的作者在每门学科中选择了其中最有趣的、最容易引发读者兴趣的，也是最有吸引力的故事和知识。

如果你要学一门学科，或者老师要教一门学科，一定要讲究知识结构系统和内容完整。其中当然也会有一些有趣的内容，但也不得不包括不那么有趣、甚至非常枯燥艰深的内容。或者一部分人感到有趣，学得轻松愉快，另一部分人却毫无兴趣，只能硬着头皮学。

但这套书不同。它们既不是教科书，也不是教辅材料，更不是考试秘诀，不需要预复习，不必做作业，更不用担心考试。你觉得哪本有趣就看哪一本，觉得哪一段有趣就看哪一段，有多少空闲时间就看多少，隔一段时间再看也不会影响阅读的效果。

当然，不能只讲趣味。既然是以学科分类，还得对本学科的知识和内容作一番精心选择。为什么要选择呢？因为每门学科知识和内容的积累、记录、传承，一门学科的形成和发展，都是一个漫长而艰苦的过程，是古往今来无数学者的心血凝聚成的，其中一些最重要、最经典的内容必须有所体现。另一方面，到了今天，每门学科的知识和内容都已浩如烟海，如果不加选择，不用说这套书容纳不了，任何人穷毕生之力也读不完。再说，从我们所希望的读者的需求出发，也必须有所选择。

以我最熟悉的历史学科为例。

历史是靠人记录的，但一开始这一过程是相当艰难的。尽管在进入文明社会的早期人类就有了记录历史的意识，但一直缺少工具和手段。在文字发明后依然存在书写工具和记录介质的困难，所以只能尽可能使文字简约，甲骨、竹、木、帛等都被用作书写材料，而最重要的内容只能镌刻于石材，铸造于青铜器。

由于已有的历史文献不易复制，大多只是孤本秘籍，一遇天灾人祸，往往从此消失。得以幸存至今，成为我们今天能够看到的史料、史书，只是其中很少一部分。

秦始皇烧毁了民间收藏的儒家经典，只允许官方学者保存研究，其中一位伏生专门负责《尚书》。秦末战乱爆发，伏生怕《尚书》毁坏散失，将书藏在墙壁中。战乱过后，他发现书已经遗失了一部分，就将书的内容记在心中，等待传播的机会。直到他九十岁时，才等到了皇帝派来记录的学者晁错。可惜他已口齿不清，只能靠听得懂他的话的女儿传达。加上他们讲的是山东方言，河南人晁错没有听懂，记录的内容又打不小的折扣。

只有在纸得到普遍运用和印刷术普及后，历史的记录和传播才有了物质条件的保证，才能够突破官方的封锁和限制，进入民间。甚至连统治者刻意禁毁的史料、史书，只要曾经被复制或印刷，往往依然能得到流传。

但是到了今天，我们又面临着新的困境。随着信息技术的飞速进展，海量信息已可轻易获取。以前人说“一部《二十四史》不知从何读起”，不过是发感叹而已，真正能拥有一部《二十四史》或随时可以读的人是不多的。而如今只要有一张光盘，或者能够连上相应的网页，《二十四史》不仅能随意读，还能逐句、逐字检索，找出每一个人名、地名、事件、制度就在瞬间。但是以个人的精力和时间，终身也无法穷尽，即使是专业研究人员也无此必要，何况绝大多数只是出于业余兴趣的人！

历史研究固然应该不受任何禁区的限制，完全从史实出发，且无论巨细都有意义，无论正负均有价值。但运用和传播历史知识、历史研究成果时必须根据各方面的条件而有所选择，如对专业和业余、精英和大众、成年人与未成年人等，就应有不同的侧重点。还应顾及国家利益、社会公德、民族感情、宗教信仰、风俗禁忌等多方面。

优秀的普及性读物就要遵循这些基本的原则，根据特定读者的需要和可能，精选出适量的内容，以最容易接受吸收的方式提供给读者。这正是这套书的作者和编者的良苦用心。

趣味系列这套书，原是上海古籍出版社2001年策划出版的，受到了读者，特别是中学生的热烈欢迎，加印多次，其中《趣味逻辑》《趣味哲学》加印20多次；2007年出版了插图本。本次山东人民出版社出版的趣味系列新版，《趣味文字》《趣味心理》是第一次出版，其他7本对原有版本的内容做了新的修订，根据时代变化加入了许多新的内容，重新装帧设计，希望给读者朋友，特别是中学生朋友编辑一套“开拓人文视野，提高学习兴趣”的人文社科入门读物。

葛剑雄

2014年1月10日

前　言

一提起逻辑，有的人常常把它看得很神秘，似乎高深莫测，离我们很远；有的人觉得它常常运用符号、公式，十分枯燥乏味；还有的人认为逻辑没有必要学，不学逻辑，照样可以学习、工作、生活。其实，逻辑并不神秘，它就在我们的生活中。让我们看看这个极其普通的故事吧！

小明和小虎放学回家，路上捡到一个钱包，打开一看，里面有300多元钱，还有一张会员卡，他们准备把它交给警察叔叔。这时走来一个青年人，对他们说："这钱包是我的。"小虎听了，就想把钱包交给他，小明急忙说："请等一等，你说钱包是你的，那么，你说说看，钱包里有多少钱？""这个……大约有100多元吧！"那人吞吞吐吐地说。"钱包里还有什么东西？"小明继续问。"没有了。"小明说："对不起，这钱包根本不是你的！你想骗我们。"那个青年灰溜溜地离开了。小明和小虎把钱包交给了警察叔叔。

小明判定钱包不是那个青年的，用的就是逻辑推理：只有知道钱包中有多少钱和会员卡，钱包才是他的；他不知道钱包中有多少钱及会员卡；所以，钱包不是他的。

这个故事说明，逻辑就在我们的周围。这样的事在我们生活中是举不胜举的：当你看到教室里干干净净，就能推断有人打扫过了；清晨看见地面上一片雪白，就可知道夜里下了一场雪；知道张山是三好学生，马上就推断出他品德好；看到某同学学习认真、学习态度端正、学习方法灵活，就能预料该同学知识掌握得比较好；你会从“雷锋是无私的”，来驳斥“人都是自私的”。所有这些，都是自觉或不自觉地运用了逻辑知识。

在生活中，人们天天在思维，思维就要运用逻辑；我们天天要说话，离开逻辑就会颠三倒四、答非所问；我们要写文章，没有逻辑就会出洋相；我们要守纪律，守纪律必须使用逻辑：“公民要守纪律，我是公民，所以我要守纪律”；我们要与人讨论、辩论问题，更要使用逻辑；甚至大扫除分工、选举班干部，也和逻辑发生联系。总之，逻辑并不神秘，我们的生活中时时处处与逻辑发生关系，生活离不开逻辑，逻辑就在生活中。

逻辑是非常有趣的。逻辑学虽然是一门高度抽象的科学，但也是一门实践性极强的科学。它在指导人们的实践中，创造了无数奇迹；人们运用逻辑知识的过程中，留下了数不清的趣闻、趣事。《世说新语》中记载这样一件事：晋朝时，有一个姓杨的小孩，才 9 岁，就非常聪明。一天，一个名叫孔君平的官员有事找他爸爸，他爸爸恰巧不在家，孔君平就把他叫了出来。姓杨的小孩端出瓜果招待孔君平，瓜果中有杨梅。孔君平故意戏弄这小孩，指着杨梅问小孩：“这杨梅就是你们杨家的水果了。”这小孩应声回答：“如果说杨梅就是杨家果，那么孔雀就是孔家的家禽，可惜我没有听说过孔雀就是孔家的家禽呀！”“哈哈哈！”孔君平大笑。这个小孩的回答非常幽默有趣，也十分厉害，一下子就把姓孔的官员驳倒了。

许多历史故事、神话传说、战争纪事、科学发明、浪漫爱情、奇人逸事中都包含着趣意盎然的逻辑故事。许多成语掌故，如自相矛盾、模棱两可、进退维谷等本身就是逻辑典故，老马识途、蚁穴得水、增兵减灶、郑人买履、名落孙山、东施效颦等成语中包含着生动的逻辑趣闻。许多诗歌、对联、绘画中蕴藏着逻辑推理，笑话、幽默、相声也离不开逻辑知识，侦探小说、推理小说中更充满着严密的逻辑推理。妙趣横生的逻辑文化已成为人类生活的一部分了。历史故事中的逻辑、现实生活中的逻辑是不枯燥的，它是生动的，充满着理智、幽默、趣味的。

逻辑的作用也是巨大的。逻辑在侦查破案中的作用是最突出的，违反逻辑就会造成冤假错案，许多名案的侦破都是巧妙运用逻辑知识的结果。中国历史上的包公、于成龙以及外国小说中的波洛、福尔摩斯等都是逻辑高手。科技的发明、发现依赖于逻辑知识，现在我们所使用的工具，小到锯子、听诊器，大到飞机、潜艇，它们的发明都直接得益于逻辑知识。许多战争胜败与逻辑有关，从孙膑的“围魏救赵”到拿破仑军队踏冰过河，从中途岛海战到济南战役，逻辑在其中起了很大作用。文学艺术主要依靠形象思维，但是也需要逻辑。老舍说：“有的作品文字色彩不浓，首先是逻辑性问题。”历史经验、教训的总结，要运用逻辑知识，魏征的“兼听则明，偏听则暗”，就是通过归纳推理得出的。数学中证明与逻辑联系最为密切，著名数学家高斯的天才是从巧妙运用完全归纳推理算出1—100之和开始的。

所有这些都说明，逻辑在人类生活中发挥着极大作用，甚至连反对学习逻辑的人也在运用逻辑，享受着逻辑知识的好处。

俄国作家屠格涅夫的小说《父与子》中，描写了一个反对学习逻辑的人：青年医生巴扎罗夫是一个虚无主义者，“一个什么都不承认的人”。他反对学习逻辑，看不起逻辑学家。他说：“逻辑对我们有什么用呢？您肚子饿的时候，我想，您用不着逻辑帮助您把一块面包放进嘴里去吧。”巴扎罗夫认为逻辑无用，但是他这“逻辑无用论”也是借助于逻辑推出来的：凡不能帮助人把面包放进嘴里去的东西都是无用的，逻辑是不能帮助人把面包放进嘴里去的东西，所以，逻辑是无用的。这个推理是完全合乎逻辑的，它本身就证明了逻辑是有用的。其结论之所以是荒谬的，是因为它的大前提的内容太荒谬了。衣服、房子也不能帮助人把面包放进嘴里去，难道它们也是无用的？

当然，在现实生活中，像巴扎罗夫那样认为逻辑无用的人，毕竟是少数。所以，如果你要成为一个思维敏捷的人，成为一个头脑清晰的人；如果你需要在面对巧言诡辩时能廓清迷雾，在遇到复杂情况时能提纲挈领、果敢决断；如果你想成为一个思维严密、智力超群的人，成为一个有作为的人，那么就要打好逻辑的根底。根深才能叶茂。

那么什么是逻辑？“逻辑”这个词是由英文 logic 直接音译而来，而英文 logic 又是译自希腊文。在希腊文里，这个词的意思是指理性、思维、言辞等。

现在我们所讲的逻辑，是指一门研究思维形式的结构及其规律的科学。

逻辑是一门很古老的学问，早在两千多年前就产生了。古代中国、希腊和印度，是逻辑学的三大发源地。

我国古代学者惠施、公孙龙、墨子、韩非、荀况等都是古代的逻辑学家。墨子的弟子们总结了前人的研究成果，写出了我国第一部逻辑经典著作——《墨经》，提出了一个比较完整的逻辑体系。我国古代的逻辑学，称为“名学”“辩学”，研究名辩的人被称为“辩士”或“名家”。古希腊的亚里士多德（前 384 ～前 322）是欧洲古代逻辑的创始人，他的逻辑名著《工具论》，系统总结了逻辑研究的成果，对后世影响很大。亚里士多德被西方誉为“逻辑之父”。我们现在所学的逻辑学，主要仍是亚氏古典逻辑的体系。古代印度，在各教派的论争中，逻辑学也得到了发展，他们把这门学问叫做“因明学”，主要研究逻辑的论证。我国唐代高僧玄奘曾到印度游学，并把“因明”系统地引入我国。

逻辑作为一门科学，主要有三个分支：形式逻辑、数理逻辑和辩证逻辑。17 世纪，英国哲学家培根（1561 ～ 1626）创立了归纳逻辑，写出著名的《新工具论》。形式逻辑这个名称，最早是 18 世纪德国哲学家康德（1724 ～ 1804）提出来的，用来称呼亚里士多德的逻辑。后来，形式逻辑就成为既包括演绎逻辑，又包括归纳逻辑在内的逻辑，也称传统的形式逻辑。

数理逻辑也称现代形式逻辑，它是在传统的形式逻辑基础上发展起来的一门逻辑科学。17 世纪末，德国数学家莱布尼茨（1646 ～ 1716）最早提出用数学方法研究逻辑，成为数理逻辑的创始人。数理逻辑是用一套人工语言，即符号与公式，对逻辑思维形式进行一系列的推演。数理逻辑虽只有 300 年的历史，但由于与现代科学技术尤其是电子计算机的发展密切相关，它已成为一门重要的学科，并被广泛地应用。

辩证逻辑是研究辩证思维规律的一门逻辑科学。恩格斯、列宁都很重视辩证逻辑的研究，并提出了建立辩证逻辑科学的任务。

本书向读者叙述的是形式逻辑知识，按照通行的逻辑教材的编排顺序，从概念、命题、推理、逻辑基本规律等方面，通过通俗而有趣的故事，介绍逻辑基本知识及其应用，展现逻辑的魅力，希望能引起广大读者学习逻辑的兴趣，帮助青少年朋友们打开逻辑知识的宝库，锤炼驾驭逻辑工具的能力。由于本人水平有限，本书的缺点错误肯定存在，衷心希望广大读者不吝赐教。

徐德清

2014 年春于上海五角场

目 录

命题趣话

逻辑规律趣话

一　同一律趣事

二　矛盾律趣谈

演绎推理趣话

三 联言、选言推理的妙用

四 假言推理的巧用

五 二难推理趣谈

三 谬误种种

概念趣话

一　概念与语词趣闻

从王十朋的对联说起

南宋才子王十朋，因奸臣秦桧当政，遂无心出仕，隐居故乡，聚徒讲学；秦桧死后应试，于绍兴二十七年（1157）高中状元。任秘书郎、侍御史等职，屡次建议整顿朝政，主张北伐恢复大业，但未被采纳。后来到浙南等地做官。有一次王十朋游览瓯江。瓯江中心江心屿上的江心寺是浙南名胜。江心寺建于唐咸通年间，有东塔和西塔。寺周围云水环绕，古木参天。每天早晨雾霭聚散，日日夜夜潮水涨落。王十朋见到如此奇观的景色，兴致极高，挥笔在寺门口写了一副对联，上联是："雾朝朝朝朝朝朝朝朝散"，下联是："潮长长长长长长长长消"。这副对联是什么意思呢？这里的"朝"字有两种涵义，一种涵义是指"早晨"，读作 zhāo；一种涵义是指"朝见"，读作 cháo。而"长"字在这里，也有两种涵义，一为"常"，如"细水长流"，读为 cháng；二为"涨"，如"无物不长"，读为 zhǎng。根据"朝"与"长"一字两义的情况，把对联加上标点，就可得到："雾朝朝，朝朝朝，朝朝朝散"，意为"雾早晨来朝见，天天早晨来朝见，早晨来朝见早晨又散去"。"潮长长，长长长，长长长消"，意为"潮水常涨，常常涨，常涨常消"。

王十朋的这副对联用独特的手法，把江心寺的奇特景色非常形象地表现了出来。直至今日，温州江心寺的这副对联，依然吸引着海内外游客的到来。

据说山海关某处也有一副相似的对联，上联是："海水朝朝朝朝朝朝朝落"，下联是："白云长长长长长长长长消"。念作"海水朝，朝朝朝，朝朝朝落；白云长，长长长，长长长消"。这大概是从王十朋的对联演绎而来的吧！

王十朋的对联，从逻辑的角度看，它表明了概念与语词的关系问题。概念是通过揭示对象的特性或本质来反映对象的一种思维形式。任何一个概念都要借助于语词来表达，但是概念与语词并不是一一对应的。一方面，同一个语词可以表达不同的概念，也就是语言学上说的一词多义。这类语词在语法上称作多义词。另一方面，同一个概念可以用不同的语词来表达，也就是语言学上说的多词一义，这类语词在语法上称作同义词。王十朋的对联反映的是"同一个语词可以表达不同的概念"的关系。"朝"和"长"都是多义词。

王安石改诗

同一个语词可以表达不同的概念，因此当我们遇到这类语词时，一定要弄清它在具体语言环境中的确切涵义。如果没有弄清它的涵义，就会产生误解，出洋相。

古代郑国人把未经雕琢的玉叫做璞，周人把未腊干的老鼠肉也叫做璞。由于同名异实、一词二义，在一次买卖中闹出了笑话。周人怀揣着他的璞问郑国的商人："要买璞吗？"郑国的商人说："要呀！"当周人拿出璞来，郑国的商人一看竟是老鼠肉，就谢绝了。

宋代文学家王安石，治学非常严谨求实。有一天，他诗兴大发，提笔写咏菊诗，刚写了两句"西风昨夜过园林，吹落黄花满地金"，突然来了客人，他只好去迎客。正巧大学士苏东坡也来拜访，他看见了这两句诗，心想：菊花耐寒，经久不落，说西风"吹落"菊花"满地金"，岂不大错特错？于是提笔续写道："秋花不比春花落，说与诗人仔细吟。"王安石回来一看，觉得可笑，就命苏东坡到黄州去看看。苏东坡很不服气地来到黄州，一次大风过后，他到花园赏菊，只见菊花纷纷下落，满地铺金，不禁目瞪口呆，才知道黄州的菊花与别处是不同的。后来，王安石批评苏东坡说："读书人不可

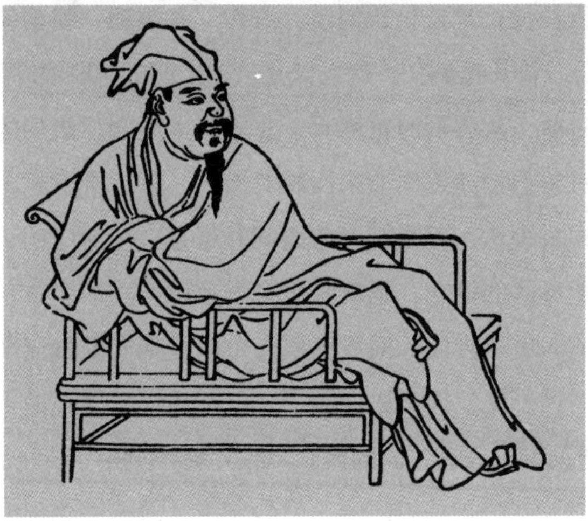

王安石像

轻举妄动，须是细心察理。老夫若非亲到黄州看过菊花，怎敢在诗中说黄花落瓣……”

就是这个强调求实的王安石，在一词多义方面也闹出了一个笑话。一天，他到朋友家里赴宴。当晚，清风明月，花影月移，鸟虫奏鸣。主人乘兴提笔挥诗，其中有两句是：“明月当空叫，黄狗卧花心。”众人见了，个个拍手称赞。王安石看后说：“诗写得好是好，只是有两句不妥。”主人问：“哪两句不妥？”王安石并不回答，而是提起笔来，将“明月当空叫，黄狗卧花心”改成了“明月当空照，黄狗卧花荫”，然后放下笔，说：“就是这两句不妥。你们想想，明月怎么会叫，黄狗又怎能在花心上睡觉？”“大人有所不知，”主人连忙解释说，“我们当地有一种小鸟，能在空中边飞边叫，大家称它为‘明月’；还有一种小虫，经常在花心上睡觉，我们当地人叫它为‘黄狗’。我诗中的‘明月’和‘黄狗’就是指这些虫鸟呀！”王安石愣住了：“啊？原来是这样！我改错了。”

主人写的“明月”指的是当地的一种鸟，王安石却以为是天上的月亮；主人写的“黄狗”指的是当地的一种小虫，而王安石以为是地上跑的狗。一个语词表达两个概念，难怪学富五车的王安石也无可奈何。

使人尴尬的“爱人”

这是一个真实的故事。

某年，我国有一个科学家代表团到外国访问。当代表团到达后，有许多华裔外籍的科学家来到我代表下榻的旅馆拜访。我代表团的许多科学家都是三四十年代在外国留学的，同这些外籍科学家彼此之间都是阔别多年的老朋友。有一天，一位华裔老科学家来拜访我代表团，老朋友久别重逢，大家非常高兴。在寒暄时，代表团中的一位科学家十分热情地问候这位老科学家：“您爱人身体好吗？”老科学家一听，脸色突然一沉，显得非常尴尬。在场的其他科学家也不知道发生了什么事，弄得大家都很窘。过了一会儿，代表团的副团长才意识到这件事，他马上补充了一句：“我们是问，您太太身体好吗？”这时对方才长长地吐了一口气，回答说：“你们几位老兄真会开玩笑，我已是 70 多岁的人了，今天我儿子也在场，你们竟问候起我的女朋友来了。”代表团的其他人员赶紧向他解释：“现在大陆‘爱人’这个词中没有‘女朋友’这一说，‘爱人’和‘太太’这两个词都是指已婚的配偶，向您‘爱人’问好，就是向您‘太太’问好。请您千万不要误会。”“噢！原来如此！”经过一番解释，气氛才缓和下来。

这个误会引起的原因，是由于在境外，“爱人”是指未婚的女朋友；而在大陆，“爱人”是指已婚的配偶。同一个语词“爱人”，在不同的地方，表达了不同的概念，我代表团的一位科学家，没有意识到同一语词在境内外表达不同的概念，自然就引起对方的误会了。

一封导致战斗失利的电报

在五十年前的一次战争中，曾发生这样一件不幸的事：某部步兵第一营经过两天激战，获得了胜利。他们立即向团指挥所发了一份电报，电文如下：

我营一连数次发动猛攻，占领 210、220 高地，伤亡很大。下步如何行动，速指示。

团指挥所接到电报后分析：该营一连伤亡很大，二、三连仍有战斗力。于是就回电该营："一连休整，二连坚守 210、220 高地，三连速向 235 高地进攻。"军令如山，步兵营接到电报后，只好按照命令行动，兵分三路。结果，由于兵力严重不足，不仅没有攻下 235 高地，而且在敌人的猛烈反击下，210、220 高地也丢失了。战斗失利后该团总结教训。受伤的步兵营长批评团部瞎指挥："我营伤亡那么大，为什么还命令我们攻打新的高地？这不是鸡蛋撞石头？"团参谋长拿出步兵营的电报，说："这是你们的电报，上面明明写着：'我营一连数次发动猛攻……伤亡很大。'就是说，你营只有第一连投入战斗，伤亡大，为什么不报告全营的伤亡呢？""啊呀！这里的'一连'不是指我营的第一连，而是指我营全体'连续'数次发动攻击。你们怎么理解成'第一连'呢？""既然不是第一连，为什么你们不说清楚？为什么不用'连续'这个词，或者干脆把'一连'两个字省去呢？"营长十分懊悔："这该死的电报！它让我们吃足了苦头！"

这是一封导致战斗失利的电报。它错就错在用错了"一连"。"一连"这个语词既可表达"第一连"这个概念，也可以表达"连续"这一概念。这个事例告诉我们，当向别人表达思想时，就要让别人知道你使用这个语词的明确涵义，对于那些容易产生歧义的语词要坚决避免，以防思维混乱，造成不必要的损失。

欧底姆斯的手段

同一语词表达不同概念，可以充分发挥有限的语词表达丰富思想的功能，但也为某些人进行诡辩提供了方便。诡辩者经常利用一词多义进行狡辩，如果我们不能准确区分词的多种涵义，就会被诡辩者所迷惑。

有一天，古希腊的哲学家苏格拉底带领一个青年到智者欧底姆斯那里去请教。欧底姆斯为了显示自己的本领，给了这个青年一个下马威，他劈头就问："你学习的是已经知道的东西，还是不知道的东西？"这个青年不假思索地回答："我当然学习我不知道的东西。"于是这个智者向这个青年发出了一连串的问题："你认识字母吗？""我当然认识。""所有的字母都认识吗？""是的，都认识。""而老师教你的时候，不正是教你认识字母吗？""是的。""如果你认识字母，那么老师教你的不就是你已经知道的东西吗？""是的。""那么，或者你并不在学，只是那些不认识字母的人在学。""不，我也在学。""如果你认识字母，那么你就在学习你已经知道的东西了。""是的。""哈哈，那么，你最初的回答就不对了。"欧底姆斯得意地笑了起来，慢吞吞地提醒青年，"你最初的回答是——'你当然学习你不知道的东西。'""先生高明！我愿意拜您为师。"这个青年被欧底姆斯问得昏头昏脑，陷入自相矛盾之中，不得不承认自己失败，心甘情愿地拜欧底姆斯为师。

其实，欧底姆斯利用一词多义进行诡辩。在欧底姆斯与这个青年对话中，"老师教你的时候"这个时间概念，既可以指对话时的"过去"，也可指对话时的"现在"，甚至是"未来"。而欧底姆斯开始时向这个青年提问："老师教你的时候，不正是教你认识字母吗？"其中"老师教你的时候"指的是"过去"，即学生刚入学的时候，学习的是字母。而欧底姆斯后来问青年："如果你认识字母，那么老师教你的不就是你已经知道的东西吗？"这时，"老师教你的时候"（在文中省略了）指的"现在"或"未来"。这个青年没有意识到这一点，因此被弄得晕头转向。

"丰子恺画画不要脸"

在表达思想时，我们必须避免歧义，避免引起不必要的误解、误会。但是在特殊的条件下，巧妙地利用概念的歧义，故意使概念发生歧义，有时会产生意想不到的艺术效果。

上世纪30年代初，上海《新闻报》有一天发表了一篇评论著名画家丰子恺的文章，题目是“丰子恺画画不要脸”。丰子恺看到题目后，大吃一惊。心想：我与作者素不相识，无冤无仇，为何竟遭如此辱骂？等到丰子恺读完全文后，却发出了会心的微笑。原来这篇评论，分析了丰子恺画画的特点是人物脸部大都没有眼睛鼻子，却惟妙惟肖，生动传神。

“不要脸”这个语词既可表达品德低劣，也可表达画画时没有画眼睛鼻子。这位评论员在题目上巧借俚语，脱俗出奇，取得了出乎意料的效果。不仅引起当时读者的极大兴趣，争相阅读，从中了解丰子恺的艺术风格；而且画家丰子恺本人也十分喜欢这篇文章，以至三十年后，丰子恺老先生还记得这篇文章发表的年月日和作者的名字。

巧妙地利用概念的歧义，不仅可以产生意想不到的艺术效果，甚至还能化解某些不可调和的矛盾。

一个星期天，小王和未婚妻小吴及小吴的母亲一起到苏州游玩。当她们

丰子恺漫画作品

三人泛舟太湖时，突然刮起一阵大风，小船上下颠簸。小王镇静自若，而小吴和她的母亲十分害怕。风浪过后，小吴的母亲问小王：“如果现在风起船翻，我们母女俩落水，你只能一个一个地救人，你先救谁？”小王心想：如果说先救小吴，那么小吴的妈妈肯定不高兴；如果说先救小吴的妈妈，那么小吴也会不高兴。怎么办？聪明的小王灵机一动，说：“我先救未来的妈妈。”小吴一听非常开心，心想：我是未来的妈妈，因为我和小王结婚后，当然要做母亲的。小吴的母亲也十分得意，她想：他俩一结婚，我不就成了丈母娘了吗？我现在就是未来的妈妈呀！

在这里，“未来的妈妈”是有歧义的，它既可表示“将来结婚生孩子当妈妈”，也可表示“未来的丈母娘”。小王一语双关，巧妙地回答了小吴母亲这个棘手的问题。这就是巧用概念的歧义。

翻译的幽默

同一概念用不同的语词来表达，可以使语言生动活泼，甚至幽默诙谐。

某学院的一名学生，第一次陪外宾赴宴就遇到了麻烦。“这是什么？”外宾指着盆里的菜问道。那是几个去了壳的整鸡蛋，经过厨师的艺术处理，金黄晶亮，香气四溢。糟糕的是这个学生一时忘了“鸡蛋”这个单词，可是他灵机一动，翻译道：“这是公鸡夫人的孩子。”起初外宾一愣，继而捧腹大笑，赞叹：“翻译得好，非常生动、幽默！”“公鸡夫人的孩了”这个语词不仅弥补了这个学生遗忘“鸡蛋”单词的缺陷，而且还十分幽默。这得益于不同语词可以表达同一概念。

某国大银行不允许职员留长发，因为留长发会使顾客产生颓废和散漫的印象，有损银行的声誉。有一天，一家银行的经理和人事部主任接见一批经过考试合格的考生，发现其中有不少留长发的男子。考生们见人事部主任留着陆军式的发型，惶惶不安。不料，人事部主任在致词时却说：“诸位，敝行对于头发长短的态度，历来持豁达的态度。”留着长头发的人听到后，大感宽慰，情不自禁地鼓起了掌。人事部主任继续说："诸位的头发留多长都可以，只要保证头发长度在我和经理先生的头发长度之间就可以了。"众考生立即把目光投向经理，只见经理先生面带笑容地站起来，徐徐脱帽——露出了一个秃头。"哈哈哈！"考生们大笑了起来。显然，这家银行对于头发长短问题的"豁达态度"与该行对职员头发长短的"严格要求"，尽管语言形式不同，但所表达的却是同一个概念。人事部主任采用不同的语词来表达同一个概念，很有创造性和幽默感。

在我国封建社会里，写文章、说话，都要注意避讳，同义词的运用就更为重要。巧妙地运用不同语词来表达同一个概念，既能准确地阐明事理，又能使语言增色。

一天，朱元璋怒气冲冲地处罚了一些不守法的和尚，给他们带上了枷锁，命令士兵把他们关进大牢。朱元璋还是不解心头之恨，他指着那些带枷犯法的和尚，对解缙说："朕要你写一首诗，讽刺这些混账。"解缙对皇上可是知根知底，他知道，朱元璋喜怒无常，早年曾经做过和尚，忌讳颇多，稍有不慎就会招来杀身之祸。怎么办呢？当然，这种事对于大才子解缙来说，简直是小菜一碟，他略一思考，指着那伙已经走远的隐约可见的和尚囚犯念道："知法又犯法，出家又带枷；两块无情板，夹个大西瓜。"

朱元璋像

解缙像

全篇不提和尚，连“秃”“光”“亮”之类的词语也没有。朱元璋听了，忍不住哈哈大笑起来。他反复品味，不由得念道：“两块无情板，夹个大西瓜……”然后称赞说：“好！写得好！”

二 概念特征丛谈

雨果是笔杆贩子？

《悲惨世界》的作者、法国大作家维克多·雨果，有一次出国旅行，走到了某国边境，宪兵要检查登记，问道："姓名？""雨果。""干什么的？""写东西的。""以什么谋生？""笔杆子。"于是，宪兵在登记簿上写道："姓名：雨果。职业：笔杆贩子。"堂堂的大作家竟然成了笔杆贩子。真是滑稽可笑。

为什么会发生这个笑话？这就涉及概念的内涵和外延问题。任何一个概念都有内涵和外延两个方面，这是概念的两个基本特征。概念的内涵是指概念所反映对象的特性和本质属性，外延是指概念所反映对象的具体范围。雨果与宪兵对"以笔杆子谋生"这个概念的内涵和外延都作了不同的理解：雨果所说的"以笔杆子谋生"，内涵指的是"以写文章获得稿费维持生计"，外延所指的对象是"作家"；宪兵所理解的"以笔杆子谋生"，内涵指的是"以贩卖笔杆子为生"，外延指的对象是"笔杆贩子"。宪兵完全没有理解雨果所使用的概念的内涵和外延，所以闹出了大笑话。因此，要掌握一个概念，必须要把握这个概念的确切涵义和所指的对象范围。

国民善偷

内涵是概念的重要特征，弄清概念的内涵是十分重要的。如果不弄清概念的内涵，就会闹出笑话来。

《列子·天瑞》中讲述了这样一个故事：齐国有个姓国的人非常富有，宋国有个姓向的人非常贫穷。姓向的人便不辞劳苦来到齐国，向姓国的请教致富的方法。姓国的告诉他："我之所以富有，是善于偷盗。我开始偷盗的时候，一年便可自给，两年便很富足，三年便家财大盛。后来，我就用余财来救济乡里百姓。"姓向的听了十分高兴，他大腿一拍说："原来就是这样简单，我怎么没有想到呢？"姓向的辞谢国氏，急急忙忙赶回宋国。姓向的回到宋国，就开始偷盗。他白天睡觉，一到晚上，便翻墙撬门，凡是眼看见的、手摸着的东西，都偷回家中。渐渐地，他家的东西多了起来，向氏十分得意。可是没过多久，他却因盗窃被抓，官府把他偷来的东西连同他以前的财产全部没收，向氏变成了一贫如洗。姓向的以为姓国的欺骗自己，就一路要饭来到齐国，找到国氏，指责国氏欺骗了他。国氏问他："你是怎样偷盗的？"向氏诉说了偷盗的经过。国氏听了，连连摇头说："你误解了我所说的偷盗的含义呀！我说的偷盗并不表示让你去偷别人家的东西呀！"向氏一听，瞪大了眼睛，说："不是偷别人的东西，那又是偷什么呀？"国氏叹了一口气说："你这个人真笨！我告诉你吧，天有春、夏、秋、冬四季时令，大地有各种各样的财源。我偷的是天时地利呀！我用雨来浇灌我的禾苗，滋润我的庄稼，用大地的物产来建筑土墙和房舍。在陆地上我偷禽鸟野兽，在水中我偷鱼虾龟鳖，我的一切都是偷来的。你想想，庄稼、土木、飞鸟、走兽、鱼虾等等，都是属于天地的，偷天地的东西就不会有灾祸。而金玉珍宝、谷帛财货，都是别人的东西，你偷了别人的东西而被惩罚，又该怨谁呢？"向氏听了，如梦方醒，他拍着自己的脑袋，后悔自己为什么没有好好想想国氏所说的"偷盗"。

缚而杀之

外延也是概念的重要特征。弄不清概念的内涵不行，弄不清概念的外延也不行。

在《三国演义》第四回中，曹操刺杀奸臣董卓不成，逃出京城，与陈宫一起飞马逃往故乡。行至成皋地方，天色已晚，曹操遂投宿于吕伯奢家中。吕伯奢是曹操父亲的结义弟兄，他热情招待曹操两人。安排两人住下之后，吕伯奢吩咐家人弄菜，自己拿着酒壶，骑上毛驴出去打酒。

曹操坐在房中，忽然听到房后有磨刀之声。曹操说："吕伯奢非吾至亲，此去可疑，当窃听之。"两人潜步入草堂后，听到有人说："缚而杀之，何如？"曹操心想：坏了！他们一家想把我们两人绑起来杀掉。于是曹操就对陈宫说："今若不先下手，必遭擒获。"遂拔剑直入，不分男女，见人就杀，一连杀死八口。杀至厨下，却发现那儿绑着一头猪。这才发觉杀错了。原来吕家"缚而杀之"的是这头猪，而不是曹操和陈宫两人。陈宫埋怨曹操多疑，误杀好人。

吕伯奢像

“缚而杀之”的“之”，本来是指一头猪，而曹操却误以为是自己，搞错了对象。可见，概念的外延弄不清，危害有多么大。

求职信的学问

每个人都想找一份理想的工作，求职信是寻求工作最常见的方式和途径。

小刘大学快毕业了，找工作成了当务之急。他跟着同学东跑西奔去了几个单位，效果很不理想，不是专业不对口，就是人家单位根本不需要进人。小刘心想：与其自己毫无目标地乱跑，还不如多发几封“求职信”，把自己的情况及求职要求写清楚，让所需单位来与自己联系。于是，小刘起草了一封“求职信”。在信中，对于求职单位，他提出了如下要求：（1）国际跨国公司，（2）提供出国培训机会，（3）月收入5000元以上，（4）提供住所，（5）交通方便，工作环境良好。爸爸妈妈看了以后说：“你提的要求是不是太多了、太高了。”小刘满不在乎地说：“我所学的专业比较热门，不愁找不到工作，条件当然要高、要多。”他一字也没有修改，就把这份“求职信”复印了100份，寄给了有关单位。同时又在网上发了电子邮件。但是他万万没有想到，两个月过去了，他的“求职信”没有任何反馈。眼见同学陆续收到面试通知，小刘沉不住气了。“看来，爸爸妈妈说得有道理，我的条件太多、太高。”于是，小刘重新修改了自己的求职条件。他把（4）、（5）删去，把（1）改为“大公司、大企业”，把（3）改为“月收入3500元左右”。小刘把修改后的“求职信”重新发了出去。一个月后，小刘终于收到两家单位的来函。经过面试，没有达成协议。这时，同班同学大都已经找到了单位，小刘心慌了。他来到系主任的办公室进行“咨询”。王主任看了他修改后的“求职信”，连连摇头说：“你提的条件还是太多，要求还是太高。来，我替你修改一下！”王主任拿起笔，把（1）删去了，把（2）改为“提供培训机会”，把（3）改为“月收入2500元左右”。小刘把王主任修改过的“求职信”又发了出去。不到两个星期，就有六家单位回了函。经过面试，小刘很快就被某公司录用。

小刘三个多月没有找到工作，主要原因是“条件太多、要求太高”。从逻辑上讲，就是没有用好概念的内涵与外延的反比关系。概念的内涵与外延之间有一种相互制约的关系：一个概念的内涵越多，那么这个概念的外延越小；反之，一个概念的内涵越少，那么这个概念的外延越大。这就是内涵与外延的反比关系。所以，找工作时，条件越多，被选的单位越少；条件越少，被选的单位越多。小刘两次减少条件、降低要求，扩大了择业范围，从而找到了工作。

正确把握这种内涵与外延的反比关系，对我们的工作、学习都有好处。在选举工作中，可以通过增加或减少内涵（即选举条件），来推选出恰当的候选人对象（外延）；在破案中，可以通过增加内涵（各种线索、条件），来缩小作案人的范围；在人事工作中，可以通过附加适当的条件，选拔各种人才。

窃书不算偷

大家都读过鲁迅先生的文章《孔乙己》。满口之乎者也而又穷困潦倒的老书生孔乙己，明明偷了人家的东西，却死要面子，不愿承认是“偷”。当别人说他偷了人家的东西时，孔乙己睁大眼睛说：“你怎么这样凭空污人清白……”有人揭他老底，说亲眼看到他偷了何家的书，被吊着打。孔乙己便涨红了脸，额上的青筋条条绽出，争辩道：“窃书不能算偷……窃书！……读书人的事，能算偷么？”他的回答引得众人哄笑起来。

为什么众人要哄笑？因为“偷”和“窃”虽是两个不同的词，但在表示一种不正当行为时，是指同一个意思，即“偷”就是“窃”，“窃”就是“偷”，这两个概念的外延是完全相同的、重合的，即“偷”和“窃”这两个概念的外延是同一关系。概念从外延上来看，可以分为相容关系和不相容关系；在相容关系中，又可分为同一关系、属种关系、交叉关系；在不相容关系中，又可分为矛盾关系和反对关系。所谓同一关系，是指外延完全重合的两个概念之间的关系。孔乙己不承认自己“偷”，却承认自己“窃”，把同一关系当作非同一关系，所以令人发笑。

巧妙地使用同一关系的概念，可以使我们的表达生动活泼。如果不懂得概念之间的同一关系，就会出洋相、闹笑话。有的作家就是抓住把同一关系当作非同一关系的笑话，来深刻刻画人物性格，营造轻松快乐的气氛。有这样一个故事：从前，有一个老秀才，专好咬文嚼字。他在幼年时曾经学过两个字，一个是“跳”，一个是“跃”。本来，“跳”与“跃”是同义词，指的是同一种行为，在词义上没有什么区别。可是，他不知从哪里抄来注解，说，“跳”就是两足平地而起；“跃”是一足在前，一足后蹬。对这两条注解，老秀才坚信不疑，铭记在心。有一天，老秀才进城看望老友。途中，有一条小河沟挡住了去路。老秀才站在沟旁寻思良久，不知道怎么才能过去。这时候过来一个老农告诉他：“你向前跳一步，不就过去了吗？”老秀才心想：老农的话言之有理，于是就准备跳了。他心中默默背诵着：“跳者，乃两足平地而起也。”只见他双脚并拢，闭起眼睛，咬紧牙关，奋力向上一跳。结果，只听“扑通”一声，老秀才掉在河沟里，弄得浑身泥水。老农在一旁“扑哧”一声笑了起来：“你这个人也太笨了，连跳一步都不会。你一脚在前，一脚在后一蹬，不就过去了吗？”不料，老秀才一听，大为恼火，对老农怒吼道：“胡说八道！一足在前，一足后蹬，乃‘跃’也，非‘跳’也。本该跃，你却让我跳，你这是存心捉弄人！你的良心到哪里去了！”

这个笑话形象地描写出老秀才的迂腐。外国也有这样的笑话：杰克有一个爱财如命的朋友。这位老兄十分吝啬，他有进无出，从不给别人一点东西。一大，吝啬鬼与朋友们出去游玩，他一不小心掉进河里。朋友们都跑去救他，其中一个人跪在地上，伸出手并大声喊道：“把你的手给我，我拉你上来！”可是吝啬鬼宁可被水淹得两眼发直，也不肯将手伸出来。这时，杰克走了过来，喊道：“拿着我的手，我拉你上来。”吝啬鬼一听，马上把手伸了出来，杰克与大家一起将他拉出了水面。“你们不了解我的这位朋友，”事后，杰克对大家说，“当你对他说‘给’时，他无动于衷；如果你对他说‘拿’时，情况就不一样了，他就来劲了。”

在这里，“给”与“拿”这两个概念的外延是同一关系，而吝啬鬼却没有意识到这一点，显得特别可笑，同时也形象地刻画了此人是何等的吝啬！

癞狗与狗

阿凡提干完了活，肚子饿极了，就回家焖了一点抓饭。阿凡提把抓饭盛到盘子里，就到外面去洗手。回来时看见一条癞狗卧在门前啃骨头。阿凡提疑心狗动过他的抓饭。吃吧，怕不干净；不吃吧，又饿得慌。阿凡提自己下不了决心，就去请教学问高深的大毛拉。阿凡提对大毛拉说："尊敬的大毛拉，请你帮助我判断一下：这盘抓饭狗动过没有，还能不能吃？"大毛拉回答说："按书上说，即使狗离食物40尺远，也会沾上狗的气味，这样的饭很不干净啊。"阿凡提说："大毛拉，这太不巧了，我把抓饭做好，本来是要请你一起吃的。"一听到这句话，大毛拉慌忙说："请等一等，你刚才说的是什么样的狗？让我再查查书！"阿凡提说："这是一条癞狗。"大毛拉把书翻来翻去，忽然高兴地说："好啊！原来你的抓饭还是非常干净的！因为书上说的是'狗'，而没有提到'癞狗'，癞狗当然不是狗！""啊？"

大毛拉为了想吃到抓饭，竟然把"癞狗"排斥在"狗"的外延之外，从而得出"癞狗不是狗"的结论。从外延上看，"狗"的外延包含了"癞狗"的外延。我们把一个概念的外延包含着另一个概念的全部外延这样两个概念之间的关系，称之为属种关系。在属种关系中，外延大的概念称为属概念，外延小的概念称为种概念。即"狗"是属概念，"癞狗"是种概念。属种关系不是相互排斥的关系，也不是同一关系，而是包容关系。"癞狗"也是"狗"。大毛拉把"癞狗"与"狗"的属种关系当作不相容关系，是没有任何逻辑根据的。

误　会

有一则外国幽默《误会》：英国有一位德高望重的绅士，他无论走到哪里，人们都会主动起立，对他表示尊敬。有一次他出远门旅行，住在一家乡村旅社里。每当他出现在餐厅里的时候，大家都不约而同地从餐桌旁站起来，向他表示敬意。他也总是笑眯眯地向大家招招手，然后坐下。一天清晨，当他神采奕奕地步入餐厅时，一个顾客从餐桌边站起身来。“坐下，坐下，不必客气！”这位大人物风度翩翩地对他说。“怎么啦？”那人丈二和尚摸不着头脑，反问道：“难道我去邻桌取点盐你也不准吗？”“不是的，我以为你……”绅士涨红了脸，十分尴尬地站在那里。“我要干什么，你怎么知道？”顾客不依不饶。绅士只好连声说道：“对不起，对不起！”

这确实是一场误会，顾客从餐桌边站起身想到邻桌取点盐，而绅士却以为他起身向自己表示尊重。为什么会产生误会呢？这就涉及概念间的交叉关系。所谓交叉关系，是指外延只有一部分是重合的这样两个概念之间的关系。“从餐桌边站起身来的人”与“对绅士表示敬重的人”这两个概念之间就是交叉关系。即有的“从餐桌边站起身来的人”是“对绅士表示敬重的人”，有的“从餐桌边站起身来的人”不是“对绅士表示敬重的人”；有的“对绅士表示敬重的人”是“从餐桌边站起身来的人”，有的“对绅士表示敬重的人”不是“从餐桌边站起身来的人”。绅士的可笑之处在于，他没有认识到这两个概念间的关系是交叉关系，而把它们误认为同一关系，以为凡是从餐桌边站起身来的人都是对他表示敬重的人，正是这种逻辑使他在一个为了到邻桌取点盐而从餐桌边站起身来的人面前自讨没趣，狼狈不堪。

生死牌

古时候有一个国家流传着一种奇怪的习俗，凡是犯法被判处死刑的人，在处死之前，还要抽签请神作最后的裁决：法官在两张小纸片上分别写上“生”和“死”两个字，凡能抽到“生”字的死囚，就可以幸运地得到赦免；而抽到“死”字的死囚，立即被当众处死。有一次，一个无辜的农夫被官府里的一个仇人陷害，法官判了他死刑。在处决的前一天，仇人为了不让他得到赦免，就把写着“生”字的小纸片偷了出来，换成“死”字的小纸片。这样，无论农夫抽到两张中的哪一张，都难逃一死。俗话说，没有不透风的墙。仇人的诡计被同情农夫的一个小吏发现了，小吏连忙以探监为名告诉了农夫，并要他请求法官检查两张小纸片，当众揭露仇人的阴谋。农夫听了眼睛一亮，十分惊喜。奇怪的是，他除了向小吏表示感谢外，还再三叮嘱小吏，千万不要把此事泄露出去，他说他自有办法死里逃生。第二天，抽签开始了。农夫从法官那里抽出一张小纸片后，看也不看，立即把它放进嘴里，拼命地吞了下去，谁也不知道农夫抽到的是什么签。法官想：两张小纸片上，一张写着“生”，一张写着“死”，农夫抽的一张小纸片虽然被毁了，而另一张小纸片还在，只要把另一张小纸片抽出来，看看上面写的是什么字，不是就可以知道农夫抽到的是什么签了吗？他把另一张小纸片抽了出来，一看上面写着一个“死”字。就大声宣布：“农夫抽到的是‘生’字！”农夫凭着他的智慧获得赦免，死里逃生。他的仇人的阴谋彻底破产了。

生与死，从逻辑上讲，是矛盾关系。所谓矛盾关系，就是两个概念的外延完全排斥，同时他们的外延之和等于他们共同的属概念的外延。例如“正

韩信像

义战争”与“非正义战争”，正义战争不是非正义战争，非正义战争也不是正义战争，彼此界限分明，而且“正义战争”和“非正义战争”相加等于一切战争，中间没有第三种情况存在。所以，非此即彼，非彼即此，不是正义战争，就是非正义战争；不是非正义战争，就是正义战争。农夫就是根据这个道理，巧妙地加以运用，取得了成功。

利用矛盾关系，不仅可以解决生活中的难题，而且还有利于表达思想，使语言简洁，表达鲜明有力。在汉代大将军韩信墓前的祠里，有一副寥寥十字的对联：“生死一知己，存亡两妇人。”这副对联概括了韩信的生平。“一知己”指的是萧何。韩信官拜大将，建功扬名是由于萧何向刘邦保荐，因而留下了“萧何月下追韩信”的故事。但当“鸟尽弓藏”时，设计诱他落网的也是萧何。上联用“生”与“死”的矛盾概念，表达了“成也萧何，败也萧何”的意思。“两妇人”分别指漂母和吕后。韩信从军之前，曾受漂母一饭之恩；他被诱捕后，将他杀死的是吕后。下联用“存”与“亡”的矛盾概念，表达了存亡都在两个妇人手中的事实。这10个字，把韩信的一生鲜明简洁地表达出来了。

输棋者的巧语

明朝人冯梦龙的《笑府》中，记载了这样一个故事：

有一个少年，是个象棋爱好者，他一有空就找人下棋。后来他拜师学艺，棋艺大有长进，村庄里已无对手。于是他就在大路旁的大树下设下茶摊，摆下棋盘，旁边挂了一块牌子，上面写着：“喝茶不要钱，但需下盘棋。”许多过路人，到此边喝茶边与少年对弈，然而统统败于少年的手下。少年十分得意。一天，一位旅客走到此地，大概是太渴了，拿起碗一连喝了三碗。少年非常客气地邀请他下棋。那人擦了擦汗，说：“一定要下一盘棋吗？我还要赶路哩！”少年指了指树下挂的牌子，笑着说：“你喝了我的茶，当然要与我下棋。”旅客只好坐下来与少年下了起来。少年这回可遇到高手了，双方只走了十几个来回，少年就招架不住，败下阵来。旅客觉得少年根本不是他的对手，起身就要离去。少年一把拉住了他："大哥，您年龄比我大，我得尊重您，所以，这盘棋是我有意让您赢的。第二盘我要拿出真功夫了。"旅客信以为真，又与少年下第二盘。可是，没过多少时间，少年又输了。"现在我可以走了吧！"旅客边说边起身。"客官请慢，您还有一盘棋没有下呢！""不是已下完两盘棋了吗？"旅客不解。"您刚才喝了我三碗茶，按规定就得与我下三盘棋。""啊？"旅客被逼得无可奈何，只得又与少年下了一盘。结果，少年还是没有挽回败局。这时，旅客站了起来，对少年说："小兄弟，好好练吧，三年后咱们再来下棋！"过了几天，一个绅士把少年找去，问他："听说前几天你与京城象棋高手下过棋？"少年此时才知道，那个旅客原来是象棋国手，难怪那么厉害。"你们下了几盘？""三盘。""胜败如何？"少年实在不愿意说出自己连输三盘的悲惨结果。他灵机一动，回答说："第一盘我没有赢，第二盘他没有输，第三盘本来可以和，可是他不肯。"绅士一听，高兴极了："你年纪轻轻，就能与国手战成这个成绩，可喜可贺！你为我们家乡争了光。"

少年没有说假话，他巧妙地利用概念外延间的反对关系，掩盖了自己连输三盘的结果。象棋比赛有三种结局：赢、输、和。赢与输、赢与和、和与输之间各自构成反对关系。所谓反对关系，就是两个概念的外延完全排斥，同时他们的外延之和小于他们共同的属概念的外延。"我没有赢"，意味着我有和或输两种可能；"他没有输"，意味着我还有输与和的结果；"他不肯和"，意味着我有赢与输的两种选择。结果，明明少年输了三盘，可是在绅士听来，似乎他战果不错，取得了两和一赢的成绩。

三 漫话概念的明确

一物三吃

概念必须要明确。概念如果不明确，人们就会无所适从，无法进行交流。

有一次，国王把一个铜板给他的仆人，限他在三天之内买回一件“一物三吃”的食品，如果买不回来，就要杀他的头。两天过去了，东西还没有买到。仆人拿着铜板坐在街上的角落里正发愁。这时阿凡提正好路过此地，他走上去问他为什么愁眉苦脸。仆人说：“你看，天下哪有这样的道理！国王给我一个铜板，限我三天之内给他买一个‘一物三吃’的食品，我到处打听，谁也不知道哪儿有这种东西。今天已经是第三天了，太阳下山之前要是买不着，我就活不成了！”说着说着就“呜呜”哭了起来。阿凡提听了以后，蛮有把握地说：“别害怕！不就买‘一物三吃’的东西吗？我帮助你去买。”然后拉着仆人在街上买了只哈密瓜，便一起去见国王。国王一看仆人捧着一只普普通通的哈密瓜，龙颜大怒，立即叫刽子手来砍仆人的头。阿凡提上前一步，说道：“陛下，请慢点下令！您的仆人已经满足了您的要求。这哈密瓜就是你所要的‘一物三吃’的食品。第一，瓜瓤，您可以吃；第二，瓜皮，羊可以吃；第三，瓜子，鸡可以吃。”国王一听，虽不符合自己的本意，但是阿凡提所说的话，句句都合乎情理，于是就放了仆人。

国王所说的“一物三吃”的食品，是一个内涵与外延都很含混的概念。他可以指一种食品有三种吃法；也可以指一种食品本身是由三个可吃的部分组成；还可以指一种食品可以由三种动物来把它吃掉，等等。由于“一物三吃”这个概念不明确，这就给了人们做出各种解释的空间。阿凡提就是利用国王使用“一物三吃”概念上的含混，用一只极平常的哈密瓜，做出了合乎“一物三吃”要求的解释。这个故事告诉我们，概念必须要明确。所谓明确概念，就是要明确概念的内涵和外延。换句话说，只有明确了概念的内涵和外延，才算明确了一个概念。明确概念的方法有限制、概括、定义和划分。

郑板桥巧出对联

有一天，郑板桥到金山寺游览。他看见方丈室里挂了许多字画，就走进去欣赏起来。金山寺的方丈是个老和尚，他不认识郑板桥，见进来的这位游客穿戴平常、貌不惊人，以为是个一般游士，就爱理不理。后来又见这位游客看字画很认真，像个行家的样子，便招呼了一声：“坐。”郑板桥正在专心看字画，连忙应了一声。老和尚又漫不经心地吩咐小和尚：“茶。”小和尚答应了一声，准备倒茶。老和尚问郑板桥：“请问先生府上何方？”郑板桥回答说：“扬州兴化。”老和尚一听，客气多了，说：“贫僧也是扬州兴化人，我们是同乡啊！幸会幸会。请坐！”郑板桥刚坐下，小和尚端了杯凉茶进来，老和尚手一挥：“泡茶！”小和尚退了出去，泡了杯热茶来。老和尚与郑板桥交谈了一阵，问：“先生可认识兴化郑板桥吗？他的字画可是名扬四海呀！”郑板桥笑着说：“他的字画我都见过，没有什么了不起！”老和尚有点不高兴：“先生此言差矣！你看这里挂着的一幅墨竹，就是他画的，画得惟妙惟肖，巧夺天工，堪称本寺一宝！”郑板桥笑了一笑，说：“这幅墨竹是我亲眼看着他画的。”老和尚有些摸不着头脑了，急忙问道：“那么，先生您是……”“敝人就是郑板桥！”老和尚顿时喜笑颜开，忙说：“久仰，久仰！”然后指着大红椅子说：“请上坐！”又向小和尚大声喊道：“泡好茶！”郑板桥坐在上首的椅子上，喝着刚泡好的好茶，与老和尚谈字论画。老和尚见这样一位名人光临，感到脸上增彩，态度更加殷勤。茶毕，郑板桥起身告辞，老和尚十分恳切地说："贫僧想求大人留点墨宝，不知肯不肯赏光？"郑板桥犹豫了一下，脑海中浮现出老和尚前倨后恭态度的变化，然后微笑着提起笔，写了一副对联：坐，请坐，请上坐；茶，泡茶，泡好茶！老和尚看了对联，窘得满脸通红。

郑板桥的对联生动地讽刺了这位以貌取人的老和尚。从逻辑的角度看，郑板桥的对联巧妙地运用了概念限制的方法。概念的限制是指通过增加概念的内涵以缩小概念的外延，由属概念过渡到种概念以明确概念的一种逻辑方法。即从一个外延大的概念过渡到一个外延小的概念的过程。其主要方法是在概念的前面加上一定的限制词。"坐—请坐—请上坐"和"茶—泡茶—泡好茶"，就是通过加一定限制词来逐步缩小概念外延的。

隋文帝下诏

概念的限制有利于人们认识的深化，有利于人们具体、准确地表达思想，恰如其分地反映客观事物。

1954年4月，周恩来总理出席印度支那战争问题日内瓦会议。在休会期间，他邀请卓别林夫妇到中国使馆赴晚宴。席间，卓别林望着刚上桌的北京烤鸭诙谐地说："我这个人对鸭子有着特殊的感情，所以我是不吃鸭子的。"众人听了，甚感不解，忙问其故。卓别林说："我所创造的流浪汉夏尔洛，他走路时令人捧腹大笑的步态，就是从鸭子走路的神态中得到启发的。为了感谢鸭子，我从那以后就不吃鸭子了。"使馆的人员连忙起来说："非常抱歉……"卓别林笑着说："不过，这次可以例外。""为什么？""因为这不是美国鸭！"卓别林的一席话，引得大家笑声不断，都为这位幽默大师别具特色的幽默感所倾倒、折服。随后，卓别林边吃北京烤鸭边对它赞不绝口。

卓别林运用幽默风趣的语言和跌宕起伏的手段，将"鸭"这一概念，过渡到"美国鸭"，用的就是概念限制的方法。从而使人们认识到，卓别林不吃的仅仅是"美国鸭"，中国的北京烤鸭不在其列。

卓别林照片

鲁迅先生临终前，写过一篇杂文《死》，告诫他的儿子："万不可去做文学家或美术家。"这句话显然是难以理解的，也不够准确。当鲁迅先生修改手稿时，他便在"文学家"的前面加上"空头"两个字，缩小了"文学家或美术家"的外延。经过这样一限制，这句话就非常准确了。现在，鲁迅的"万不可去做空头文学家或美术家"这句话，已经成为人们常用的至理名言了。

概念需要限制的一定要限制，这样才能使概念明确。如果该限制的不限制，就会引起思想混乱，被人钻空子。

隋文帝统一全国以后，吸取陈后主亡国的教训，改革官制兵制，建立科举制度，选用办事能干的官员，修订刑律，特别是注意节俭。他发现官吏有贪污腐化行为，都要严惩，连自己的儿子也不放过。隋文帝发现太子杨勇生活奢侈，讲究排场，很不高兴，十分严厉地教训了他。皇子杨广非常狡猾，他表面上装得特别朴素老实，骗得了隋文帝和皇后的信任。结果，隋文帝把嫡长子杨勇废了，改立次子杨广为太子。但是隋文帝临终时，突然发现杨广是个伪君子，更不能容忍的是，杨广竟要奸污自己的宠妾宣华夫人陈氏，于是急召长子杨勇进宫，以便改立太子，吩咐后事。当时隋文帝又气又急，大叫："召我儿！"由于没有说明召哪一个儿子，杨广捷足先登，首先来到皇

隋文帝像

宫，关闭宫门，封锁消息，并与一些奸臣施展阴谋，夺取了皇位，这就是臭名昭著的隋炀帝。隋文帝下诏“召我儿”太笼统了，他没有对“儿”进行限制，结果让杨广钻了空子，并影响了中国历史。可见概念的限制是多么的重要。

楚王丢弓

有一天，楚王带着他心爱的弓箭去打猎。他骑着马、背着那张心爱的弓箭，在田野、丛林、山岗里来回奔跑，射中了许多猎物。天黑以后，楚王回到了宿营地，一检查，发现心爱的弓箭不见了。“这是一张天下无双的好弓啊！”楚王口中念道，心里十分难受。“报告大王，我们马上集合人员，把大王的弓箭找回来！”“怎么去找？黑灯瞎火的，这么大的地方，能找得到吗？”“即使大海捞针，我们也要把它找回来！免得大王伤心。”楚王在大帐中来回走着，半晌才发话:“算了算了,不用找了。”“为什么?”楚王坐定后,缓缓地说:“楚国人丢的弓,还是楚国人拾得的,这张宝弓还在我们楚国呀!”“大王大度,大王英明啊!”左右齐声欢呼。这件事一传十,十传百,不知怎么传到了孔子耳朵里。孔子感叹地说:“楚王的仁义还是没有做到家。应该这么说就好了:‘人丢了弓,人拾了去。’何必要说楚国呢?……”

这就是“楚王丢弓”的故事。从“楚王丢弓”到“楚国人丢弓”,再到“人丢弓”,这就是概念的概括。概念的概括,是指通过减少概念的内涵以扩大概念的外延,由种概念过渡到属概念以明确概念的一种逻辑方法。即从一个外延小的概念,过渡到一个外延大的概念的过程。其主要方法是在概念的前面减去一定的限制词。从“楚王”(作为楚王的楚国人)这个概念中减去“作为楚王”这一内涵,就过渡到“楚国人”这一概念;从“楚国人”中减去“楚国”就过渡到“人”。

运用概念的概括,有助于我们加深对事物的认识。《三大纪律,八项注意》是解放军战士人人都会唱的一首歌,也是每一个革命军人必须遵守的纪律。但是,你可曾知道《三大纪律,八项注意》几经改动?就拿“三大纪律”来说,1928年春,工农红军在井冈山时,毛泽东规定的三大纪律是:“第一,行动听指挥;第二,不拿工人农民一点东西;第三,打土豪要归公。”1929年以后,毛泽东将“不拿工人农民一点东西”改为“不拿群众一针一线”;把“打土豪要归公”改为“筹款要归公”,后来又改为“一切缴获要归公”。把“工人农民”改为“群众”,就扩大了概念的外延,把教师、医生、商人、学生等都包括进来了,表明工人农民的东西不能拿,教师、医生、商人、学生等群众的东西也不能拿;由“打土豪要归公”到“筹款要归公”,再到“一切缴获要归公”,表明归公的范围扩大了,即凡是缴获的东西统统要归公。这样一改,对于军队来说,遵守纪律的范围扩大了,纪律更加严明了,人民军队的本质更加鲜明了。毛泽东这一改动,从逻辑上看,运用的就是概念的概括。

巧妙地运用概念的概括,还可有助于语言表达。有一则《写信》的故事:比尔坐在桌前,紧锁眉头,久久没有动笔。他的朋友盖茨问:“比尔,你在干什么?”“写信呀!”“怎么不见你动笔?”“哎!这封信真难写!我姨妈前几天寄来一件礼物，祝贺我的生日。现在我想写一封信谢谢她，但我记不起她寄来的是什么礼物。这信怎么写？”比尔双手一摊，无奈地说。“这有何难！”盖茨大声说道，“你可以这样写：‘亲爱的姨妈，谢谢您赠寄给我极好的礼物。您送给我的礼物，正是我梦寐以求的，我真奇怪，您怎么知道我的心思？祝您健康！爱您的比尔。’”“你真聪明！”比尔因为忘记了姨妈送的是什么礼物，而写不了信。但是盖茨却将这一具体礼物概括成“极好的礼物”，就非常巧妙地解决了这一难题。

“柏拉图的人”

古希腊哲学家柏拉图（前427～前347）曾在雅典一个园林中创建了一所“学园”，讲授哲学、数学、天文学、音乐理论等，前后达四十一年之久。这所学园是欧洲历史上第一所固定的学校。学园广招门徒，学生不限于雅典，而是来自四面八方。后来他的学派被称为“学园派”。

有一天，柏拉图与学生们在园林中散步。学生边走边向老师请教。一个学生问柏拉图：“您说，巨匠创造了一切生物，创造了人。那么，人是什么？”这样的问题似乎难倒了这位大学问家。他皱起了眉头，因为这是古希腊有史以来最难回答的一个问题，柏拉图的老师苏格拉底也没有讲清楚这个问题。柏拉图思考了半晌，对学生说：“人依靠两条腿走路，依我之见，人是两腿直立的动物。”学生们听了，感到很不满足。心想：用两条腿走路的动物多着呢！难道都是人？有一个调皮的学生，不知从哪里抓来一只鸡，问柏拉图：“请问老师，这是人吗？”鸡长有两条腿，但鸡显然不是人。柏拉图觉得自己的说法有漏洞，连忙修正自己刚才的说法：“人是没有羽毛的两腿直立的动物。”柏拉图心想：人与鸡的区别只不过在于人没有羽毛而鸡有羽毛。这样回答，学生们该满意了吧！正当柏拉图自以为得意的时候，又有一个学生，找来了一只拔光了羽毛的鸡，在柏拉图面前高高举起，问老师：“这只没有羽毛的鸡，难道是您说的人吗？”“哈哈哈！”学生们大笑了起来。柏拉图把目光落在这只没有

柏拉图的研讨会

羽毛的鸡上，过了一会，又把目光移到他的学生身上，半天也说不出话来。从此以后，学园的学生就把那只没有羽毛的鸡称作“柏拉图的人”。

柏拉图力图把人与其他动物区别开来，揭示人的特殊属性，但是由于历史条件的局限，柏拉图没有正确回答“人是什么”的问题。也就是说，柏拉图没有给“人”这个概念下一个正确的定义。所谓定义，就是通过描述对象的特性或本质从而揭示概念内涵的一种逻辑方法。定义由被定义项、定义项和定义联项组成。如果没有揭示出对象的特性或本质，那么就没有完成下定义的任务。柏拉图关于“人”的定义，就是没有正确揭示人的特性或本质。“人”的正确定义是：人是能制造和使用生产工具的动物。在这个定义中，“动物”是“人”这一概念的属概念，“能制造和使用生产工具”是“人”与其他动物之间的差别，即种差。这样的定义方法称之为“属加种差定义法”。其公式为：被定义项 = 种差 + 属概念。

其实，柏拉图关于“人”的定义，用的也是“属加种差定义法”。柏拉图下定义的方法是正确的，其错误就在于使用的“种差”没有揭示出人与其他动物的区别，所以受到了学生们的嘲笑。

什么是新闻？

一天，新闻系主任给刚入学的新生讲授“新闻学概论”。首先，他向同学们提了这样一个问题：“什么是新闻？”在新闻系主任看来，弄清这个问题对于大家今后从事新闻工作意义重大。同学们纷纷举手，要求发言。A 同学说：“新闻就是关于东南西北各地所发生事情的报道。因为在英语中，‘新闻’是用 news 来表达的，而 news 是由 north（北）、east（东）、west（西）、south（南）4 个词取其第一个字母缩写而成的。”B 同学说：“我认为，新闻就是关于离奇、非同一般的、出乎意料的事件的报道。因为狗咬人不是新闻，人咬狗才是新闻。”C 同学说：“新闻就是关于多数人感兴趣而带有刺激性的事件的报道。例如阿富汗战争、‘9・11’事件、以色列与巴勒斯坦暴力冲突等等，就是新闻。”D 同学说：“新闻，顾名思义，就是新近的听闻，或者是听到的新鲜事。”E 同学马上接着说：“对呀！新闻新闻，关键在于一个‘新’字嘛，所以，新闻不是过去发生事情的报道。因为新闻不同于历史。关于过去发生的事情的报道，不是新闻，而是历史。”F 同学说：“你们的说法太抽象，依我之见，新闻就是传播筒、开心果。因为新闻能把各地的新鲜事传播开来，让大家开心。”……同学们七嘴八舌，莫衷一是。最后，新闻系主任总结说：“大家的发言很好，每一个同学都对‘新闻’下了一个定义，也都有一定的道理，但是也存在一定的局限性。什么是新闻呢？我认为，新闻就是报社、电台、电视台、网络等媒体机构对新近发生的政治事件或社会事件所作的报道。”

给一个概念下定义，必须要遵守定义规则。定义规则主要有 4 条：1. 定义项与被定义项的外延必须相等；2. 定义项不得直接或间接地包括被定义项；3. 定义不能用隐喻；4. 定义不应当是否定的。根据这些规则来分析，A 同学的定义不符合规则 1，犯了“定义过宽”的逻辑错误；B 同学和 C 同学同样不符合规则 1，犯了“定义过窄”的逻辑错误；D 同学的定义不符合规则 2，犯了“循环定义”的错误；E 同学的定义不符合规则 4，用了否定的形式；F 同学的定义不符合规则 3，用了隐喻。

大扫除的分工

一天课后，初三（1）班大扫除。班长首先作了“战前”动员，他说：“我们班级一直是卫生先进单位，我们要保持这个荣誉，希望大家不怕脏和累，认真打扫卫生。”接着，新上任的卫生委员向全班同学布置任务：“男同学打扫室外卫生，女同学打扫室内卫生，第一组、第二组擦玻璃窗，第三组扫地、拖地板，第四组抹课桌椅。厕所最脏，由班干部负责打扫。大家听明白了吗？”“不明白！”许多同学喊道。“怎么不明白！我不是讲得清清楚楚吗？”卫生委员涨红了脸，怯生生地说。第一组组长张勇首先发言：“你究竟让我擦玻璃窗，还是到室外打扫卫生？”宣传委员王芳接着说：“我也不知道是去打扫厕所，还是去拖地板？”副班长杨阳更是一头雾水，他两手一摊：“不见得把我分成三个人，既擦桌椅，又扫厕所，还要打扫室外卫生吧！”卫生委员终于明白了，马上说：“好了，我重新说一遍：厕所最脏，由班干部负责打扫；其余的人，兵分两路，男同学打扫室外卫生，女同学打扫室内卫生；女同学的具体分工是，第一组、第二组的女同学擦玻璃窗，第三组的女同学扫地、拖地板，第四组的女同学抹课桌椅，大家听明白了吗？”“明白！”大家齐声答道。一个小时后，同学们都圆满完成了各自的任务，教室里窗明几净，厕所里清清爽爽，教室外干干净净。不久，卫生红旗再一次挂在教室里。班级卫生委员第一次分工后，同学们无所适从，从逻辑的角度看，卫生委员违反了划分的规则。所谓划分，是指将一个概念所反映的一类事物，根据一定的标准分为若干小类。划分由划分的母项、划分的子项和划分的标准组成。划分的规则有 3 条：1．划分应当相应相称；2．划分后各子项的外延必须互相排斥；3．每次划分必须按同一标准进行。

卫生委员第一次分工，违反了规则 2 和规则 3。他用了 3 个标准，一是“性别”，二是“组别”，三是“职务”，因而导致了划分子项外延互相交叉，使同学们不知所措。后来，卫生委员意识到了这一点，重新进行了划分。后来的划分，实际上进行了三次连续划分，次次都遵循了划分规则，所以大家都“明白了”。

医院的规定

在秋高气爽的十月，小芹高高兴兴地迎来了自己12岁生日。这一天，她安排得满满的：一清早就到野生动物园看狮子、老虎，下午划船，晚上还看了场电影。可能是玩得太累了，夜里睡觉时踢掉了被子，早晨起来时，小芹直叫头疼，爸爸给她一量体温，“呵，39度！”这下可急坏了爸爸妈妈。他们顾不得上班，用自行车把小芹驮到附近的街道医院。医院里十分拥挤，看病的人特别多，爸爸排队足足用了半个小时，才轮到挂号。负责挂号的护士问：“您孩子有多大？”“12岁。”“对不起，请您到对面的窗口挂号。”“我的女儿以前一直在这里挂号的。”“现在不行了，这里是‘儿童挂号处’，挂的是12岁以下的儿童。您的孩子已经12岁了。”“我女儿昨天才过生日，能不能通融一下，她烧得很厉害。”“那您应该抓紧时间，赶快到对面挂号去。”爸爸一看没有任何商量的余地，就转身来到对面。还好，这里挂号的人已经不多了。一会儿就轮到爸爸了。“是您看病吗？”里面的护士问。“不是，我给女儿挂号。”“几岁了？”“12岁。”“对不起，先生。我们这里挂的是12岁以上的病人，您的孩子要到对面的‘儿童挂号处’挂号。”“我刚才已经去过，他们说到您这里挂号。”“实在抱歉，这是我们医院的规定，请您配合。”……爸爸又来到“儿童挂号处”，结果还是没有挂上。这时，坐在一旁的小芹烧得更厉害了。几位好心的人对妈妈说：“这家医院太不像话了，你们去找院长解决。”院长听说后，连忙表示歉意，并让“儿童挂号处”马上办理手续，小芹终于得到了治疗。

小芹生病迟迟挂不上号，如果说挂号的护士态度不好，那么确实有点冤枉她们了。主要的原因应该是，医院的规定出了问题，它错用了逻辑上的划分。划分的第一条规则是，划分应当相应相称，即划分后所得的各子项的外延之和应当等于母项的外延。这家医院把病人分为两类：12 岁以上和 12 岁以下，但 12 岁的病人并不包括在内。也就是说，医院的规定中遗漏了一部分病人，犯了“划分不全”的逻辑错误，因而出现“踢皮球”的现象。改正的方法只需在“12 岁以下”后面加上“含 12 岁”即可。

命题趣话

一　命题与语句趣谈

凿井得一人

《吕氏春秋·察传》记载了这样一件事：从前宋国有一户姓丁的人家，家门口没有水井，要到很远的地方去挑水，每天挑水需要一个人工。姓丁的人家感到这样下去既费人工又不方便，于是就在自己家门口凿了一口井。井凿好了后，喝水用水都很方便。于是逢人就说："我家凿井得一人。"这句话传出去，有些人以为他家真的在凿井时凿出一个人来。消息越传越远，最后传到了宋国国君那里，国君特地派人来到丁家查问此事。"听说你家凿井得一人，有无此事？""有。""那赶快把凿出的那个人叫出来，让我们瞧瞧。""这——""别婆婆妈妈的，我们还要把他带回去给国君看看呢！"丁家终于明白是怎么回事了，连忙向使者解释道："大人听错了……"使者马上打断丁家人的话："什么？我们听错了？你们刚才还承认'凿井得一人'呢！怎么是我们听错了？"丁家耐心地说："我们所说的'凿井得一人'，是指不用专人挑水，节省了一个劳动力，不是指凿井时凿出了一个人。""原来如此！"使者恍然大悟，立即回去复命去了。

为什么一句"凿井得一人"，竟闹出如此大的笑话来？这是因为同一语句可以表达不同的命题的缘故。所谓命题，就是通过语句来反映事物情况的思维形式。任何命题都是通过语句来表达的。但是，命题与语句并不是一一对应的。首先表现在，同一个语句可以表达不同的命题。"凿井得一人"，既可表达凿井以后节省一个劳动力，也可表达凿井时凿出一个人来。丁家说的“凿井得一人”，本意是凿井以后节省一个劳动力，而有些人却理解为凿井时凿出一个人来，这当然就会闹出笑话来。

《吕氏春秋·察传》中还记载了另一件事：相传上古黄帝的时候，东海流波山中出现一只怪兽，形状如牛，浑身青色而无角，只有一足（一只脚），却能行走如飞。它两眼发光，白天像太阳，夜晚像月亮，吼声比打雷还响。人们把它叫做夔。到了尧的时代，民间出了一位著名的乐师，名字也叫夔。夔精通音律。舜继承尧做了天子，想用音乐来教化天下，就命令重（有羲氏）和黎（有和氏）到民间去选拔人才。重和黎于草莽之中选拔到夔这个人，舜就任用夔为乐正，主管音乐。夔担任乐正以后，充分发挥自己的特长，订正六律，协调五声，创作了许多美妙的乐曲，舜对他很满意。舜决定派夔去巡行天下，把这些乐曲传播到天下各地。重、黎担心夔一个人难以胜任，想再去物色几位乐师辅助夔完成使命。舜说：“音乐之本，贵在能和，若夔者一而足矣（像夔这样的

夔

人才一个就足够了）。”夔奉命出巡，帮助各地的乐师正音协律，把自己创作的乐曲传授给他们，使中原地区的文化远播到四方。从此夔的名字在各地长期流传，不过已被人们涂上了一些神奇的色彩。在春秋后期的鲁国，许多人把舜时担任乐正的夔同黄帝时的怪兽夔混为一谈，认为这位著名的乐师只长着一只脚（一足）。有一天，鲁哀公与孔子谈起“夔一足”这句话。鲁哀公问孔子：“我听说，舜时主管音乐的夔只有一只脚，这个说法可信吗？”孔子回答说：“一足的夔是有的，那是黄帝时的怪兽，可您所说的乐正夔是个人，怎么会只有一足呢？从前舜讲过‘若夔者一而足’的话，他的意思是说，在音乐方面，有夔这样一个人就足够了，并不是说夔只有一只脚啊！”鲁哀公听了恍然大悟，不由得十分钦佩孔子的博学多才。从此，人们就用“一夔已足”这个成语，表示只要是真正的人才，有一个也就足够了。

“夔一足”这句话，可以表达两个不同的命题，既可以表达“夔这个人只有一只脚”，也可表达“有夔这样一个人就足够了”。如果不了解历史，就很有可能犯鲁哀公的错误。孔子通晓历史，他把舜说“夔一足”的来龙去脉一交代，马上就消除了人们的错误看法。

在日常生活中，我们经常遇到同一语句表达不同命题的情况，比如，“他在火车上画画”这句话，既可以表示“他坐在（或站在）火车车厢里画画”这个事实，也可以表示“他把画画在火车上”这个事实。为了避免误解语意，我们必须认真分析一个语句所处的语言环境以及说话者的客观环境，准确理解一个语句所表达的命题。只有这样，才能防止出现“凿井凿出一个人”“乐正夔只有一条腿”的笑话。

算命先生的诀窍

算命先生有很多诀窍，其中之一是说活络话，你既可这样理解，也可那样理解，总之他是常有理。

清代时京城附近有一个算命先生，他算命算得准极了，大家都称他为活

算命先生

神仙。不论是城里人还是乡下人，也不论是富人还是穷人，都请他算命。张、万两个长期在京经商的人，一同前来请活神仙算命。算命先生故弄玄虚地问了张的生辰八字和父母的出生年月，然后装模作样地掐算一番，说：“这位官人是父在母先亡。”“啊呀！你算得真准啊！”张失声叫了起来，“我家确实是父亲健在而母亲先去世。我母亲去世才半年，你就算出来了。真不愧是活神仙！”算命先生有点洋洋得意，又问万的生辰八字及父母的出生年月，算了一会，慢吞吞地说：“你是父在母先亡。”“这回你完全算错了，”万说道：“我母亲还健在，父亲却去世了。”“这就对了，我刚才说的‘父在母先亡’，就是说‘父亲在母亲之前先死亡’。你没有听到我说得很慢吗？这与前面说的可不是一个意思。”万一想，算命先生刚才说的口气确实与前面不同，于是只得承认自己没有听清，心服口服地说：“对，你算得准。”

张、万两人走后，一个姓李的来算命，算命先生问完生辰八字后，又说：“你是父在母先亡。”“我父母都已经去世了，怎么……”算命先生立刻打断他的话说：“你父母都已去世，这个我早已算到了，现在我还要算出：你父母究竟谁先去世，你说说，他们谁先去世的？”“好像差不多时间一起去世的。”“那总该有先有后呀！”“我母亲先去世的。”“这就对了！”算命先生叫了起来，“‘父在母先亡’，就是你家父母均已去世，而且你父亲还在世时母亲先去世。”“不对，我想起来了，是我父亲先去世的。”姓李的改口说。“‘父在母先亡’嘛，就是你家父母均已去世，而且你父亲是在你母亲之前去世的。”算命先生也改口说道。姓李的一听，稀里糊涂地直点头。

这时又来了一个姓赵的，算命先生也对他说：“你家父在母先亡。”姓赵的一听不高兴了，说：“我的父母还健在，你算得一点也不准。”“怎么不准？不可能！我是说你父母都健在，将来‘父在母先亡’啊！”算命先生面不改色心不跳，嘿嘿一笑说。

短短一句“父在母先亡”，经过算命先生的三寸不烂之舌，打发了各种不同情况的人，其诀窍在于算命先生利用了同一语句可以表达不同命题的特点。这就是算命先生的把戏。

有一年京城举行科举考试，许多考生路经此地，都要请活神仙算一算能否考上。首先来的是三个山东考生，他们有礼貌地向他行了礼，问道：“请教先生，我们三人进京赶考，能有几人中榜？”活神仙正襟危坐，双眼微闭，扳起指头算了一会，然后向三人伸出了一个手指。“这是什么意思？”三个考生不解，“一个？还是……”“这就是答案！”活神仙终于开了口，“你们自己思量去吧！倘若算错了，本人加倍奉还银子。”山东的考生慷慨地付了银子，匆匆地赶路去了。接着又过来三个安徽考生，问活神仙同样的问题，活神仙又伸出了一个手指。第三批来的是三个江苏考生，又向活神仙提出相同的问题，活神仙还是伸出了一个手指。最后一批过来的是浙江考生，也是三个人，也是提出前面考生提的问题，活神仙不动声色地照样伸出一个手指。算命先生的儿子一直站在算命先生的身旁，他看到活神仙总是伸出一个手指，感到十分奇怪，就问：“这一个手指是什么意思？”“这里面的学问可大着呢！”算命先生得意地说。“让我来猜猜，”儿子说，“它表示，三个人中有一人中榜。”“对！还有呢？”“还有……三个人中有一人没有中榜。”“对极了，我的儿子。再想想，还表示什么？”“还有？”儿子摇了摇头。“当然还有，它还表示，三个人一起中榜。”“有道理啊！”儿子点头说。“你再想想，它还可以表示什么？”算命先生又问。“想起来了，它还可以表示，三个人中一个也没有中榜。”“聪明的儿子，你说得对。你想想，三个人进京赶考，结果无非是一人中榜、两人中榜、三人中榜和无人中榜这四种情况，我的一个手指就全部代表了，你说我还不稳操胜券？你就等着中榜的考生来送礼吧！哈哈哈。”活神仙笑了起来。儿子听了茅塞顿开，也跟着笑了起来。

通常，表达命题的语句是一组表示事物情况的声音或笔画。但是在特定的情况下，一定的手势、图画、图表也可以作为“语句”来表达命题。算命先生伸出的一个手指就是这样的“语句”。算命先生的诀窍在于，用一个手指这样的动作巧妙地表达了四个不同的命题，欺骗了众多考生。

想起了大海……

同一语句可以表示不同命题，会使人产生误解、出洋相，算命先生还运用它去骗人钱财，这都是事实。但你千万不要以为它毫无益处，在语言表达中，有时候还特地利用它来达到艺术效果，显示语言艺术的魅力。

有一个打扮得流里流气、怪里怪气的小伙子，自以为很美，他问一位姑娘：“我的这身打扮怎么样？您喜欢吗？”姑娘看了他一眼，心里十分反感，说：“看到你这副模样，使我想起了大海。”小伙子一听，高兴极了，连忙献殷勤说：“您真有眼力，您真懂得生活，也真懂艺术，和您在一起太幸福了。是啊，我这副打扮，使人仿佛看到了大海的壮阔和它那吸引人的力量。让我们……”正当小伙子想进一步说出对姑娘表示爱情的话时，姑娘突然打断了他的话，说道：“不，你错了，因为我晕船，一想到大海我就感到要呕吐。”小伙子一下子傻了眼，半天也说不出一句话来。

“看到你这副模样，使我想起了大海”这句话，既可表示“我喜欢你这副打扮”，又可表示“我不喜欢你这副打扮”。这两个命题截然相反，一褒一贬。姑娘巧妙运用“同一语句可以表示不同命题”，故意引导小伙子误解自己的话，使其将贬义理解为褒义。当小伙子上当后并越走越远时，姑娘突然站出来纠正小伙子的误解，“杀”得小伙子一个措手不及，狼狈不堪。这种充满幽默感的说话艺术，完全得益于“同一语句可以表示不同命题”。

生活中也常常发生这类充满戏剧性的对话。

一位太太匆匆走进百货商店，对营业员说：“小姐，刚才我在您这里买化妆品，您在找钱时算错了 10 元钱。”“那你当时为什么没有发现？”营业员小姐立刻沉下了脸。“当时我没有注意，回家后才发现的。”太太解释道。“现在你来找我，晚了。”营业员小姐微带愠怒地说，“算你倒霉！”“真的不行了吗？”“真的不行了。”小姐摇了摇头，摆出一副不容商量的架势说，“你找领导也没有用！”

“那好，”太太平静地说，“那我就只好收下这 10 元钱了！”“什么？我多找了你 10 元钱！”营业员小姐一听急了，“你怎么不早说呢？”说着，脸上瞬间阴转晴，满脸堆笑地说：“对不起！太太……”

“您在找钱时算错了 10 元钱”这一语句，既可表示“营业员在找钱时多给了 10 元钱”，也可表示“营业员在找钱时少给了 10 元钱”。太太说这一语句时，想要表达的是“营业员多给了 10 元钱”，而营业员却误解为“自己多收了 10 元钱”，于是出现了小幽默，把营业员小姐推卸责任的形象惟妙惟肖地刻画出来。

县官画虎

古时候有一个县官，喜欢画画，尤其爱画虎。但是他画画的水平实在太低，往往把老虎画成抓老鼠的猫。一天，县官聚精会神地画了半天，终于画完了一只老虎。县官颇感得意，于是把画挂在墙上，并叫来一个衙役，问他：“我画得怎么样？”衙役说：“画得好极了！”“我画的是什么？”“猫呀，我的老爷。”衙役脱口而出。“混账！”县官大怒，“你是有眼无珠！这明明是虎，你却看成了猫。来人啊，把他拖下去重打 40 大板！”县官又叫来另一个衙役看画。这个衙役一看，画上画的哪里是虎呀？是一只道道地地的猫，一点虎味也没有。但是他不敢说。“你老实告诉我，我画的是什么？”“老爷，我不敢说，我怕……”衙役战战兢兢。“你怕什么？”“我怕老爷！”“那么老爷我怕谁？”“老爷怕皇帝！”“皇帝又怕谁？”“皇帝怕老天！”“老天怕什么？”“老天只怕云！”“云怕什么？”“云最怕风！”“风怕什么？”“风很害怕墙！”“墙又怕什么？”“墙怕老鼠！”“老鼠怕什么？”“老鼠什么都不怕，就怕——”衙役指着挂在墙上的画说，“就怕老爷画的这张画。”“你这……”县官手指着衙役，气得半天也说不出一句话来。

第一个衙役回答县官：“是猫，我的老爷。”这一语句表示的是这样一个命题：“你画的是猫。”结果挨了40大板。第二个衙役既要说实话，又要不挨打，就得另想办法。他绕了一个大圈子，最后说：“老鼠什么都不怕，就怕老爷画的这张画。”这句话表示的也是“你画的是猫”这个命题。两个衙役用不同语句表达了同一个命题。可见，命题与语句的关系不仅是同一语句可以表示不同的命题，而且不同的语句也可以表示同一命题，即同一命题可以用不同的语句来表达。

名落孙山

掌握同一命题可以用不同的语句来表达这一特点，可以使文章生动活泼，富于变化。

明朝何孟春编的《馀冬叙录》中记载了这样一个故事：一匹奔腾的马踩死了一条卧在路上的狗。几个文人聚在一起商议如何记载这件事。甲说：“马逸，有犬死于其下。”乙说：“有犬死奔马之下。”丙说：“适有奔马践死一犬。”后来又有两人议论起这件事，一人说：“有犬卧通衢大道，逸马蹄而毙亡。”另一个人说：“逸马杀犬于道。”这五个人，有的以“马”为主项，有的以“犬”为主项，文字有简有繁，使用了不同的语句，各有文采，但表达的却是同一个命题。其中，第五人表达得最简捷。

运用不同语句来表达同一命题，可以委婉含蓄地表达不便直说的命题。国外有这样一个故事：法官布洛肯布鲁与将军约克逊是莫逆之交。一天，法官请求将军把他掌握的军事秘密告诉他。将军当然不会泄密，但他又不愿意直说“这是军事秘密，我不能告诉你”，因为这样会使好友难堪。将军皱了皱眉头，终于计上心来。他说：“法官先生，你能绝对保守秘密吗？”“将军，那当然了！我完全能够保守秘密，你放心好了。”法官说。“那太好了！我也能够呀！亲爱的朋友！”“哈哈哈！”两人同时笑了起来。约克逊将军的话既达到保守秘密，又达到不使好友难堪的目的。

据宋朝范公偁的《过庭录》记载：吴人孙山是当时有名的滑稽才子。一次，孙山准备到郡府去考举人。一位同乡委托孙山带他的儿子一同前往。孙山考取了最后一名，而同乡的儿子落榜。孙山先行回乡。孙山回到家里，这个同乡就问孙山：“我的儿子考中了没有？”孙山不好直截了当地回答，而是仿照欧阳修《踏莎行》中“平芜尽处是春山，行人更在春山外”的句子，念了下面两句诗：“解名尽处是孙山，贤郎更在孙山外。”意思是，榜上最后一名是我孙山，你的儿子还在孙山后面，即“你的儿子没有考取”。同乡一听，心知肚明，点了点头说：“知道了。”从此以后，人们就用“名落孙山”来表示没有考中。

“名落孙山”和“没有考取”这两个语句表达的都是同一个命题。但“名落孙山”要比直说“没有考取”委婉含蓄得多。

不同语句表达同一命题的巧用，还可使表达得体，语言优美、幽默。一个向导陪伴一位法官打猎归来。有人问他：“今天法官的收获怎么样？”“法官枪法高超，”他回答说，“只是上帝今日对飞鸟特别仁慈。”向导的回答是十分恰当的。他准确表达了“法官今天一无收获”这个命题，同时又不伤法官的自尊心，而且颇有幽默感。

西方某国电影院常有女观众戴着帽子看电影，影响后排观众的视线。后排观众极为不满，一起向电影院经理提意见，要求通告禁止。经理说：“禁止不妥，只有提倡戴帽才行。”人家感到十分失望。第二天，在电影播放前，银幕上出现一则通告：“本院为了照顾高龄女客，允许她们照常戴帽，不必摘下。”通告一出，所有女观众都自觉把帽子摘了下来，无一例外。因为西方国家的妇女，虽然年达五六十岁，还自以为年轻貌美，不愿意承认自己是高龄女客。后排观众所提的“通告禁止戴帽”的意见和电影院经理“提倡戴帽”

的答复，以及银幕上的通告，表面上看好像意见截然不同，但实际上所表达的是同一命题，都是对女观众看电影时戴帽现象的否定。然而后者语句的表述比前者要优美、婉转、恰当，而且实际效果要比前者好得多。

由于不同语句可以表达同一命题，同一命题可以用不同的语句来表达，所以我们应该根据具体情况，尽量努力选择那些优美的、恰当的、人们乐于接受的语句来表达思想。比如“禁止践踏草地”，就不如“小草睡着了，请不要打扰她”来得优雅、亲切。我们应该努力提高这方面的逻辑修养水平。

雨果与出版社的通信

虽然命题都是通过语句来表达的，但并非所有的语句都表达命题。在陈述句、疑问句、感叹句和祈使句中，只有陈述句和疑问句中的反问句才表达命题。在特定的语言环境中，有时一个标点符号或者一个词，甚至一个动作，也可以代表某些语句来表达某些命题。

法国大作家雨果，写好了他的名著《悲惨世界》以后，寄给了出版社，但不知何故，好久没有回音。雨果给出版社写了一封信，信的正文只有一个问号“？”。出版社收到雨果的信后，很快给他回了一封信，信的正文也只

雨果像

有一个感叹号“！”。不久，《悲惨世界》出版了，并成为震撼文坛的佳作。这两封信虽然各自只有一个标点符号，但它表达的意思却是很清楚的。雨果是问：“我的作品能不能发表？”出版社回答的是：“你的作品很好，很惊人，我们肯定出版。”雨果是用一个标点符号来表达自己的疑问，而出版社却用一个标点符号表达了一个命题。

清代陈其元的《庸闲斋笔记》记载了这样一件事：嘉兴马淡于多次参加科举考试不中。有一年他又要变卖妻子的首饰做路费前去应考。妻子苦苦相劝，马淡于就是不听。发榜时，报录人报他录取了。他洋洋得意地对妻子说：“如何？”并摆出大架子叫妻子替他穿靴。妻子无奈，只好为他效劳。可是靴子还没有来得及穿上，报录人又回来说报错了。他的妻子昂起头来说：“如何？”这时马淡于像泄了气的皮球——瘪了。

马淡于和妻子都是用一个词“如何”来表示命题。马淡于说的“如何？”表达的是“我说我会中榜”这个命题。他的妻子说的“如何？”表达的是“我说你不会中榜”这个命题。这说明在不同的背景下同一个词也能表示两个不同的命题。

有一个国王胸无点墨，根本不会写诗，可是他却故作文雅，经常胡编几句诗在大臣面前卖弄。这些大臣怕得罪国王，不得不称赞他的诗写得好。渐而渐之，国王就以为自己的诗是天下第一。一天，国王把他写的一首诗递给阿凡提看，问他：“我写的诗怎么样？”阿凡提把诗看了一下，连连摇头，说：“您的诗写得糟极了。”“什么？”国王非常不高兴，“他们都说我的诗写得好，你却说我的诗写得不好！”阿凡提回答说：“陛下，即使您不会写诗，人民也不会因此小看您。所以，还是请您只管当您的国王吧！”“你竟敢说我不会写诗！”国王勃然大怒，下令把阿凡提关进驴棚。阿凡提进了驴棚后，国王花了整整一个星期的时间，写出了一首得意之作，又传阿凡提进宫，问他：“这一首怎么样？”国王静静地等待阿凡提的夸奖，不料阿凡提读完这首诗后，便一声不吭地朝驴棚走去。国王气得把龙案上的东西全部掀翻在地。阿凡提一声不吭地朝驴棚走去，这个行动表达了这样一个命题：“您的诗写得糟极了。”可见，人们不仅可以用语言表达命题，而且还可以用行为动作来表达命题。

二 直言命题杂谈

酒壶还是尿壶？

从前有个财主得到了一件样子很古怪的铜质容器，它的外形像一匹马，马背上开口。此容器是何物？财主不明白，于是就向别人请教。一位朋友不懂装懂，对他说："这东西叫'酒尊'，是古人盛酒用的。它可是无价之宝呀！""盛酒的酒壶哪有这么大，像一只小盆？"财主有点怀疑。"这你就外行了，""假行家"继续说，"古代人的酒量特别大，而且那时酒的浓度没有现在高，所以就要使用大酒壶了。""原来如此。"财主高兴地说。财主的亲朋好友听说他得了无价之宝，纷纷前来观赏。财主摆了一桌丰盛的酒席，招待大家。席间就用那件古怪的铜器盛酒，并把它放在桌子的中央。真是无巧不成书。席座中有一个书生，看着那件铜器暗暗发笑，并且只吃菜不喝酒。财主感到奇怪，就问他为什么不喝酒，书生指了指桌子上的铜器，说："因为盛酒的家什不对。"财主理直气壮地说："有什么不对？古代人就用这种东西盛酒。""此言差矣！"书生笑了笑，"这件铜器不是酒壶，而是古代女人用的尿壶，它的名字叫'兽子'。""胡说八道！""假行家"一听就急了："你拿出证据来！""好，请稍等片刻。"书生说完，就立即跑回家取来一本古书，书中有这种铜器的说明，并画有图样。大家对照图样一看，果然是"兽子"。这时，喝过酒的宾客都恶心极了，有的把酒菜都吐了出来。财主和那位"假行家"羞得面红耳赤，无地自容。

书生和“假行家”对同一铜器作出两种截然不同的论断：“假行家”说：“这个铜器是酒壶。”书生说：“这个铜器不是酒壶，而是尿壶。”在这里，“这个铜器是酒壶”“这个铜器不是酒壶”“这个铜器是尿壶”这三个命题都是性质命题。性质命题是简单命题的一种，它是断定事物具有（或不具有）某种性质的命题。一般逻辑书上都称之为直言命题。性质命题由主项、谓项、联项和量项组成。主项是表示命题对象的概念，如上述三个命题中的“铜器”；谓项是表示命题对象所具有或不具有的某种性质的概念，如上述命题中的“酒壶”“尿壶”；联项是联系主、谓项的概念，也称之为命题的“质”，如上述命题中的“是”“不是”；量项是表示命题对象数量的概念，也称之为命题的“量”，如上述命题中的“这个”。

据此，性质命题的逻辑结构可以表示为：所有（有的）S是（不是）P。

券书改句

宋代郑克所编的《折狱龟鉴》中有这样一个故事：

从前有一个富翁，人称张老。张老的妻子只生了一个女儿，没有儿子，于是招进了一个女婿共同生活。过了很久，张老的小老婆生了一个儿子，取名一飞。一飞刚满4岁时，张老就去世了。张老病重时对女婿说：“妾生的儿子是没有资格继承我的财产的，我要把全部财产送给你们夫妻俩，但是你们要养活一飞母子，使他们不至于冻死饿死，如能这样，就算你们积了阴德了。”说罢，提笔写了遗嘱。遗嘱说：“张一，非吾子也，家产尽与女婿，外人不得争夺。”张老死后，女婿理所当然地占有了张老的全部家业。张一飞长大成人后，向官府起诉，要求同姐夫分家。张老的女婿把遗嘱呈交官府，官府看到遗嘱后，就对一飞的诉状置之不理。一天，来了一位奉上级差遣到地方办案的官员，一飞听说后，又重新起诉。张老的女婿和往常一样，带着张老的遗嘱出庭。这位官员看罢遗嘱，仔细想了一想，在张老的遗嘱上改变了原来文句的标点，读作：“张一非（飞），吾子也，家产尽与，女婿外人，不得争夺。”然后对张老的女婿说：“你岳父明明说女婿是外人，你怎么还敢占有他的财产呢？他之所以把‘飞’字写成‘非’，是因为儿子年幼，怕你加害于他。”于是把遗产全部断给了张一飞。对于这个判决，人人拍手称快。

这位官员对张老的遗嘱未动一字，只是变动了一下标点的位置，就改变了原命题的“质”，把肯定命题改成了否定命题，结果就把遗嘱的内容全部改变了。按照原来标点，“张一，非吾子也”是否定命题，即“张一不是我的儿子”；变动标点后是“张一非，吾子也”，即“张一非（飞）是我的儿子”，这是肯定命题，它符合张老的原意，因为妾生的儿子也是张老的儿子。否定命题改为肯定命题后，“家产尽与”的对象就是“吾子”了，而不再是女婿了。按照原标点：“家产尽与女婿，外人不得争夺”，即“所有家产都是归女婿的”；而变动标点后的遗嘱是“女婿外人，不得争夺”，意即“所有家产都不是归女婿的”。肯定命题改成否定命题后，家产与女婿的联系就彻底中断了，女婿就不能与张一飞争夺家产了。

这个故事告诉我们，命题的“质”非常重要，“是”与“不是”千万不可弄错，一字之差，谬误千里。

井底之蛙

井底之蛙的故事源于《庄子·秋水篇》，说的是一条小河旁边有一口老井。有一天，河里的一只青蛙蹦到了老井里，同井里的青蛙交上了朋友。井里的青蛙洋洋得意地对河里的青蛙吹嘘说：“天下我最能干了，既会跳又会蹦，可谓天下的大王了。你看，在井里，这些小虫、小鱼都要乖乖地听我指挥。”河里的青蛙摇了摇头。“怎么，你不相信？”井里的青蛙说，“不信，我指挥给你瞧瞧。”河里的青蛙没有回答井里青蛙的问题，而是问：“你知道天有多大吗？”“天有多大？你怎么问这样的问题？”井里的青蛙不屑回答：“这不是明摆着的，天只有一个井大呗！”“老兄，此言差矣！‘天只有一个井大’，这是不对的。天是无边无际，可大着呢！要说‘天的某一部分有一个井大’，这才对呢！”“胡说！天怎么比井大呢？”井里的青蛙指着头顶上的井口：“这怎么可能呢？”“我说你不信，这样好了，等到井水涨满的时候，我们跳出井去，你就明白了。”终于有一天，两只青蛙一起跳出了老井。井里的青蛙抬头一看，惊叫了起来：“哇！天竟然有这么大呀！”它想起自己在井里称王称霸的样子，感到十分可笑。

在“天有多大”的问题上，井蛙运用了一个全称命题：“天只有一个井大”，即“天的所有部分有井那么大”。而河蛙说的“天的某一部分有一个井大”，表达的是一个特称命题，即“天的有些部分有一个井大”。事实证明，河蛙说的符合实际，井蛙说的则是错误的。这个故事告诉我们，准确地使用量项是十分重要的，该使用全称就不要用特称，该使用特称就不能用全称。否则就会脱离客观实际。

疑人偷斧

《列子》中有一个大家都很熟悉的故事：有位丢了斧子的人，怀疑邻人的儿子偷了他的斧子，于是他看邻人的儿子走路的姿态像是偷斧子的人，脸上的表情像是偷斧子的人，说话的语调像是偷斧子的人，动作态度等等都像是偷斧子的人。后来他在扬谷时找到了自己的斧子。第二天他再看那邻人的儿子时，邻人儿子的动作姿态就一点不像偷斧子的人了。

失斧者先后对他的邻人儿子使用了两个不同的命题：“邻人的儿子是偷斧子的人”和“邻人的儿子不是偷斧子的人”。事实证明，第一个命题是不符合事实的，第二个命题是符合事实的。我们把符合事实、正确反映客观事物情况的命题，叫作真命题。反之，则是假命题。因此，我们就可断定：命题“邻人的儿子是偷斧子的人”是假的，而命题“邻人的儿子不是偷斧子的人”是真的。

使用命题要符合实际，如果脱离实际情况，就会出问题。有这样一个故事：张三、李四、王五三位先生，都是高度近视眼。他们三人互不服气，都吹嘘自己的眼力比别人好。一次，三人约定在寺庙前进行一次比赛，以决定高低。当时，每逢节日寺庙大门都要悬挂匾额。三人商定，第二天早晨，在离寺庙大门一百步远的地方，看那块新挂的匾额上的字，比一比谁看得清楚。比输了的人，掏钱请大家吃饭。这三人都知道到时候自己什么也看不见，于是，他们就在当夜趁夜深人静时分别悄悄地找到寺庙里的和尚，打听第二天要挂什么样的匾。三人都打听清楚了才回去睡觉。第二天清晨，三位先生都胸有成竹地在寺庙前聚齐。比赛开始了。张三首先抢着说：“你们看见了没有？匾上写着4个大字是‘正大光明’！怎么样？我的眼力不错吧！”“这又有什么稀奇？”李四轻蔑地说，“看见四个大字算什么本事？我问你，匾额上的字用的是什么颜色？”“这——”张三事先没有问和尚字的颜色，张口结舌说不出话来。李四趾高气扬起来：“告诉你吧！匾额涂的是黑底金字！记住吧，张先生，以后不要在我的面前夸耀你的眼力了！”“诸位，你不要高兴得太早！”这时王五沉不住气了，“你们能看见大字，看清颜色，这算什么本事？你们没注意到吧，匾额上四个大字的旁边还有一行小字，请问，你们谁能看得清？”这下把张三、李四全都难住了。“告诉你们吧，那行小字写的是某年、某月、某日、某人题。”王五摇头晃脑地一字一字说了出来，然后洋洋得意地说：“我并不夸耀自己的眼力好，但是还是请你们两位出钱请客吧！”这时，一位站在旁边看热闹的人开了腔：“最好还是你们三位出钱请我吧！”“为什么？”三位先生齐声问。“因为你们三位全错了！寺庙大门上的匾额还没有挂出来呢！”“啊？”三位先生全傻了。

这三位先生为什么大出洋相？因为他们运用的命题都是虚假的命题，没有正确地反映事物情况。而那个看热闹的人说的话才是真实的命题，它如实地反映了实际情况。

苏轼是聪明人吗？

宋代王巩在《随手杂录》中记载了这样一件事：有一次，北宋大臣吕吉

苏轼像

甫问曾旼："苏轼这个人怎么样？"曾旼回答说："苏轼是个聪明人。"吕吉甫听后很不以为然，对曾旼大声嚷道："苏轼有尧那么聪明吗？有舜那么聪明吗？有大禹那么聪明吗？"曾旼不慌不忙地说："不如这三个人聪明。""不如这三个人聪明，那怎么是聪明人呢？"曾旼心里明白了：吕吉甫把他说的"苏轼是聪明人"，理解为"聪明人只有苏轼一个人"了，于是就平静地说："苏轼虽不如这三个人聪明，但也可以是聪明人。"

吕吉甫的错误在于搞错了"聪明人"的周延性问题。所谓周延性，就是指在直言命题中对主项或谓项外延数量的断定情况。如果在命题中对它的主项或谓项的全部外延作了断定，那么这个命题的主项或谓项就是周延的；如果没有对它的主项或谓项的全部外延作出断定，那么这个命题的主项或谓项就是不周延的。在"苏轼是个聪明人"中，对主项"苏轼"的全部外延作了断定，所以主项"苏轼"是周延的；而对谓项"聪明人"的全部外延没有作出断定，所以"聪明人"是不周延的。在"苏轼是个聪明人"这个命题中，并没有排除苏轼以外还有其他的聪明人，甚至比苏轼更聪明的人。这些人也在"聪明人"之列。吕吉甫把"聪明人"误认为周延了，尽管他大声嚷起来，也是没有说服力的。而曾旼却正确指出了他的错误。

在日常生活中，许多笑话都是由不懂命题词项周延性引起的。有一则笑话：在驶往北京的特快列车上，一位姑娘正在低头看书。在她的身旁，坐着一个小伙子。小伙子问姑娘："你在看什么书？"姑娘答道："《戏剧丛刊》。""有喜剧吗？我最爱看喜剧啦！什么喜剧我都看过。""果戈里的《钦差大臣》，你也看过？""看过好几次了，那是讲林则徐禁烟的故事。""啊？……"小伙子发现有些不对头，连忙解释说："林则徐是钦差大臣，那么钦差大臣当然是林则徐了。""啊？……"姑娘更吃惊了。

小伙子不仅缺乏戏剧常识，而且更缺乏逻辑知识。他把"林则徐是钦差大臣"这一命题中的"钦差大臣"看作是周延的，从而得出"钦差大臣就是林则徐"的结论；然后又同果戈里的剧本联系起来，开了一个国际玩笑。

晨钟暮鼓与夜半钟声

有一次，日本京都大学佛学教授柳田圣山到上海玉佛寺参观。在大雄宝殿上，教授就洪钟的使用规矩、方法，询问玉佛寺的法师。法师说："寺中做隆重佛事时，七七四十九天，日日夜夜都要敲击洪钟的。""恐怕不对吧！"柳田教授摇了摇头，说："七七期间，白天敲钟，夜里是不敲钟的。佛教寺庙的规矩是'晨钟暮鼓'，夜里敲钟，佛教经典上无此记载。"法师听后，微微一笑，没有再说什么。法师和柳田教授走出殿堂，来到寺中卖品部。柳田先生对中国书法字画很有研究，当他看到清人俞樾手书的唐诗《枫桥夜泊》时，爱不释手，久久不愿离去。这时，法师走上前去，随手在"姑苏城外寒山寺，夜半钟声到客船"中的"寒山寺""夜半钟声"上，划了几个圈，提醒教授注意。柳田教授先是略有所思，继之恍然大悟，很快就立正、低头、合掌，连连向法师致敬。

柳田教授为什么要向法师致敬呢？因为柳田教授从法师所圈的古诗句中的"寒山寺""夜半钟声"上，悟出了自己所持的"晨钟暮鼓"之说是不成立的。柳田教授说的"佛教寺庙的规矩是'晨钟暮鼓'，夜里敲钟，佛教经典上无

萧伯纳像

此记载”，是一个全称否定命题，即“一切佛教寺庙夜里都不会敲钟的”。而法师指出，古诗中就记载了著名的佛教寺庙寒山寺，曾经半夜敲钟，即“有的佛教寺庙是夜里敲钟的”，这是一个特称肯定命题。“一切佛教寺庙夜里都不会敲钟的”与“有的佛教寺庙是夜里敲钟的”是矛盾关系，它们不能同真也不能同假。既然古诗中已表明“有的佛教寺庙是夜里敲钟的”是真的，那么与它相矛盾的命题“一切佛教寺庙夜里都不会敲钟的”，自然不能成立了。

利用矛盾关系由真推假，这样的例子很多。

爱尔兰作家萧伯纳是蜚声世界的名人。他一生共写剧本50多部、小说5部和其他著作多种。1925年获诺贝尔文学奖。一天，一个鞋油厂的老板要求用萧伯纳的名字做一种新鞋油的牌子，于是他对萧伯纳说：“如果你同意这样办，全世界都会因此而熟知你的大名。”萧伯纳笑了笑，说：“你说得对极了！可是那些打赤脚的人呢？”“他们……”鞋油厂的老板耸了耸肩，两手一摊，说不出话来。鞋油厂的老板的话中，隐含一个全称肯定命题，即“所有人都有鞋穿”；萧伯纳的那句话中，也隐含一个特称否定命题，即“有的人没有鞋穿”。萧伯纳就是运用矛盾关系，用“有的人没有鞋穿”的真实性，来说明“所有人都有鞋穿”的虚假性。

爱因斯坦穿破衣

马老师给同学们讲了一个故事：爱因斯坦创立“相对论”之前，是一个无名小卒。有一次，他在街上碰到一个熟人，那人见他衣着寒碜，便问道：“你怎么穿得这样破旧？”爱因斯坦微微一笑说：“这又有什么关系？反正这里没有人认识我。”过了几年，“相对论”问世了，爱因斯坦成了举世闻名的“大人物”。有一天在纽约的街头，爱因斯坦又遇到这个熟人，那人一见他就惊奇地问道：“你现在已是大名鼎鼎的人物，怎么还是穿得这样破旧？”爱因斯坦毫不在意地说：“这又有什么关系？反正这里的人都认识我。”

讲完故事后，马老师问同学：“爱因斯坦前后说的两句话，各自表达了什么命题？它们能不能在同一时间里说出？”小王回答说：“爱因斯坦前后说的话，第一句话可整理为‘这里所有人都不认识我’，它是全称否定命题。第二句可整理为‘这里所有人都认识我’，它是全称肯定命题。在同一时间，爱因斯坦不能说出这两句话，只能说这两句话中的一句话。”“为什么呢？”马老师又问。“因为这两句话在同一时间里就是反对关系，它们不能同真，

爱因斯坦像

至少有一假。”“回答得好极了！”老师称赞道。“小王说的‘反对关系，它们不能同真，至少有一假’，是不是指‘已知其中一个命题为假，就可得出另一个命题为真’？”马老师继续问大家。小李抢着回答：“是的。”“为什么？”“因为否定‘这里所有人都认识我’，当然就可肯定‘这里所有人都不认识我’，反之也一样。”“不对！”小王又举手回答，“在反对关系中，已知一个命题为真，就可得知另一个命题为假；但是已知一个命题为假，则另一个命题是真假不定的。”“小王说得对不对？”老师问。“对！”大家齐声说。“你呢？”老师转向小李。“我也明白了。”小李如实回答，“具有反对关系的两个命题，可以同假，所以不能由假推真。”“好极了。”马老师满意地笑了。

报社更正

抗日战争时期，国民党政府贪污成风。重庆有一家进步报社，以确凿的证据揭露某行政部门“有一半人员贪污”。这下可捅了马蜂窝，该部门大为光火，兴师到报社问罪。要求该报公开道歉，否则将严厉法办。报社答应登报“更正”。

第二天，该报果然刊登了一则《重要更正》，上面说：“某月某日本报所载‘某部门有一半人员贪污’乃系‘有一半人员没有贪污’之误，特此更正。”

某部门见了，哭笑不得。群众见了，拍手称赞。

为什么某部门哭笑不得呢？因为这个“更正”的巧妙之处在于事实上根本没有更正。根据逻辑方阵，“有S是P”与“有S不是P”是下反对关系，不能同假，可以同真。肯定“有一半人员没有贪污”，并不能否定“有一半人员贪污”。

三　关系命题趣事

王元泽巧答

明代学者冯梦龙所著的笔记《古今谈概》中有一则题为《王元泽》的故事，说的是北宋王安石的儿子王元泽小时就十分聪明。有一天，客人给王安石送来了一只獐和一只鹿。王元泽非常喜欢。有位客人问王元泽："小朋友，你说说看，这两只动物中，哪一只是獐，哪一只是鹿？"獐和鹿很相似，只是獐没有角，而鹿有角。所以，这个问题把只有几岁的王元泽难住了。王元

鹿

泽看看这只，又看看那只，犹豫不决。他想了一会，突然叫了起来："我知道了！""那么，你指给大家看看，哪只是獐，哪只是鹿？""獐旁边的是鹿，鹿旁边的是獐。"王元泽大声答道。"啊？……这孩子真机灵！"这出乎意料的回答，使得满屋子的客人赞叹不已。

王元泽的回答的确很机灵。他的话实际上没有具体地回答客人的提问，但他回答的方法却很巧妙。他巧妙地利用了"在……旁边"的对称关系。所谓对称关系，就是如果甲对乙有某种关系，而乙对甲也有某种关系，那么，甲与乙之间的关系就是对称关系。獐与鹿之间存在"在……旁边"的关系：

滕王阁

獐在鹿的旁边，当然鹿也在獐的旁边，所以二者是对称的。

掌握好对称关系，不仅可以妙答问题，而且可以使文章增色。唐代著名文学家王勃少年时就才华出众。有一次他路过南昌，正碰上了重阳节，洪州阎都督在滕王阁大宴宾客。酒过三巡，阎都督请宾客作一篇《滕王阁序》。众宾客互相推让，王勃却当仁不让，低头沉思起来。阎都督心中不快，吩咐吏人，看他写些什么，随时报来。一会儿，吏人报了开头四句，阎都督认为写得很平常。吏人接着报了几句，阎都督都有批评，觉得并不出色。当报到“落霞与孤鹜齐飞，秋水共长天一色”两句时，阎都督不禁拍案叫绝，连声说道：“好啊！写得真好！”阎都督陶醉在王勃描绘的意境中，高兴地说：“晚霞飘浮，孤鹜展翅，仿佛一起在天空中飞行，难以分辨出来；清澈的秋水，与蓝天相接，也看不出哪儿是水，哪儿是天。真是写景的妙句呀！”王勃一气呵成，很快写完了全文，最后赋诗一首。满座的人无不惊奇赞叹，阎都督连忙请王勃上座。从此，王勃的《滕王阁序》成为名篇。其中的“落霞与孤鹜齐飞，秋水共长天一色”则成为千古名句。它妙就妙在诗人利用了“落霞”与“孤鹜”、“秋水”与“长天”的对称关系，创造出迷人的意境。

在战争中，掌握好对称关系还可以帮助我们准确地判断敌我双方的形势。1948 年 3 月 7 日，徐向前指挥解放军晋冀鲁豫第八、第十三纵队和太岳、吕梁军区部队共 6 万余人，对国民党军和地方反动势力聚集的临汾发起了进攻。战役打响后，战斗非常激烈，敌我双方的伤亡和消耗都十分巨大。一些指战员有点沉不住气了，担心打不下临汾。正在这严峻时刻，徐向前向部队发出指示：“当你最严重困难的时候，也是敌人最严重困难的时候；常常是当你因困难在决心上发生动摇的时候，恰恰正是敌人感到绝望的时候。这种时机是最紧要的关头，这种时机决定于何方能坚持，何方就能取得胜利。”徐向前的话，对敌我双方的形势作出了正确的判断，有力地鼓舞了部队的士气。最后，在我军全体将士的奋力苦战下，这场耗时 72 天的临汾战役，终于以我军的胜利而告结束，全歼守敌 2 万 5 千余人，俘获敌第 6 集团军副总司令梁培璜。

徐向前为什么能料敌如神，准确把握敌方的情况呢？关键在于徐帅根据他丰富的战争实践，正确地运用了对称关系。“我军最严重困难”与“敌军最严重困难”是对称的，“我动摇”与“敌绝望”也是对称的。正因为这样，所以结论是显然的：谁能坚持，谁就能取得战争胜利。

阿凡提释梦

有一天，国王梦见一个人把他的牙齿都拔光了。第二天上朝，国王问手下大臣，谁能解这个梦。丞相上前解释道：“陛下全家将比陛下先死。”“混账！你胆敢诅咒我！”国王大怒，下令杀掉了丞相。这时正巧阿凡提进宫，国王就让阿凡提解梦。阿凡提想了一想，说：“陛下将比您所有的家属长寿。”“解得好！”国王听了十分高兴，立刻赐给阿凡提一件锦袍。

丞相和阿凡提都只说了一句话，说法虽然不同，但实际表达的意思却一样。结果是丞相被处死，而阿凡提却得到一件锦袍。丞相说的“陛下全家将比陛下先死”这一命题，是关系命题，其中“……比……先死”是关系项，具有反对称关系。所谓反对称关系，就是如果甲对乙有某种关系，而乙对甲必然没有某种关系，那么，甲与乙之间的关系就是反对称关系。“陛下全家将比陛下先死”，实际上就是“陛下将比您所有的家属长寿（不先死）”。这两句话的意思完全相同，但是后一句话显然比前一句话来得顺耳、好听、得体。愚蠢的国王并不懂得关系的反对称性，只知道阿凡提的话听起来比较顺耳，于是就奖励了与丞相说同样意思话的阿凡提。

运用反对称关系，不仅可以使语言表达恰当、得体、含蓄，而且还可以使办事公平。

北宋时，皇帝的两个亲戚瓜分财产时发生了争执，闹得满城风雨。他们不断向皇帝告状，请求皇帝明断。俗话说：“清官难断家务事。”皇帝对此事大伤脑筋，于是就把这件事交给了大臣张齐贤处理。张齐贤把皇帝的两个亲戚都请来。先问甲方：“您认为乙方的财产分得多，自己的财产分得少，对不对？”甲方回答说：“对。”然后又问乙方：“你认为甲方的财产分得多，自己的财产分得少，对不对？”乙方回答说：“对。”张齐贤让手下人把他们的意思都记录下来，并请他们签上名。最后说：“既然你们双方都认为对方的财产分得多，自己的财产分得少，那么，现在把你们双方已分的财产交换一下，双方都应该得到满足了吧！”于是张齐贤派人把甲家的人带到乙家去，把乙家的人带到甲家去，人换地方而一切财产都原封不动，并把分财产的文书相互交换。这样一来，双方都没有什么话可说的。一件纠缠不清的分财不均案，就这样干脆利索地结了案。皇帝听到后，也十分满意，对张齐贤的智慧大加赞赏。

张齐贤的智慧在于巧用了反对称关系。甲家认为，乙家分的财产多于自己；乙家认为，甲家分的财产多于自己。“多于”这个关系词是反对称的，将双方财产相互交换，甲家得到了他认为多的那份财产，乙家也得到了他认为多的那份财产，双方当然不会有意见，因为这是最公平的方法。

一厢情愿

“爱”能给人带来幸福，但是如果不能把握“爱”的真谛，就可能给人带来泪水和悲伤。

朱琪与李强从小青梅竹马，考入高中后，又在同一个班级。高三的时候，朱琪朦朦胧胧地爱上了李强。不知从什么时候起，朱琪经常做一些小制作送给李强，并从家里拿来好吃的食物给李强享用，李强吃得越多朱琪就越高兴。

高中毕业以后，李强考取了重点大学，而朱琪却名落孙山。朱琪通过努力，经过培训，在一个公司找到了一份比较理想的工作，收入也不少。朱琪隔三差五地给李强寄钱寄物，关怀备至。一开始，李强还经常给朱琪写信，谈些学校里的事。后来，渐渐地信越来越少，而且越写越短，有时还出现了电报式的信件。朱琪越看越不满意，挂了长途电话去问。电话那头，李强解释说，大学生活单调，没什么东西好写，更主要的是学习紧张，没有时间写信，请她谅解。到了大学三年级，李强那里连电报式的信也中断了，音讯全无。朱琪焦急万分。这一年夏天，朱琪特地请了假，风尘仆仆地来到李强所在的大学。只见宿舍里只有李强一人，流着满头大汗在学习英语。桌子上摆满了各种英语书籍。床的一头是一台收录机，那还是李强刚上大学时朱琪买来送给他的。床的另一头，堆满了李强脱下来的脏衣服，整个宿舍一股汗臭味。朱琪见此情况不知说什么好，连忙把李强一大堆脏衣服洗净后，为了不影响李强的学习，匆匆乘火车回家了。

李强大学毕业后，去了美国继续深造。半年后，他给朱琪写了一封长信，在信中他告诉朱琪，他一直认为朱琪是个好姑娘，热心、勤快，能助人为乐等，但他并不爱她，请她原谅。他之所以长期没有把“不爱”的信息明确地告诉她，是因为怕伤她的心，这是他的错。在信中，李强再三表示歉意，并感激朱琪多年来的关怀和帮助，并祝朱琪未来生活幸福。信的末尾，他还告诉朱琪，他特寄上打工挣来的 1 千美元给朱琪，以表微薄心意。朱琪一边看信一边流泪，看完信后，她简直不相信这是自己深爱多年的李强写的。朱琪的心几乎要碎了……

这真是个悲剧。朱琪全身心地爱着李强，而李强却并不爱朱琪。这是为什么呢？其实“爱”作为关系词，它是非对称的。所谓非对称关系，就是如果甲对乙有某种关系，而乙对甲可能有这种关系，也可能没有某种关系，那么，甲与乙之间的关系就是非对称关系。就是说，当甲爱上了乙，乙不一定爱上甲。林黛玉爱贾宝玉，贾宝玉也爱林黛玉；可是薛宝钗爱贾宝玉，但贾宝玉并不爱薛宝钗。朱琪以为自己爱李强，所以李强一定爱自己，这在逻辑上是说不通的。非对称关系的词是很多的，“认识”“信任”“帮助”“尊重”等，都是这一类关系。我们在运用它们时，一定注意不要犯逻辑错误。

桑丘断案

西班牙著名作家塞万提斯的长篇小说《堂・吉诃德》中，有一段描写了桑丘断案的故事：堂・吉诃德的仆人桑丘・潘沙到一个海岛上当总督，审理了几个疑难案件。一天，一个女人揪住一个牧人前来告状，控告牧人用暴力

桑丘断案

强奸了她，玷污了她的清白之身。牧人申辩说，这个女人是卖身的，他可以起誓并没有强奸她。总督问牧人身边带银元没有，他回答带了 20 个。总督叫他拿出来，全部交给原告。那女人接过钱袋，向总督行了一个礼，双手捧着钱袋，高高兴兴地走出了公堂。那个牧人流着眼泪，一肚子委屈，又不敢发作。总督见状，就叫他去追那个女人，把钱袋要回来。牧人拔腿就去追那女人。在场的人都莫名其妙，不知总督大人的葫芦里卖的是什么药。一会儿，那一男一女就互相扭着回到了公堂。女的撩起她的裙子，把钱袋藏在里边；男的要把它抢回来，可是白费劲，因为女的死命护卫着它。女的一面护卫钱袋，一面喊道："总督大人，你看看，这个恶棍多么大胆，竟在大街上要把您断给我的钱袋抢走！"总督问："抢走了没有？"那女人回答："我是宁可让他抢走我的性命，也不让他抢走我的钱袋的。哼，简直把我当做小孩子看了！像他这种不中用的家伙哪里是我的对手！"那牧人气喘吁吁地说："她的话一点也不错，我的力气用尽了，钱袋是抢不回来了，我只好认输了。"说着他就放开了手。这时，总督哈哈一笑，然后脸一沉，对那个女人说："把钱袋交给我吧！你这贞节的泼妇！"女的不敢违抗，乖乖地把钱袋交上。总督把它交给了牧人，然后就教训那个女人："你有勇气和决心护卫你的贞操，刚才已经看出来了，可还只显出一半，正如你护卫你的钱袋一般。可见，哪怕有天神赫可里斯的力气也强奸不了你。你给我滚吧！从今以后不许待在这个海岛上，你这不知羞耻的卖身赚钱的婊子！"那女人被训得哑口无言，垂头丧气地走了。旁观的人见了，人人拍手称快，个个佩服总督的智慧。

桑丘导演这场"抢钱袋"的闹剧，目的是为了证明牧人的力气没有这个女人大，牧人不可能用暴力强奸她。同时也证明了这个女人是卖身赚钱的。后一个证明运用了关系的传递性。桑丘通过"抢钱袋"的闹剧，知道对这个女人来说，"金钱比性命更宝贵"，（因为她说了："我是宁可让他抢走我的性命，也不让他抢走我的钱袋的。"）"性命比贞操更宝贵"（因为她在控告牧人"强奸"时，没有一个字提到她曾进行过任何反抗，而且事实也已证明，只要她反抗了，牧人是无法破坏她的贞操），而"比……更宝贵"是传递关系，所以桑丘断定：这个女人是把金钱看得比贞操更宝贵的，她为了金钱，是可以出卖她的贞操的。所谓传递关系是指，如果甲与乙有某种关系，而乙与丙也有这种关系，则甲与丙必有这种关系，那么，这种关系就是传递关系。"大于""早于""在前"等等，都是传递关系。

兔子汤的汤

相传古时候有一位聪明的老人，他有许多好朋友。有一天，一个打猎的朋友给他送来了一只兔子。老人非常高兴，杀了兔子做成菜请打猎的朋友吃。过了几天，有五六个人来找老人。他们对老人行了一个礼，说："老人家，我们是送您兔子的那位朋友的朋友，今天想在您这里住一夜，请多关照！""原来是打猎的朋友的朋友，好，请住下吧！"老人热情地说，并拿出兔子汤来招待他们。又过了几天，又来了八九个人，很客气地对老人说："老人家，我们是送您兔子的那位朋友的朋友的朋友，麻烦您让我们在这里住一夜，请多关照！""原来是打猎的朋友的朋友的朋友呀，那就住下吧！我去给你们弄些吃的。”老人也客气地说。“不好意思，打扰您了！随便弄些什么东西吃吃就行了。”老人给他们端来一碗泥水，说：“亲爱的送我兔子的朋友的朋友的朋友，请用吧！”“您老人家怎么用泥水来招待我们？”客人们很生气。“这就是我那位朋友送来的兔子的汤的汤，现在请送我兔子的朋友的朋友的朋友吃，不是很恰当吗？”老人笑着说。客人们无言以对，一个个悄悄离去了。

“朋友”是非传递关系。所谓非传递关系是指，如果甲与乙有某种关系，而乙与丙也有这种关系，但甲与丙却并非必然有这种关系，那么，这种关系就是非传递关系。老人与送兔子的猎人是朋友，而与送兔子的猎人的朋友以及与送兔子的猎人的朋友的朋友，就未必是朋友。这些人硬要老人把他们当朋友，这是荒谬的。聪明的老人用泥水作为兔子汤的汤，来比喻朋友的朋友的朋友，生动形象地表明了“朋友”的非传递性关系。

生活中把非传递性关系当作传递性关系的情况是很多的。有这样一件事：国庆节放长假，小刘到上海旅游。家在上海的小李和小马陪同小刘游览东方明珠和金茂大厦等。在南京路外滩，小李对小刘说：“我的家离外滩很近。”小刘接着问小马：“你的家呢？”小马回答：“我的家离外滩也很近。”“这么说，你们两家彼此一定离得很近吧！”小李和小马都摇了摇头：“不，我们两家离得并不很近。”“这是怎么回事？”小刘糊涂了。

“离……很近”是非传递关系，小李家和小马家都离外滩很近，未必小李家与小马家离得很近。他们两家一个在外滩北头，一个在外滩的南面，就离得不很近。小刘误把非传递关系当作传递关系，所以一时糊涂了。

小刘把非传递关系当作传递关系，并没有什么危害。可是拉贡纳达把非传递关系当作传递关系，后果就不堪设想。拉贡纳达是印度电影《流浪者》中的法官，他坚信“好人的儿子一定是好人，坏人的儿子一定是坏人。法官的儿子一定是法官，贼的儿子一定是贼”的信条，并以这个信条为依据，错判了一些出身不好而本人并无犯罪行为的无辜者。后来拉贡纳达自食其果，他的亲生儿子竟沦为窃贼。无情的事实狠狠地打了法官一记响亮的耳光。

四　复合命题的巧用

兄弟踢足球

赵一和赵二是孪生兄弟。他们两人各有一把锁和开自己锁的钥匙，用来锁一只二人公用的柜子。有一天，爸爸对他们两人说："如果你们答应一个条件，我明天就去买一只小足球给你们踢。"兄弟俩一听有足球踢，不知有多高兴，连忙说："什么条件？您快说！""这个条件就是，只有当你们两个人都在的时候，才能把足球拿出去踢，你们能做到吗？""您的意思是，缺一人就不可以踢足球？""非常正确！"兄弟俩相互看了一眼，哥哥说："这个好办，把足球放在我这里，我踢足球时保证叫弟弟。""不行，足球还是放在我这里，我……"弟弟说。"不要吵了，足球交给一个人保管，很难达到我提出的条件。"爸爸连连摇头。兄弟俩商量了一会，哥哥说："爸爸，我有一个好办法，这就是把足球放在柜子里，我和弟弟在柜子门上各加一把锁，我锁门的上部，弟弟锁门的下部，这样就能满足您的条件啦。""为什么？""因为，"弟弟抢着回答，"一个人只能打开一把锁，打不开柜子。只有当我们两人都在的时候，都用自己的钥匙打开自己的锁，才能打开柜子，把足球拿出去踢呀。""真是聪明的孩子！"爸爸满意地笑了，"好，现在我们就去买足球！"

兄弟俩锁柜子的方法，从逻辑的角度看，是运用了联言命题的形式。联言命题就是断定事物的若干情况同时存在的命题。它的公式是：p 并且 q。其中，p、q 分别表示命题，简称联言肢，"并且"是联言命题的连接词。联言命题的逻辑性质是：只有当所有的联言肢都是真的，这个联言命题才是真的。只要其中有一个联言肢是假的，这个联言命题就是假的。只有当“哥哥打开自己的锁”“弟弟打开自己的锁”都是真的情况下，“打开柜子”才是真的。只要其中有一个联言肢为假，即“哥哥打开自己的锁”为假，或者“弟弟打开自己的锁”为假，那么“打开柜子”就会为假，也就是柜子不会被打开。

联言命题在日常生活中的运用是极其广泛的。古希腊哲学家亚里士多德的老师是柏拉图，亚里士多德对老师十分尊敬。后来亚里士多德抛弃了柏拉图的“理念论”，并对它进行了批判。有的人就谴责亚里士多德忘记了师恩，背叛了老师。面对这些责难，亚里士多德说了这样一句话：“吾爱吾师，吾尤爱真理。”这句话后来成了千古传颂的名言。这句名言就是一个联言命题。爱因斯坦创立了相对论后，有个年轻人很想从他那里得到成功的秘诀。爱因斯坦就写了一个公式给他，这个公式是：A=X+Y+Z。爱因斯坦解释说：“A代表成功，X是勤奋，Y是正确的方法，Z是少说废话。”爱因斯坦对成功条件所作的表达，也是一个联言命题。

比丸知冤

了解和掌握联言命题的逻辑性质，可以提高人的思维能力，甚至可以帮助人们辨别是非，审案破案。

据《三国志·吴书》记载，三国时，吴国的太子孙登十分忠厚聪明。有一次他骑马出行，突然有一个弹丸从身边射过。太子手下的人立即四处搜寻射丸之人，恰巧看见一个人手里拿着一副弹弓，身上带着弹丸，就认为此人是作案者，把他抓了起来。“你为什么要谋害太子？说！”太子的随从问。“冤枉啊，我没有谋害太子呀！”此人连声叫屈。“看来不动刑你是不会招的！”几个随从上前准备拷打他。“住手！”太子翻身下马，大声说道。然后，太子要随从把射过来的弹丸拿来，同此人身上带来的弹丸比一比，说：“你们看，他身上带的弹丸同射过来的弹丸完全不同，作案人怎么会是他呢？快把他放了！”随从只好将此人放了。

太子为什么认定此人不是刺客呢？太子依据的是联言命题的逻辑性质。要确定一个联言命题的真，必须确保组成它的每一个联言肢都是真的；如果其中有一个联言肢是假的，那么整个联言命题就是假的。对作案人来说，“弹丸”“弹弓”“时间”“地点”等就可以作为联言肢组成一个联言命题，即“作案者是在某时、某地、手拿着弹弓、带着与射向太子弹丸相同的弹丸的人”。要确定这个联言命题的真，必须保证所有联言肢都真，而太子经过比较，查明“弹丸”这个联言肢不真，所以，这个联言命题是假的，即“此人是作案人”是假的。这说明了太子孙登有很强的逻辑思维能力。

北宋司马光在《涑水记闻》中，也讲述了一个利用联言命题逻辑性质破案的故事。这个故事发生在宋朝。一天黄昏，有一个和尚路过一个村庄，向一户农家借宿，农家主人不肯，和尚又要在门外的大车中过夜，主人答应了他。半夜的时候，有个强盗进入农家，劫持一个妇女和携带一包东西越墙而出。和尚躺在大车里，没有睡着，看到这一情况，心中暗想：我借宿，主人不许，最后强求，才答应我在大车中过夜，现在主人失去了一个女人和财物，一定会怀疑我。他越想越怕，便乘夜色慌忙逃走。和尚人生地不熟，在草丛中穿行，不料一失足掉进了一眼枯井，踩在一具尸体上，那尸体正是被强盗劫走的妇女。第二天，农家主人到处搜索逃走的和尚，在枯井中找到了他，并发现了妇女的尸体，于是将他捉住，送交官府。在严刑拷打下，和尚被迫承认自己杀人盗窃。案件审理完毕，送往西京，府里的官员都深信不疑。此时丞相向敏中同时兼任西京行政长官，他看完案卷后，产生了怀疑：和尚既杀人又盗窃，为什么没有查获到赃物呢？没有查获到赃物，盗窃罪就缺乏根据。他把和尚提来审问，和尚不愿改口，只是说：“我今生注定要为这个妇女抵命，没有什么需要分辩的了。”向敏中反复提审询问，和尚才讲出了实情。向敏中派遣手下官员到事发地秘密查访。一天，一位官员在村店吃饭，村店老太婆知道他从西京来，但不知道他是府里的官员，就向他打听：“和尚杀人案是怎么处理的？”官员就骗她说：“昨天已在市场上用鞭子把他打死了。”老太婆听了叹了一口气说：“太冤枉了。”然后又说：“如果现在抓到真正的强盗，该怎么办呢？”官员说：

“官府已错误地了结此案，即使抓到真正强盗，也不好过问了。”老太婆说：“原来如此，那么我实话告诉你，这个妇女是被本村某人杀死的。”官员立即将某人捕获，经过审讯，此人心服认罪。接着又查获了赃物。此案一破，整个西京府都把向敏中视作神仙一样的人。

向敏中神就神在巧妙地运用了联言命题的逻辑性质。向敏中对没有查获到赃物而产生的怀疑，是这个案子侦破的关键。因为此案是一起杀人案，又是一起盗窃案。“杀人案”与“盗窃案”分别为联言肢，组成了一个联言命题。如果这个联言命题是真的，就要求“杀人”与“盗窃”这两个联言肢都是真的。如果其中“盗窃”这个联言肢是假的，那么整个联言命题就是假的。而没有查获到赃物，就不能支持“盗窃”这个联言肢为真。所以，向敏中判定和尚未必是作案人，其中必有隐情。经过他的反复提审和派人查访，终于使案情真相大白。

屡战屡败与屡败屡战

在数理逻辑中，如果将联言命题联言肢的次序前后颠倒，并不影响整个联言命题所表达的意思。即“p 并且 q”与“q 并且 p”的意思是相同的。但是在日常语言中，联言命题联言肢的前后次序，有的时候是不能颠倒的。如果将它们颠倒，意思可能就会大相径庭。

相传清朝曾国藩带兵镇压太平天国农民起义军时，屡屡打败仗，他不得不上书朝廷禀告战况，表示自责之意。奏折中有这样一句话：“臣屡战屡败。”曾国藩写好后，让手下人看看有无不妥之处。有一个幕僚看后说：“这‘屡战屡败’写得不妥。朝廷看到后，一定会发怒，认为你无能，说不定还要加罪于你哩！”曾国藩说：“我不写失败的事，这是欺君之罪呀！”这个幕僚回答说：“战败的事，当然不能隐瞒。”“那怎么办？”“这个句子可以保留，只要稍加变动，就可以了。”“先生请讲！”“只要把‘屡战屡败’的词序变动一下，改为‘屡败屡战’就行了。”曾国藩一听，连声叫道：“妙！妙！”立即采纳了这个建议。

曾国藩像

“屡战屡败”是一个联言命题，它的联言肢是“（臣）屡战”和“（臣）屡败”。本来“屡战屡败”表达的是：曾国藩每次打仗每次失败。而将“屡战屡败”的联言肢次序变换为“屡败屡战”后，表达的却是：虽然我曾国藩每次打仗失败，但仍在坚持战斗，战斗意志未减。这样联言肢前后次序一变换，整个联言命题就由检讨性质变成了既陈述战事又表明战斗意志的性质。难怪曾国藩拍案叫绝，连声叫好。

有一个十多岁少年到一个富户人家当伴读。课余时间，这个少年与富家子弟玩起了捉迷藏的游戏。淘气的富家子弟躲进了内室，少年也追到内室。少年以为富家子弟藏在被窝里，就揭开被子查看，一看被子里没有人，却看见一只镯子在床上。少年因家庭很贫穷，就顺手牵羊，拿了这只镯子。事发之后，少年承认了错误，并交还了镯子。事情本该到此结束，但是富家却不甘休，欲置少年于死地。富家的夫人亲自出马，请来了讼师写状子。讼师在状纸上写道："该少年揭被勒镯。"夫人问道："'揭被勒镯'，能定死罪吗？"讼师回答说："不行。""怎么样才能定少年死罪呢？""少年还有什么罪行？""没有了。但我想定他死罪，你有什么办法？"富家的夫人心肠十分恶毒。"这个好办，只要把'揭被勒镯'的词序变换一下，改为'勒镯揭被'就可以了。不定他死罪，也得坐大半辈子的牢。""'揭被勒镯'与'勒镯揭被'不是一个意思吗？""这个……夫人有所不知，'揭被勒镯'犯的是抢劫罪，'揭被'为的是'勒镯'；而'勒镯揭被'既犯了抢劫罪，又犯了强奸罪，当然罪加一等。""原来如此！好！就怎么办。"夫人大喜。

状子送到县衙门。知县审理了此案，了解了事情真相，知道少年是冤枉的，但富家势大，是县中一霸，知县不敢得罪，于是禀告上司知府。知府在案卷上批示："情有可原，理无可恕。"知县一看批示，心想：这下可糟了，这分明是要我重判少年。怎么办呢？知县左想右想，突然计上心来：我何不将批示的八个字的次序调换一下。于是知县将原告和被告招来，当众宣布："该少年勒镯揭被，知府大人批示'理无可恕，情有可原'，故从轻发落……"

富家及其讼师一听知府的这个批示，只好表示服从。

在这个案子中，富家及其讼师是非常坏的。他们不仅捏造了事实，而且还玩弄了文字阴谋，企图置少年于死地。"揭被勒镯"是一个联言命题，它由联言肢"揭被"和"勒镯"构成，表达的是：掀开被子抢劫镯子。而把联言肢前后交换了一下，就变成了"勒镯揭被"，表达的是：既抢劫了镯子，又奸污了人。罪行比"揭被勒镯"严重得多。"情有可原，理无可恕"也是一个联言命题，由联言肢"情有可原"和"理无可恕"组成。知县是一个聪明人，他巧用了知府的批示，不改一字，只是将"情有可原，理无可恕"的词序颠倒了一下，变成了"理无可恕，情有可原"。前者表达的是：虽然"情有可原"，但"理无可恕"，强调的是"理无可恕"，即必须重判。后者表达的是：虽然"理无可恕"，但"情有可原"，强调的是"情有可原"，即可以从轻处理。知县的智慧虽然不能免除少年的冤情，但至少减少了对少年的处罚，挫败了富家及其讼师的阴谋。这是不幸中的大幸。可见，在日常语言中，联言命题的联言肢的次序是十分重要的，千万不可马虎大意。

兄妹养蚕

赵勇和赵红是兄妹。他们两人各有一把锁和一把开自己锁的钥匙，用来锁一只两人公用的柜子。

春天，兄妹俩在课余时间各自养了一盒蚕，并把蚕锁在自己的抽屉里。蚕越长越大，每天都需要多次给它们喂新鲜的桑叶。兄妹俩决定共同喂养这些蚕。他们把蚕从自己的抽屉里拿出来，将两盒蚕都放在柜子里，约定谁先回家谁就给蚕喂桑叶。“柜子还是加把锁锁上吧！万一给别人拿去怎么办？”妹妹不放心地说。“用我的锁吧！”哥哥答道，“我跑得快，比你先回家。”“那可不一定。有时候，你们放学比我们还晚呢！”“你说得有道理，那——用你的锁……”哥哥用手摸了摸脑袋，“也不行啊。怎么办？”“我有一个好主意，用我的锁，再让爸爸配一把钥匙给你，不就解决问题了吗？”妹妹说。兄妹俩找到爸爸说了这件事，爸爸一听哈哈大笑：“你们每人一把钥匙，加起来不就是两把钥匙吗？为什么还要配一把呢？”“可是，它只能开我们自己的锁呀！”兄妹答道。“是啊，自己的钥匙只能开自己的锁。但是，只要你们动动脑子，换一种锁法，就不需要配钥匙了。”“真的？”“聪明的孩子肯定能想出办法，做到这一点！”爸爸肯定地说。兄妹开始动脑筋了。没过多久，兄妹两人就叫了起来：“想出来了！”“你们想出了什么锁法？”“我说！”哥哥抢着回答，“只要将我们两把锁相互套起来，然后一把锁套住左门扣，另一把锁套住右门扣，就不需要配钥匙了。”“为什么呢？”爸爸明知故问。这回妹妹再也不相让了，她说：“这种锁法，不管我和哥哥谁先回来，只要一人用自己的钥匙打开自己的锁，就可以打开柜子给蚕喂桑叶了，嘻嘻。”“真是聪明的孩子！”爸爸满意地笑了。

兄妹俩锁柜子的方法，从逻辑的角度看，这是运用了相容的选言命题的形式。选言命题就是断定事物若干种可能情况的命题。相容的选言命题就是断定事物若干种可能情况中至少有一种情况存在的命题，即选言肢可以相容的命题。它的公式是：p或者q。其中，p、q分别表示命题，简称选言肢，“或者”是相容的选言命题的连接词。相容的选言命题的逻辑性质是：只要其中有一个选言肢是真的，这个选言命题就是真的。只有当所有的选言肢都是假的，这个选言命题才是假的。在“哥哥打开自己的锁”和“妹妹打开自己的锁”中，只要有一个是真的（即兄妹两人中，有一人打开自己的锁），“打开柜子”就是真的。只有当两人都没有打开自己的锁（即哥哥、妹妹打开自己的锁全为假）的时候，“打开柜子”才会为假，也就是柜子不会被打开。

齐女出嫁

古代齐国有个女子，长得非常漂亮。当她到了出嫁年龄的时候，同时有两家前来求婚。村东的一家小伙子长得十分英俊，但是家境贫寒，生活艰苦；村西的一家小伙子长得非常丑陋，但是家境殷实，广有钱财。女孩子的父母左右为难，拿不定主意，就来征求女儿的意见。不料一提婚事，女儿就羞得满脸通红，用被子蒙住头不说话。父母见状，就想出了一个办法，说：“如果你同意嫁给村东的小伙子，就把左手伸出来；如果同意嫁给村西的小伙子，就把右手伸出来。”这个女子考虑了半天，把两只手同时从被子里伸了出来。“你这是什么意思？”父母迷惑不解。女孩子掀开被子，回答说：“我想在西边那家吃饭，在东边那家住宿。”“啊？这怎么可以呢？”父母两人大吃一惊。

这位女子的选择为什么不对呢？因为“要么嫁给村东的小伙子，要么嫁给村西的小伙子”是一个不相容的选言命题。所谓不相容的选言命题，就是断定事物若干可能情况中只能有一种情况存在的命题，即选言肢不相容的选言命题。“嫁给村东的小伙子”与“嫁给村西的小伙子”这两个选言肢是不能同时存在的。嫁给了村东的小伙子，就不能嫁给村西的小伙子；嫁给了村西的小伙子，就不能嫁给村东的小伙子。一女不可两嫁。不相容的选言命题的公式是：要么p，要么q。其中，p、q是选言肢，“要么”“要么”是不相容的选言命题的连接词。这类命题的逻辑性质是：在所有的选言肢中，有而且只能有一个选言肢是真的，这个不相容的选言命题才是真的。当所有的选言肢都为假或不止一个选言肢为真时，整个不相容的选言命题便为假。

在“要么嫁给村东的小伙子，要么嫁给村西的小伙子”这样一个不相容的选言命题中，齐国女子全部选择了，即同时肯定两个选言肢为真，所以这样的选择是错误的、行不通的，即整个不相容的选言命题是假的。齐女的错误在于混淆了两种性质不同的选言命题，把不相容的选言命题看作了相容的选言命题。

在日常生活中，人们常常混淆不相容的选言命题与相容的选言命题。著名生物学家达尔文也曾经被这个问题所困扰。达尔文经过长时间的考察，早在 1844 年就得出物种是在不断进化的思想，并指出生物进化的原因是自然选择。达尔文的好朋友、地质学家赖尔曾多次劝他发表这些见解。但是，治学严谨的达尔文认为自己的见解还不够完善，就没有听从赖尔的意见，而是继续考察研究。

1858 年，正当达尔文准备发表自己的论文时，突然收到华莱士从印度尼西亚的马鲁古群岛上寄来的论文，观点竟然和自己的进化思想几乎一模一样。华莱士在信中请求达尔文对他的论文提出意见，并希望达尔文尽快地推荐给当时的权威组织林耐学会发表。这封信像一只烫山芋，拿不得也扔不得，使得达尔文十分为难：公布华莱士的论文吧，自己的研究成果就会得不到公认，几十年的辛勤劳动就要付之东流；公布自己的论文、不发表华莱士的论文吧，压制他人的成果，这是不道德的行为，良心要受到谴责。

几天后，赖尔、胡克等朋友来访，他们见达尔文精神憔悴，十分痛苦，便问发生了什么事。达尔文的心思再也隐藏不住了，就把事情的经过如实相告。“我早就劝你发表进化论的论文，你就是不听，现在遇到了麻烦了吧！”赖尔说。“是啊！要么公布华莱士的论文，要么公布我的论文，二者必须选择一个。我应该怎么办呢？”达尔文请大家帮他拿个主意。“进化论是你先提出的，你应该当仁不让！”“不行不行！华莱士也是独立完成的，如果先发表我的论文，我的良心会不安的。”达尔文连连摇头。“你的人品太好了！”大家啧啧称赞达尔文。赖尔说：“如果是这样的话，我倒有一个主意，就是同时

达尔文像

发表你和华莱士的论文。”“这行得通吗？”达尔文问。“这件事就交给我们办吧！”“那就麻烦你们了。”达尔文将信将疑。赖尔、胡克等人与林耐学会进行了商议，达成了一致意见：将达尔文和华莱士的论文同时公之于世。

事后，华莱士非常感动，提议将他们两人提出的进化论统称为“达尔文理论”，并称赞达尔文是“阐述这个理论的最合适的人”。

达尔文虽然是伟大的生物学家，但在发表论文的问题上，他却犯了一个小小的逻辑错误，即混淆了不相容的选言命题与相容的选言命题的界限。“公布华莱士的论文”与“公布达尔文的论文”这两个选言肢是相容的，完全可以同时加以肯定，确定它们都是真的，而达尔文却把它们看成不相容的了。如果不是赖尔等人的帮助，今天我们可能只知道进化论，而不知道达尔文的名字了。

钱包丢在哪里？

选言命题在生活中运用很广，它能帮助人们提高分析能力，估计事物发展的种种可能性，避免片面性。运用选言命题的时候，一定要注意选言肢穷尽的问题。如果选言肢不穷尽，就不能保证整个选言命题为真，就会出问题，闹笑话。

小王和小李打完乒乓球后，发现乒乓球房里挂着一件衣服。“这是小明的上衣，他忘记穿了。”小李一眼就认出来了。于是他俩把小明的上衣带回了教室，交给了小明，小明接过衣服，说了声“谢谢”，就“哗”地一甩，穿在了身上。快放学的时候，小明想起要到书店去买书，他一摸左胸，左边上方的口袋是瘪的，“坏了！钱包不见了。”小明想了想，“钱包明明是放在这只口袋里的，怎么会不见了呢？”他又摸摸其他口袋，也没有钱包。小王和小李发现小明的神色不对头，忙问发生什么事。“我的钱包丢了。”小明沮丧地说。“会不会放在家里，没有带出来？”小王问。“绝对不可能，我今天还用过它呢！”小李马上证实，刚才在乒乓房，小明从钱包里掏出一元钱还给了他。“会不会掉在了乒乓球房里？”他们三人一起跑到乒乓球房去找，找来找去没有找到。“会不会掉在路上？”“不可能，”小王说，“回来的时候，小李走在前面，我走在后面，如果掉在路上，我难道看不见？”“难道是别人偷走了？”“这更不可能，打乒乓球的就我们三人，其他人又没有去过乒乓球房。”“难道是小王和小李偷走了？”小明脑子里突然掠过这一想法，但很快就否定了，小王和小李是自己的好朋友，我最了解他们了，他们绝不会偷的。小明等三人想：钱包要么放在家里，要么丢在乒乓房，要么掉在路上，要么被人偷走。可是这几种可能情况都被否定了，那么，钱包到底哪里去了呢？难道钱包插翅膀飞了？正当他们一筹莫展的时候，班主任老师来了，大家把这件蹊跷的事一五一十地告诉了老师。“你们把各种可能情况都估计到了？”老师问。“都想到了。”老师皱起了眉头，双眼紧盯着小明。过了一会，班主任用右手猛拍小明的左肩，问道：“这是什么？”小明一摸左肩，“哇！钱包在这里！”他惊呼起来。原来他穿上衣的时候，把左上方的口袋从衣服里面掀到肩上去了。怪不得用手摸左胸时，里面是空的。

“哈哈，哈哈！”小王和小李笑得前俯后仰。小明非常难为情，连忙向大家道歉。

选言命题是用来反映事物若干可能情况中，至少有一种情况存在的命题，所以要保证选言命题为真，必须要“至少有一种情况存在”。为了保证这一点，就要求选言肢穷尽。如果不穷尽，万一所遗漏的正好是真实的情况，那么整个选言命题就为假。小明等人用的选言命题遗漏了“钱包在身上”这一可能情况，结果一筹莫展，出了个大洋相。

国外也有这样的笑话。西方某国的海军上将在一艘巡洋舰上召集全舰官兵训话：“你们都是这舰上的一分子吗？”距离上将最近的一个水兵朝前跨了一步，高声答道：“是的。”“那么，我要问你一个问题，”将军指着舰上的一门炮说，“在战争中，炮手阵亡时该怎么办？”水兵环顾了一下左右，回答说：“什么也不做！”“我是问，如果炮手阵亡了，你该怎么办？”将军重复了一遍。“什么也不做！”水手还是那句话。“什么都不做？难道你死了？”将军火了。“对，我已阵亡了。”“我们海军怎么会有你这种混账东西！”将军破口大骂。“报告将军，我就是那个炮手嘛！”“啊？”将军目瞪口呆，说不出话来。

海军上将的思维是这样的：“眼前这位水手，或者是通信兵，或者是轮机手，或者是炊事员，或者是……”这是一个选言命题。将军什么可能情况都考虑到了，可是没有考虑到那个水手就是炮手本人，即将军所用的选言命题中，选言肢并没有穷尽，所遗漏的选言肢，恰恰是为真的选言肢——“水手就是炮手本人”。也就是说，将军所用的选言命题的选言肢都是假的，整个选言命题也是假的。将军的洋相就出在这里。

遗漏选言肢，如果是仅仅出出洋相，那么问题还不大。如果是在破案或者科学研究中，遗漏了真实的可能情况，那损失可就大了。所以，运用选言命题时一定要注意选言肢的穷尽问题。

律师赖账

在运用选言命题时，由于疏忽或者由于逻辑思维能力不强，遗漏了选言肢，办错了事，这是常有的事，也是可以理解的。但是有的人，并不是疏忽，也不是逻辑思维能力差，而是故意遗漏选言肢，来糊弄人，欺骗人。对这种人必须要以逻辑为武器，揭露他们的骗术。

有一个律师，他的宝贝女儿突然患了急病。他跑去请来了一位医生。医生知道，这个律师很滑头，赖账是出了名的，所以在跨进病人的房门前，他严肃地对律师说：“我担心看完病后，您不会付急诊费。”律师立即从口袋里掏出一张支票，在医生面前扬了一扬，说：“这是5000美元。请您放心，无论您救活了她，还是误诊，治死了她，我都将如数付钱给您。”医生听后，放心进了门。经过医生全力抢救，病人还是死了。医生擦了擦头上的汗，对律师夫妇说：“很抱歉，我已经尽力了。”然后收拾好东西，向律师讨要急救酬金。“我为什么要付给您酬金？”律师装出一副惊讶的样子。“这是您亲口答应的。”律师问：“您把我的女儿救活了吗？”医生回答说：“这不可能，因为她的病情实在太严重了，谁也救不活她。”“那么，是您医死了我的女儿吗？”“当然不是，我的诊断、急救方式和用药都没有问题。”“这就对了，既然您没有把她救活，也没有把她医死，我就没有必要付给您酬金了。嘿嘿。”律师狡猾地说。“您又赖账了。”医生气愤地说。“这怎么是赖账？不该付的钱，我是不会掏出一个子的。”律师洋洋得意地说。

这位医生抢救律师女儿性命，有救活的可能，有治死的可能，还有虽尽力抢救但因病情过重而无力回天的可能。从逻辑上讲，这是一个选言命题。三种可能情况都是选言命题的选言肢。律师只问了前两种可能情况，故意遗漏了第三种情况，而恰恰就是这第三种情况是真的，这个选言命题少了第三种情况，整个选言命题就是假的。律师根据前两种情况为假，就拒绝付急救酬金，这是故意赖账。

故意遗漏选言肢，是许多人在论辩中惯用的手法。柏拉图在《理想国》中，记载了苏格拉底与玻勒马霍斯的一段对话：

苏格拉底问：“下棋的时候，一个好而有用的伙伴，是正义者还是下棋能手呢？”玻勒马霍斯肯定地回答说：“下棋能手。”苏格拉底又问：“在砌砖盖瓦的事情上，正义的人当伙伴，是不是比瓦匠当伙伴更好、更有用呢？”

玻勒马霍斯摇了摇头说："当然不是。"苏格拉底笑了："您的回答告诉人们一个道理：人们并不喜欢正义。对不对？""啊？"

在这场论辩中，苏格拉底要求玻勒马霍斯在一无所长的正义者与毫无正义的技匠之间作出选择，然后根据玻勒马霍斯的回答，得出人们不喜欢正义的结论，这是十分荒谬的。因为苏格拉底设立的选言大前提是不穷尽的。事实上，正义者与技匠的可能组合有四种可能：是正义者但不是技匠，是非正义者又是技匠，是正义者又是技匠，是非正义者又不是技匠。苏格拉底故意隐瞒遗漏了后面两种可能情况，其中包括人们应当正确选择的那种可能情况——既是正义者又是技匠。因此苏格拉底的结论是没有逻辑根据的。

在论辩中，对待这种利用遗漏选言肢进行诡辩的手法，应当明确地加以剖析，指出其他存在的可能情况。19世纪中叶，美国展开了一场关于奴隶制的大辩论。以法官道格拉斯为代表的一批人坚决维护奴隶制，反对解放黑奴。道格拉斯叫嚷："给黑人以平等的权利，这就意味着要和黑人一起生活，一起吃，一起睡，要和黑人结婚，否则就是不可理解的。"针对道格拉斯的胡说八道，1857年6月26日林肯在伊利诺伊州发表演说时，回答说："我反对这种骗人的逻辑，说什么我不想要一个黑人女人做奴隶，就一定想要娶她做妻子。两者我都不要，我可以听凭她自便。在某些方面她当然和我们不同，但是就她吃以自己双手挣来的面包而不必征求任何人同意这个天赋权利来说，她却和我是相同的，也是和其他所有人相同的。"

林肯的反驳戳穿了道格拉斯玩弄的把戏。"不想要一个黑人女人做奴隶，就一定是想要娶她做妻子"，这个选言命题是十分荒谬的，现实的其他选择多得很！

波洛的推理

在英国女作家阿加莎·克里斯蒂的小说《尼罗河上的惨案》中，百万女富豪林内特在游船上自己的房间里被人谋杀了。谁是杀人凶手呢？

比利时大侦探波洛对游船上的旅客逐个进行了调查。他从凶手的作案动机、手段、时间等各个方面作了分析，发现除了林内特的丈夫赛蒙和林内特过去的女友杰基之外，差不多个个都有作案的可能。在调查的过程中，林内特的女仆路易丝和作家奥特波恩太太又先后被杀，这使得案情更加复杂起来。

奥特波恩太太被杀之后，波洛突然想起路易丝在被杀前曾说过一句话："假如我睡不着觉，而且我在甲板上，也许我会看见那个凶手进出我太太的客舱。"

尽管这句话是以虚拟的口气说出的，波洛却认为，这是一句非常重要的话。他从这句话作出如下推断：如果路易丝没有看见凶手，那么她就不敢也没有必要用虚拟的口气说这句话。路易丝说出这样的话，目的很可能是向凶手要挟。而路易丝在说完这句话后即遭杀害，充分印证了波洛的这个推断。波洛由此断定：如果路易丝没有看见凶手，那么她是不会被杀害的。

波洛顺着这条线索查下去，终于找出了杀害林内特的真正凶手——赛蒙和杰基。

小说中路易丝以虚拟的口气说出的那句话，从逻辑上说，实际上表达的是一个假言命题："如果我睡不着觉，而且我又在甲板上，那么我会看见那个凶手进出我太太的客舱。"所谓假言命题，就是用来反映对象之间某种条件关系的命题。它由前件、后件和一定的连接词构成。"我睡不着觉，而且我又在甲板上"是前件，"我会看见那个凶手进出我太太的客舱"是后件，"如果""那么"是连接词。由于客观世界的条件关系分为充分条件、必要条件和充分必要条件，因而假言命题也相应地分为充分条件假言命题、必要条件假言命题和充分必要条件假言命题。路易丝表达的假言命题是充分条件假言命题，即前件是后件的充分条件的命题。前件是后件的充分条件是指：有了前件就一定有后件。路易丝就是用这个充分条件假言命题，向凶手表明，当她睡不着觉，而且又正在甲板上时，她是看得见凶手作案的。她企图以此来要挟凶手，从中牟取私利。可惜的是，在场的大侦探波洛聪明一世，糊涂一时，竟没有听出路易丝这句话中的充分条件关系，更没有听出这句话的弦外之音。而狡猾的凶手却立即领会了她的意思，为了灭口，就把她杀害了。波洛毕竟是著名大侦探，当路易丝被杀之后，他很快清醒下来。他根据路易丝被害前说过的这句话作出了如下推断："如果路易丝没有看见凶手，那么她就不敢也没有必要用虚拟的口气说这句话"，"如果路易丝没有看见凶手，那么她就不会被杀害。"这两个推断都是充分条件假言命题。前者断定"路易丝没有看见凶手"是"她不敢也没有必要用虚拟的口气说这句话"的充分条件；后者断定"路易丝没有看见凶手"是"她不会被杀害"的充分条件。正是根据这两个充分条件假言命题，波洛明确了侦破案情的线索，终于将真正的凶手赛蒙和杰基找了出来。

充分条件假言命题的公式是如果 p，那么 q。其中 p 表示前件，q 表示后件，"如果，那么"是充分条件假言命题的连接词。充分条件假言命题的逻辑性质是，只有前件真而后件假时，这个充分条件假言命题才为假；其他情况下，整个命题都为真。

稳操胜券

巧妙地使用充分条件假言命题，最能体现一个人的聪明才智。很多至理名言都运用了充分条件假言命题的形式。

有人问古印度的一个哲学家："一滴水怎么才不会干涸？"他回答说："把它放到海里去。"这句话后来就成了千真万确、千古传颂的名言。这句话的奥妙从逻辑上讲，就是运用了充分条件假言命题的形式："一滴水如果把它放到海里去，那么它就不会干涸。"

阿道夫·门采尔是 19 世纪德国的著名画家。有一天，一位画家向他诉苦说："我真不明白，为什么我画一幅画只需要一天时间，可是卖掉它却让我等上整整一年？"门采尔听了，认真地说："亲爱的，请您倒过来试试吧！要是您花一年工夫去画它，那在一天里准能卖出。"门采尔将诉苦人的话颠倒了一下，巧妙地构成了一种充分条件关系，揭示了艺术创作必须历尽千辛万苦才能惹人喜爱的道理。

一些很难回答的问题或者很难打破的僵局，运用充分条件假言命题就会

阿道夫·门采尔

迎刃而解。王宫的后花园有一个大水塘。有一次，国王问手下的大臣："这个水塘里有多少桶水？"大臣们面面相觑，无人回答得出来。国王大骂："你们都是一群酒囊饭袋！"一位大臣说，这个问题只有阿凡提能够回答。国王急忙召阿凡提进宫。阿凡提稍微想了一想，说："这个问题很容易回答，如果水桶与水塘一样大，那么就有一桶水；如果水桶是水塘的一半大，那么就有两桶水；如果水桶是水塘的三分之一大，那么就有三桶水……"国王听了，觉得很有道理，就重赏了阿凡提。

小芹和小芳是两个形影不离非常要好的朋友。有一次她俩为了一件小事而怄气，彼此决定"惩罚"对方：一个星期相互不理睬。一个星期后，谁也不愿意先打招呼。小芳耐不住了，决定打破僵局，但又要不失面子，她记起逻辑老师讲过的假言命题，想出了一个万全之策。她严肃地对小芹说："如果你能忍得住七天不理睬我，那么我也能忍得住七天不理睬你。""哈哈哈，小芳，这可是你先理睬我的。"小芹得意地说。

"什么呀，是你先叫我的名字。"小芳满意地笑了。

两个人又和好如初。小芳用了一个充分条件假言命题，既表示了主动，又避免了尴尬，取得了奇特的效果。

非常难办的事，运用充分条件假言命题，有时会取得意想不到的效果。美国滑稽大师马丁·格登纳想邀请一位漂亮姑娘共进晚餐，但担心遭到拒绝，因为这位姑娘从不接受别人的邀请。格登纳想起了哈佛大学数学教授贝克，于是驱车前往请教。贝克教授替他出了一个妙主意，使得格登纳的邀请成功了。格登纳邀请她时是这样对她说的：“我有三个问题，请你对我的每个问题都做出肯定或否定的回答，好吗？”“可以。”姑娘爽快地说。格登纳提出的第一个问题是：“你是否愿意如实回答我下面的两个问题？”“愿意。”姑娘微笑地点点头。“很好，”格登纳继续说，“我的第二个问题是：如果我的第三个问题是‘你愿意明天和我一起共进晚餐吗？’那么，你对这两个问题（第二个问题和第三个问题）的回答是不是一致呢？”姑娘一时不知如何回答，她想了想，先说了一个字：“是。”“你同意和我共进晚餐了！”“为什么？”“你肯定对这两个问题的回答是一致的，就是说对第二个问题给了肯定的回答，对第三个问题也作了肯定的回答。对第三个问题作了肯定回答，不就是同意和我共进晚餐吗？”姑娘知道上当了，马上改口说：“不。”“你也同意和我共进晚餐了！”“怎么也是同意了？”“你说对这两个问题的回答是不一致的，就是说对第二个问题给了否定的回答。既然不一致，那么，对第三个问题就必须给予肯定的回答，也就是同意和我共进晚餐呀！”“原来我对第二个问题无论是肯定还是否定，对第三个问题的回答总是肯定的。”“非常正确。嘻嘻！”

这就是充分条件假言命题的魅力。

绝处逢生

巧妙地使用充分条件假言命题，还能使人化险为夷、绝处逢生。相传中世纪时，有一个阿拉伯青年出使欧洲某国。他带去了大批珍贵的礼物，受到隆重欢迎，国王和王后还专门为青年使者举行了盛大宴会。不料，不熟悉当地风俗习惯的使者，在宴会上犯了大忌，它当着国王和众多大臣的面，将烧鱼翻了个身。按该国法律，不能当着国王的面翻动一切，违者必被处死，即使王公国宾也不例外。在大臣们的强烈要求下，国王宣布要维护法律，不过他又告诉青年使者，为表示歉意，他格外开恩，允许他提一个要求，任何与该法规无关的要求都将得到满足。提什么要求才能免于一死呢？青年使者沉默片刻，想到了充分条件假言命题，便说："我只有一个小小的要求。""请讲！您是我国的贵宾，我保证满足您的要求。"国王显得十分慷慨。"我的要求就是，如果谁看见我刚才做什么，那么就请挖掉他的眼睛！""什么？"国王一愣。"请尊贵的国王满足我的要求。"现在轮到青年使者主动了。国王不敢违背自己的诺言，于是就问道："谁看见这位使者刚才做了什么？"大臣们害怕被挖掉眼睛，谁也不吭声。国王指着宰相："你看见了？"宰相连忙说："我以圣保罗的名义起誓，我什么都没有看见。"其他大臣也纷纷起誓一无所见。最后，国王和王后也分别以耶稣和圣母玛丽亚的名义起誓否认。怪事出现了，参加宴会所有的人都没有见过青年使者翻动烧鱼。这位青年人以自己的智慧绝处逢生。

我国也有这样的故事：有一天，阿凡提在王宫里与国王的侍卫开玩笑说："你两天以后就要死。"无巧不成书，两天后那个侍卫果真从马上摔下来死了。国王认为侍卫的死是阿凡提那句不吉利的话造成的，准备将阿凡提处死。国王把阿凡提叫来，怒冲冲地问道："你既然知道侍卫什么时候死，那么，我问你，你自己什么时候死，你可知道吗？"阿凡提听到国王这样的语气，又看到绞架和士兵，知道大事不好，国王要绞死他了。于是他语气坚定地说："夜里我观天象，知道我要比陛下早死两天。"国王一听，心里想："如果现在我把阿凡提绞死，那么两天以后我的性命也保不住了。"他越想越害怕，就把阿凡提释放了。

国王为什么不敢处死阿凡提呢？因为阿凡提巧妙的回答，使国王在头脑中形成了一个充分条件假言命题：如果出现了"我把阿凡提绞死"的这个条件，那么倒霉的不仅仅是阿凡提，而且还有我本人，我将要在两天后死去。为了不能让"绞死阿凡提"这个条件出现，所以国王释放了阿凡提。阿凡提巧借逻辑的力量化险为夷。

在什么条件下，二加三不等于五？

晚会上，数学老师给同学们出了一道数学题让大家解答：“在什么条件下，二加三不等于五？”这个问题一下子把大家难住了。沉默了一会，张明说：“负二加负三就不等于五。”数学老师说：“不能用负数，‘二’和‘三’都是正整数。”同学们很奇怪：“正整数的二与三相加，怎么会不等于五呢？”孙敬脑筋一转，来了灵感，他想，老师出的题目可能是脑筋急转弯，于是回答说：“当两只狼和三只兔子放在一起时，就不等于五只动物，因为狼会把兔子吃掉的。”王东等受到了启发，也说：“两只猫加三只老鼠也不等于五，还有……”“不对不对，你们想偏了，”老师连连摇头，“不能用名数。”大家想出了各种答案，都被数学老师否定了。“好了好了，我们服输了，老师您公布答案吧！”同学们急切地问。“这个答案就是，”老师停顿了一下，慢慢地说，“如果一加一不等于二，那么，二加三就不等于五。”“哈哈哈！”全班同学哄堂大笑。大家笑过之后，数学老师问：“难道我说得不对吗？请同学们想一想其中的道理。”王东说：“老师，您用的是充分条件假言命题。”“这个充分条件假言命题是真的还是假的？”“当然是真的。”王东肯定地说。“为什么呢？”“因为它的前件‘一加一不等于二’是假的。充分条件假言命题的前件是假的，不管后件是真是假，整个命题总是真的。”

“说得很对。大家知道，‘二加三不等于五’是一个众所周知的假命题。为了使以这个命题为后件的充分条件假言命题为真，就必然要求前件也是一个假命题，所以我就将‘一加一不等于二’这个假命题，作为它的前件。”

孙敬说：“这样的话，您的这个问题就不止一个答案，‘一加一不等于二’可以换成‘二加二等于五’‘太阳从西方升起’‘海枯石烂’等等。”

“完全正确！”

不入虎穴，焉得虎子

公元 73 年，东汉大将窦固出兵抵抗匈奴。窦固为了战胜匈奴，派班超出使西域，联络西域各国，共同对付匈奴。班超带领随从 36 人来到西域的鄯善。鄯善王原来归附匈奴，因为匈奴逼他们纳税进贡，经常向他们勒索财物，他们很不满意。但是这几十年来汉朝顾不到西域，他只好听从匈奴的命令。这次汉朝派了使者，鄯善王十分殷勤地招待他们。

过了几天，班超发现鄯善王对他们的态度忽然冷淡起来，就起了疑心。经了解，原来匈奴也派来了使者。班超立即召集 36 个随从人员商议，班超说："大家跟我来到西域，无非是想立功报国。现在匈奴使者才来几天，鄯善王的态度就变坏了。要是他把我们抓起来送给匈奴人，我们的尸骨就不能回乡了。大家想一想，我们应该怎么办？"随从们说："现在情况危急，是死是活，全听您啦！"班超想了一想，说："大丈夫不入虎穴，焉得虎子？现在只有

班超像

草船借箭

一个办法，就是趁着黑夜去袭击匈奴使者。只要杀了匈奴使者，事情就好办了。”大家同声说：“好，就这样拼一拼吧！”到了半夜里，班超率领 36 个壮士袭击匈奴使者住处，顺风放火，杀进帐篷，杀死了匈奴使者和他的 30 多个随从。鄯善王一看匈奴使者已经被班超杀了，非常恐慌，立即表示再也不和匈奴来往，愿意服从汉朝的命令。班超顺利地完成了出使任务。

班超说的“不入虎穴，焉得虎子”，表达的是一个必要条件假言命题。所谓必要条件假言命题，是指前件是后件的必要条件的假言命题。即“入虎穴”是“得虎子”的必不可少的条件，“不入虎穴”就“得不到虎子”。必要条件假言命题的公式是：只有 p，才 q。其中 p 表示前件，q 表示后件，“只有，才”是必要条件假言命题的连接词。

必要条件假言命题的逻辑性质是，只有前件假而后件真时，这个必要条件假言命题才为假；其他情况下，整个命题都为真。必要条件假言命题的应用非常广泛。在《三国演义》中，巧借东风、草船借箭、苦肉计、诈降计、连环计等，都是孙权、刘备联军取得赤壁之战胜利的必要条件；阳光、水分、土壤、营养等，都是植物茁壮生长的必要条件；正确的学习动机、良好的学习方法、刻苦的学习精神等，都是掌握知识的必要条件；诚信、热心、智慧等，都是做好生意的必要条件。

巧媳妇智斗知府

湖南民间故事中有一则《巧媳妇》的故事，说的是一个叫巧姑的媳妇，把家务安排得井井有条、妥妥当当。她公公张老汉一时高兴，就在自己家的大门上贴上“万事不求人”五个大字。没想到贴了没多久，就被从门前经过的知府看见了。知府十分生气，心想：“你万事不求人，岂不是把我这个堂堂的知府不放在眼里吗？我非让你来求求我。”于是他把张老汉抓来，对他说：“你本事真大啊，竟敢说‘万事不求人’？我现在要你办两件事，一件是找一块遮天的布，第二件是备好灌满大海的油。限你三天内办好。如果办到了，我就饶了你，如果办不到，定拿你治罪。去吧！”张老汉非常着急，把情况告诉了儿媳妇。巧姑安慰他说：“公公不用慌张，这件事我来应付。”三天之后，知府果然来到张老汉家，大声问道：“张老头，两件事情办得怎么样啦？”巧姑代替公公回答说：“布已经准备好了。”“准备好了？”知府没想到巧姑会这样回答，“那就拿出来给本老爷瞧瞧。”“我准备了很多布，可就是不知道取多少布才能遮天？请问老爷，天有多大？”知府说：“我怎么知道天有多大？我又不能去丈量它。”巧姑说：“只有知道天有多大，才能知道取多少布。你不知道天有多大，我怎么知道取多少布来遮天呢？”知府一听不知所措，急忙说：“好了，这一件事就算了，那灌满大海的油呢？”“也按你的吩咐准备好了，不过——”“不过什么？”“请知府大人把大海里的水车干，我们马上就灌油。”知府说：“笑话！大海的水那么多，怎么车得干？”巧姑说：“只有把大海的水车干，我们才能灌油。你不能把大海的水车干，我们怎么往大海里灌油？”“这——”知府听了，答不出话来，只好灰溜溜地走了。巧姑凭着智慧战胜了知府大人。

在巧姑的话中，巧妙地使用了必要条件假言命题。“一块遮天的布”与“灌满大海的油”在我们的现实生活中是根本办不到的事，怎样才能让知府自己否认这两件事呢？就是给这两件事找出它们的必要条件:“知道天有多大”与“把大海的水车干”，组成两个必要条件假言命题：“只有知道天有多大，才能取一块遮天的布”“只有把大海的水车干，我们才能往大海里灌满油”。这样就可以根据必要条件的逻辑性质“没有前件就没有后件”，从而否定“一块遮天的布”与“灌满大海的油”。即“不知道天有多大，就不能取一块遮天的布”“不能把大海的水车干，就不能往大海里灌满油”。知府自己出的难题只好自己将它否定了。

照相机的主人

一天上午，上海南京西路的一户居民家被盗，被盗的财物有现金和一架照相机。公安局立即行动，于当晚将犯罪嫌疑人抓获，并从他的住处搜出现金以及照相机。犯罪嫌疑人十分狡猾，一口咬定钱和照相机是自己的。此事由法庭来审理。

在法庭上，审判长出示从被告家中搜获的照相机一架，问被告：“这架照相机是谁的？”被告回答:“是我的，三年前从商店买的。”“发票呢？”“丢了。”“照相机有什么特征？”“这是一架德国产的蔡司牌照相机。”“你用它拍过照吗？”“当然拍过，三年来，我一直用这架照相机拍照。”“请你把它打开！”被告以为机会来了，忙问：“审判长，要是我把照相机打开，那就证明照相机是我的，对吗？”审判长说：“不对，打开了，并不证明它一定是你的；而不能打开，那就证明一定不是你的！”法警把照相机递给被告，被告颠来倒去拨弄了好长时间，没有打开。审判长问：“被告，你究竟能不能打开？”被告神色慌张，手足无措，仍在狡辩：“我现在忘了，不过，照相机肯定是我的。”“你三年来一直使用，怎么会忘了？”

被告无言以对，低下了头。审判长传证人即失主到庭，失主接过照相机，“咔嚓”一声，照相机被打开了。审判长对被告说：“这架照相机根本不是你的，而是这位失主的。”被告以为抓住把柄，突然叫了起来：“你不是说，打开它并不证明是我的。为什么他打开了，就是他的了？”审判长拿出了失主购买照相机的发票，说：“发票上清楚地写着失主的姓名，我是凭这个判定照相机是他的。你有这些证明吗？”被告答不出来。“被告，你还有什么话要说？”被告脸色煞白，彻底失望了，只好交代了犯罪事实。

这位审判长是很有逻辑修养的，他非常清楚“打开照相机”与“照相机是谁的”的条件关系。他认为，“打开照相机”是“照相机是谁的”必要条件：只有打开照相机，照相机才是他的。打不开照相机，那就证明照相机一定不是他的；而打开了照相机，并不能证明照相机一定是他的。而被告总是想把必要条件说成是充分条件，企图蒙混过关。但是他面对的是逻辑水平很高的审判长，只得缴械投降。

哪一朵花是少女？

很久以前，有个年轻的音乐家想创作一部《森林交响曲》。为了捕捉灵感，在盛夏七月晴朗的日子里，他走进了原始森林。一天清晨，从森林的深处传来了一阵悠扬美妙的歌声。音乐家循声寻去，来到一条小溪旁，看见一个美丽的少女正对着溪水唱歌。这首歌的旋律，正是音乐家创作《森林交响曲》所苦苦寻找的旋律，音乐家喜出望外。这时少女发现了有人在偷听她的歌，连忙停止了歌唱。音乐家立即走上前去，向少女问好，请她再唱一遍，以便把这首曲子记录下来。没想到少女的眼里却流出了泪水，她痛苦地说：“我很理解你的心情，但是我现在只是一个奴隶，魔王规定我十年只能唱一首歌。”音乐家还是苦苦哀求，少女被音乐家的精神感动了，她沉思了一会，说：“好吧，等一会在离你五步远的地方，会出现五朵一模一样的杜鹃花，其中一朵就是我，其余四朵都是昨夜在那里过夜的魔鬼。如果你能采到我，你的愿望就能实现，我有唱不尽的歌奉献给你。但是，如果你采错了，你就和我一样，即刻变成被魔王鞭笞的奴隶。当然，你也可以什么都不做，马上离开这里。”“不，风险再大，我也要把你救出来！”音乐家答应了少女的要求。只见少女化作一股青烟，一阵风把她吹走了。音乐家一转身，就看到离他五步远的溪边，五朵鲜艳的杜鹃花盛开着。他连忙走过去，俯下身子，小心翼翼地仔细观察着。突然，他脸上露出了笑容，非常自信地采了左面的一朵。很快，他手中拿着的鲜艳的杜鹃花，渐渐地逝去，美丽的少女出现了。“你真聪明！你怎么发现我的？”少女问。“这个并不难，”音乐家说，“盛夏的夜晚，只要天气晴朗，到第二天的清晨，地上的花草树木都会沾满露水。这五朵杜鹃花，如果昨夜在那里过夜，那么清晨花上就会沾满露水；如果昨夜没有在那里过夜，那么清晨花上就不会沾满露水。四个魔鬼都是昨夜在那里过夜，因而这四朵花上都沾满了露水；而你清晨正在唱歌，由你变成的那朵杜鹃花上，就不会沾满露水。所以，我就采了没有露水的那朵杜鹃花。”“你真聪明！”音乐家拉着少女的手，少女唱起了欢乐的歌，两人一起向着森林的边缘走去……

音乐家分辨出魔鬼与少女，除了懂得气象知识之外，主要靠的是逻辑本领。他敏锐地发现了“花昨夜在那里过夜”是“清晨花上沾满露水”的充分必要条件，得到了一个充分必要条件假言命题：“如果杜鹃花昨夜在那里过夜，那么清晨花上就会沾满露水；如果杜鹃花昨夜没有在那里过夜，那么清晨花上就不会沾满露水。”所谓充分必要条件假言命题是指前件既是后件的充分条件，又是后件的必要条件的假言命题。充分必要条件假言命题的公式是：当且仅当p，则q。其中p表示前件，q表示后件，“当且仅当”“则”是充分必要条件假言命题的连接词。充分必要条件假言命题的逻辑性质是，当前件与后件同真或同假时，这个充分必要条件假言命题才为真；其他情况下，整个命题都为假。

刚弼断案

运用假言命题时必须注意的是，千万不要弄错前件与后件之间的条件关系，如将必要条件看作充分条件，把充分条件认作充分必要条件等；更不能把非条件关系当作条件关系。

安徒生的童话《皇帝的新装》，讲的是一个皇帝喜欢穿新衣。有两个骗子投其所好，自称能织成世界上最美的布，做成世界上最漂亮的衣服。他们糊弄皇帝说，他们缝制出来的衣服是美妙绝伦的，但是这种衣服有一个特性：只有不称职或者愚蠢得不可救药的人，才看不见这种衣服。皇帝对他们的谎言深信不疑，给了骗子很多钱和生丝。骗子把这些东西全部装进了自己的腰包，空着两只手装模作样地忙着“织布”“缝衣”。“布”终于“织”好了，“新衣”也“缝”好了。骗子将“新衣”献给皇帝，皇帝和大臣们明明什么都看不见，但害怕别人说自己“不称职”“愚蠢得不可救药”，于是一致称赞“新衣”美极了。这样，骗子得到了崇高的荣誉和丰厚的赏赐，而皇帝却赤条条地穿着“美极了”的“新衣”，进行了一次裸体游行，受到广大老百姓的嘲笑，出了一个大洋相。

皇帝和大臣们明明什么也没有看见，为什么却硬说自己看见了新衣？因为他们相信了骗子的话“只有不称职或者愚蠢得不可救药的人，才看不见这

两个骗子

种衣服”，害怕别人说自己“不称职”“愚蠢得不可救药”。实际上，骗子说的这句话，是一个错误的必要条件假言命题，因为它的前件与后件之间不存在必然联系，即“不称职或者愚蠢得不可救药的人”不是“看不见这种衣服”的必要条件。只要视力正常，无论称不称职，也无论愚蠢不愚蠢，都会看不见“新衣”的。

骗子把非条件关系说成条件关系，使皇帝和大臣们出尽了洋相，读来使人十分爽快。但是，如果在科学研究中或者在破案审案中，把非条件关系当作条件关系，那就糟糕了。《老残游记》中记载了这样一件事：齐河县贾老汉一家 13 口人被毒死，贾家人状告魏家父女投毒害命。山东巡抚派刚弼审理此案。刚弼第一次审讯，就把魏老头父女打得死去活来。魏老头家里的管事见主人吃冤枉官司，就私作主张，从家中拿出银子托人向刚弼说情。刚弼正在为魏老头不肯招供而发愁，见了银子大喜。第二天升堂，刚弼从怀中掏出银票，便叫魏老头招供画押。魏老头不解其意，刚弼大喝一声，举着银票说：“这就是证据！这是你家管事行贿我的银票。如果人命不是你魏家父女谋害的，那么你家就不会拿出银子出来打点。魏老头，你还有什么可说的！”刚弼满以为他这一番“高论”足以折服魏老头，使他认罪招供，没想到魏老头大叫冤枉，刚弼大怒，喝令差役大刑伺候，直打得魏老头父女皮开肉绽，实在熬不过去，只好“认罪”。幸亏老残游历到齐河县，听说了此事，十分气愤，写信给抚台，请来了泰安知府白子寿复审此案。白子寿经过反复考察审问，很快查明魏家父女是清白的，而放毒杀人另有他人。当白子寿判定魏家父女无罪时，刚弼表示不理解，他说：“这魏家既无短处，为什么肯花钱呢？卑职一生就没有送给过人一个钱。”白子寿呵呵一笑说：“魏家花钱，是他乡下人没见识，不足为怪也。”白子寿的话虽然有贬低乡下人的倾向，但却推倒了刚弼的“高论”。刚弼认为魏家父女是凶手，其根据从逻辑上讲，是一个充分条件假言命题，即“如果人命不是你魏家父女谋害的，那么魏家就不会拿出银子来打点。”（“如果魏家无短处，那么就不肯花钱”）这个充分条件假言命题的前件与后件之间没有必然联系，前件不是后件的充分条件，即没有犯罪并不是不行贿、不走后门的充分条件，因此不能根据行贿这一事实来确定魏家父女是杀人凶手。况且魏家父女并不知道自家管事行贿一事。刚弼在审案中，错用假言命题，把非条件关系认作条件关系，差一点要了魏家父女的命。所以，条件关系千万不能主观臆造。

过去有一位十分固执的老太太，一天早上，她发现家里丢了一块猪肉，便一口咬定是儿媳妇偷吃的，一怒之下，就把儿媳妇赶出了家门。儿媳妇平时非常贤惠，受了冤枉后，就跑到邻居家诉苦。邻居们听说后，愤愤不平。一位大娘对她说："你不要着急，我有办法让你婆婆亲自请你回去。"这位大娘说罢，就来到那位老太太家，对老太太说："借个火使使。""借火有啥用？"老太太问。大娘说："咳！别提了。昨天夜里我家的两条狗，不知从哪里偷来一块肉，争抢着吃，闹腾了整整一夜。今天早晨，我把狗拴了起来，准备打死它，烧火煮狗肉吃，所以向你借个火。"老太太一听，连忙说："原来我家的猪肉是让你家的狗偷吃了！哎呀，我可错怪了儿媳妇了。"她非常后悔。"非常抱歉，这样吧，我赔你一块猪肉。""算了算了，这是我没关好门造成的，狗懂得什么？你也不必打狗杀狗了。"老太太匆匆地说，"现在我要紧的是把儿媳妇接回来。"

这位老太太知错就改，主动把儿媳妇接回家，是值得肯定的。但是她开始认定儿媳妇偷吃猪肉是十分错误的。从逻辑上看，她犯了把充分条件假言命题看作充分必要条件假言命题的错误。因为"猪肉丢失"，原因很多，"儿媳妇偷吃"只是"猪肉丢失"的充分条件之一，据此可构成一个充分条件假言命题："如果儿媳妇偷吃，那么猪肉丢失。"根据充分条件假言命题的逻辑性质，有前件必有后件，但没有前件未必没有后件。即使儿媳妇没有偷吃，猪肉也可能丢失。而老太太把儿媳妇偷吃看作猪肉丢失的唯一原因，这样就构成一个充分必要条件假言命题："如果儿媳妇偷吃，那么猪肉丢失；如果儿媳妇没偷吃，那么猪肉不会丢失。"由于搞错了条件关系，结果冤枉了儿媳妇。

在条件关系上，人们最容易搞错的是分不清充分条件和必要条件。例如有人说："只有贪污腐化，才会犯大错误。"把"贪污腐化"当作"犯大错误"的必要条件。这是不正确的。因为根据必要条件假言命题的逻辑性质，没有前件就没有后件，就会得出“不贪污腐化就不会犯大错误”的荒谬结论。实际上，“贪污腐化”是“犯大错误”的充分条件：“如果贪污腐化，那么就会犯大错误。”又如有人说：“如果学习方法正确，那么就能学好各门功课。”这也是不正确的。因为“学习方法正确”不是“学好各门功课”的充分条件，而是必要条件。

五 隐含命题趣谈

智 斗

在人们的说话中，常常有这样的情况，一句话中隐含着另一句话，一个命题中暗藏着另一个命题。为了准确地把握对方的思想，就必须“听话听声，锣鼓听音”，懂得别人的“言下之意”和“弦外之音”，从表面的语句中，听出里面所包含的另一层意思来。这种在一个命题中包含的另一个命题，就称之为隐含命题。

外国有一则笑话《驼背老鼠》：滑稽演员侯波在一次电视演播中讽刺他住的旅馆低矮，老鼠成群。他说：“我住的旅馆，房间又矮又小，连老鼠都是驼背的。”旅馆老板听后大为光火，立即上书控告侯波诋毁旅馆的声誉。侯波怕事情弄大了不好收拾，连忙表示愿意道歉更正。于是，他在电视台发表声明说：“上次我曾经说过，我住的旅馆房间里的老鼠都是驼背的，这句话说错了。我现在郑重更正：那里的老鼠没有一只是驼背的。”“那里的老鼠没有一只是驼背的”这个命题中，隐含了另一个命题：“我住的旅馆中有许多老鼠。”这样一来，侯波的话表面上是道歉更正，实际上却巧妙地坚持了上次演说中的基本观点，又一次强烈地讽刺了旅馆。

在日常生活中，隐含命题处处可见。当我们说“干部大多数是好的”时，就隐含着“有一些干部不好”；说“学生们基本回家了”时，就隐含着“还有一些学生没有回家”；说“主要原因”就意味还有“次要原因”，等等。

发现和懂得隐含命题，才能准确领会别人的意思。

京剧《沙家浜》最精彩的戏是第四场“智斗”，里面用了许多隐含命题，如果不懂得它的真正含义，那就索然无味了。请看这段唱词：

> 刁德一：适才听得司令讲，阿庆嫂真是不寻常……若无有抗日救国的好思想，焉能够舍己救人不慌张？
>
> 阿庆嫂：参谋长，休要谬夸奖！舍己救人不敢当。开茶馆，盼兴旺，江湖义气第一桩……我有心背靠大树好乘凉，也是司令洪福广……
>
> 刁德一：新四军久在沙家浜，这棵大树好阴凉，你与他们常来往，想必是安排照应更周详！
>
> 阿庆嫂：垒起七星灶，铜壶煮三江，来的都是客，全凭嘴一张，相逢开口笑，过后不思量，人一走，茶就凉。

这段唱词的魅力，就在于刁德一与阿庆嫂两人运用隐含命题进行“智斗”。刁德一称赞阿庆嫂“若无有抗日救国的好思想，焉能够舍己救人不慌张”唱词，隐含着“你阿庆嫂是有抗日救国的好思想”这一命题。如果阿庆嫂接受了这个“称赞”，就等于默认自己是抗日的，就会上刁德一的当。但是，阿庆嫂听出了刁德一的话中之话，用“开茶馆，盼兴旺，江湖义气第一桩”把问题岔开了。刁德一“新四军久在沙家浜，这棵大树好阴凉，你与他们常来往，想必是安排照应更周详”的唱词，话中之话是“你阿庆嫂对新四军关怀备至”。机智的阿庆嫂就用“相逢开口笑，过后不思量，人一走，茶就凉”回避了这个难题。阿庆嫂的回答无懈可击，刁德一不得不承认阿庆嫂“说出话来，滴水不漏”。

如果不能领会刁德一和阿庆嫂的话中之话，我们就无法欣赏两人对话的魅力了。

“拿错了”与“找错了”

懂得和善于发现、分析隐含命题，对做好工作大有益处。有一个故事：在火车站，一位旅客忽然发现自己的手提包不见了。他看见前面有个穿夹克衫的人正拎着他的手提包往前走，连忙跑过去责问他：“你为什么拿我的手提包？”那个人一愣，随即说：“噢，对不起，我拿错了！”并立刻将手提包还给了这位旅客，然后向车站大门走去。这一切没有逃脱车站值勤民警老李的眼睛，他紧随那个穿夹克衫的人出了车站，走上前去问他：“你自己的手提包呢？”那人猝不及防，顿时目瞪口呆，说不出话来。经带到车站派出所查问，那人原来是一个惯偷。

民警老李为什么会对这个穿夹克衫的人产生怀疑呢？其根据是这个人说了一句“我拿错了”。“错”是相对“对”而言的，“我拿错了手提包”命题中就隐含一个命题：“存在着一个当事人该拿对的手提包”，即他自己的手提包。民警老李凭他丰富的经验，听出了这个隐含命题，同时他看到穿夹克衫的人把旅客的手提包归还之后，没有去找自己的手提包，而是急匆匆地走出火车站。从这里老李发现了破绽，产生了怀疑，终于抓住一个惯偷。

类似民警老李抓惯偷的事在生活中还真不少。一个解放军军官探亲在家，忽听得有人敲门。他打开门一问，敲门者说是“找错了人家”。急忙走了。这个军官警惕性很高，悄悄地跟在那人的后面，走了好长一段路，并不见那人再去找什么人家，于是上前追问：“你找哪一家的人？他叫什么名字？”那人心虚，支支吾吾说不出话来。结果“西洋镜”被揭穿，原来那人是个盗窃犯。这位军官能够逮住盗窃犯，就在于他从“找错了人家”这个命题中，分析出了“我要找人”的隐含命题。

现代京剧《智取威虎山》“深山问苦”一场中，当杨子荣说明了自己的身份“我是中国人民解放军”时，猎户老常半信半疑地问：“你也是解放军？”这句话隐含着另一个命题：有另一个人是解放军。杨子荣敏锐地听出了这个隐含命题，并循着这条线索活捉了冒充解放军的土匪。

罗西尼脱帽的习惯

有的时候，一个命题隐含在字里行间，不明说出来，可以使语言婉转、风趣和幽默。

19 世纪意大利著名歌剧作曲家罗西尼，14 岁就开始创作歌剧。他所创作的《塞维勒的理发师》《威廉·退尔》都是脍炙人口的歌剧。罗西尼对自己的创作非常严肃认真，对那些模仿、抄袭行为深恶痛绝。有一次，一位作曲家演奏自己的新作，特意邀请罗西尼去指教。罗西尼坐在椅子上，兴致勃勃地听着。开始听时感觉还不错，没过多久他就不安起来，继而脸上愁云密布。演奏按章节继续进行着，罗西尼边听边把帽子脱下又戴上。过了一会，又把帽子脱下，然后又戴上。这样，脱下戴上，戴上脱下，接连好几次。那位作曲家注意到了罗西尼这个奇怪的动作和表情。演出结束后，那位作曲家就问他："阁下，这里演出条件不太好，是不是太热了？"罗西尼回答说："不。""那您为什么老是脱帽戴帽呢？""我有一见到熟人就脱帽的习惯。"罗西尼说，"在阁下的曲子里，我碰到那么多的熟人，不得不频频脱帽了。"那位作曲家一听，

罗西尼画像

羞得满脸通红。

罗西尼的话中，隐含着这样一个命题：“你的新作是由许多歌曲拼凑起来的。”罗西尼不把这个意思直接点穿，这样的批评不是显得委婉和幽默吗？

在笑话、幽默中，经常运用隐含命题。有一则幽默故事：一个年轻人来到某编辑部，将自己抄袭的一首诗送给编辑看。编辑看了以后说：“这首诗写得很好。不过我想问一下，这首诗是你自己写的吗？”“当然是我写的，句句都是。我花了一个星期的时间才写出来的。至于构思，那至少用了两个月的时间。”“那我很高兴见到你，普希金先生。我以为你在决斗中死了哩。”听了编辑的话，年轻人羞愧满面，一言不发离开了编辑部。

编辑的话中，隐含着一个命题：“你的这首诗是从俄国大诗人普希金那里抄袭来的。”

还有一则故事：一位夫人已经满脸皱纹，两鬓斑白，但是她害怕别人说她老了，总想把自己说得年轻一些。有一次，她对一个刚结识的朋友说：“你知道吗？我和我妹妹的岁数加起来才66岁。”“啊呀！”朋友惊叫了起来，“难道你把一个这么小的妹妹丢在家里放得下心吗？”

夫人说的“我和我妹妹的岁数加起来才66岁”，隐含着一个命题：“我还年轻。”而朋友说的反问句，表达了一个命题：“你把一个这么小的妹妹丢在家里是放不下心的。”这个命题中也隐含了一个命题：“你并不年轻。”用隐含命题回答隐含命题，极为风趣，极富幽默感。

逻辑规律趣话

一　同一律趣事

十里桃花与万家酒店

唐玄宗天宝十四载（755），李白云游到秋浦（今安徽贵池）。当地有个豪士叫汪伦的，家居泾川（今属安徽）桃花潭一带。汪伦久闻诗人李白的大名，很想与李白见上一面，但是他又不认识李白，怎样才能使李白来到自己的家乡呢？汪伦苦苦思索，终于想出了一个好办法，于是他就给李白写了一封信，信中说："先生好游乎？此地有十里桃花。先生好饮乎？此地有万家酒店。"李白平生有两大嗜好：既好游又好饮，见信上说得如此之好，欣然前往。当他来到汪伦的家乡，全然不见汪伦信中之所说。别说十里桃花，就连一棵桃树也没有！酒店倒是有一家，哪有万家酒店？李白非常失望，大呼上当，责怪汪伦欺骗了自己。汪伦笑着说："我说的一点不假，我们这里有一个桃花潭，方圆十里，这不是'十里桃花'吗？我们这里有一家酒店，店主姓'万'，这不就是'万'家酒店吗？"李白哈哈大笑，只好既来之，则安之。汪伦却是个好客之人，他非常热情，一直陪伴在李白身边，拿出家里最好的东西来招待李白，酿美酒款待他，竭尽地主之谊，并虚心向李白请教，与李白一起饮酒吟诗，让李白好生感激。李白临走时，汪伦赠送骏马 8 匹、官锦 10 端，又依依不舍，亲自踏歌相送。李白被汪伦的真情感动了，诗兴大发，当即赋诗《赠汪伦》一首留别。诗云：

李白乘舟将欲行，忽闻岸上踏歌声。

桃花潭水深千尺，不及汪伦送我情。

这首小诗，深为后人赞赏。由于这首诗，使桃花潭一带留下了许多优美的传说。今天的人们只知道李白的这首动人诗篇，却不知李白当年受骗的佳话。

汪伦巧妙地将“十里桃花潭”偷换成“十里桃花”，将“姓万人家开的酒店”偷换成“万家酒店”，从逻辑上说，这是违反同一律的。所谓同一律，是指在同一思维过程中，任何一个思想与其自身是等同的。同一律的公式是：A是A。公式中的“A”表示任何思想。同一律的逻辑要求是：在同一思维过程中，一个思想必须保持确定和同一。即每个思想必须是确定的，而且前后要保持一致。违反同一律的逻辑错误主要有两种：混淆或偷换概念，转移或偷换论题。汪伦犯的逻辑错误是偷换概念，而且手法十分高明，竟然使聪明绝顶的李白上当，这在文坛上也是少有的趣事。

旅行者

有一个旅行者经过长途跋涉，又渴又饥，步履艰难地走进了一家酒店。“老板，请问夹肉面包多少钱一份？”“五先令一份，先生！”“请给我拿两份。”老板给了旅行者两份夹肉面包，旅行者又问：“请问，黑啤酒多少钱一瓶？”“十先令一瓶，先生！”“现在我感到渴比饿还厉害，我想用两份夹肉面包换一瓶黑啤酒，可以吗？老板！”“当然可以。”老板爽快地说。老板收起了面包，拿来一瓶黑啤酒，旅行者“咕嘟咕嘟”一饮而尽，嘴巴一擦，然后背起背包就要登程。老板急忙叫住他，客气地说：“先生……”旅行者打断了老板的话，不耐烦地说：“难道非要我在这里住下？”“不，先生，您还没有付啤酒钱呢？”“我不是用夹肉面包换的啤油吗？”“可是面包钱您也未付啊，先生！”“我没有吃你的面包，为什么要我付面包钱啊？”“是啊，他没有吃我的面包。”老板想，一时竟找不出对方的差错，听任旅行者扬长而去。在这段故事中，旅行者用了偷换概念的手法进行诡辩，使对方听起来似乎有理。所谓偷换概念，就是在同一思维过程中，把两个不同的概念等同起来，将一个概念变换为另一个概念。旅行者在对话过程中，是把“没有付钱的夹肉面包”偷换为“已付钱的夹肉面包”。当老板指出旅行者面包钱也未付时，旅行者又把话题由“未付钱”转移到“没吃”，而由“没吃”又推出“不付面包钱”。这一系列貌似有理的诡辩，都是违反同一律的。

如果在同一思维过程中，把两个不同的概念混淆起来，将一个概念变换为另一个概念，就称之为混淆概念。有这样一件事：

有一天，西南信风呼呼地吹，把李家房上的油毡给吹跑了，落在相邻不远的赵家院子里。赵家弄不清油毡是谁家的，只见自家棚子上有一个窟窿，心想：不管油毡是谁家的，先借来用用再说，于是就拣起油毡盖在了上面。风停了以后，李家发现厨房顶上的油毡少了一块，站在房顶一看，居然盖在一墙之隔的赵家棚子上。于是马上到赵家去讨。李家十分气愤，出口就是：“你家为什么乘风大的时候偷我家的油毡！”赵家听到此话，不由得怒火中烧，便与李家争吵起来。由于双方都不冷静，就拳打脚踢，打得难分难解。最后闹到法院打官司。法院受理此案后，经过询问调查，弄清了事情的由来，就作庭外调解工作。法官对双方当事人说：“你们这一起纠纷的实质，只是在一个字上，即油毡究竟是赵家‘偷’的，还是‘捡’的？从你们两家提供的事实看，这油毡是被风吹走后赵家‘捡’的，不是‘偷’的。所以，说赵家‘偷’了李家的油毡是不符合事实的。”赵家一听，十分满意，感谢法院为自己洗清了“偷东西”的嫌疑。法官又说：“当然，捡了东西就应物归原主，赵家知道油毡是谁后，就应该及时归还失主。”赵家连忙表示马上买一块新的油毡给李家。李家也主动向赵家道歉，表示不应该说赵家偷了他家的东西。两家在法院的调解下，化干戈为玉帛，又和好如初了。事后，双方高兴地说：“法官用一个字，就讲明了道理，分清了是非，帮助我们解除了纠纷。”

在这件事中，李家的过错就在于用错了一个字，把“捡”与“偷”混淆了。所以从逻辑上看，李家犯了“混淆概念”的错误。法官运用同一律，很快排除了纠纷。

混淆概念和偷换概念的本质是相同的，一般不作具体区分。如果要区分，就把有意而为之称作偷换概念，无意而为之就叫混淆概念。

关于进化论的辩论

混淆或偷换概念的表现很多，其中最值得注意的是混淆集合概念与非集合概念。

在科学史上，曾发生过这样一件事：

达尔文花了20多年的时间，到世界各地探险考察，潜心研究，终于在1859年出版了《物种起源》。从此，进化论就传播开来了。在这部著作中，达尔文不顾教会“上帝创造人类”的教条，用确凿的证据提出了著名的观点：“人是从猿猴进化而来的。”这如同晴天霹雳，震动了学术界、宗教界，引起了大小教会的猛烈攻击，他们给达尔文戴上“亵渎神灵”“离经叛道”的帽子。1860年6月28日至30日，英国科学促进协会在牛津召开了一次著名会议。英国教会决定利用这次会议围歼进化论学说。于是爆发了一场关于进化论思想的大辩论。教会方面派出了人们公认的最聪明、最有辩才的牛津大学大主教威尔勃福斯为代表参加会议，反进化论学说的人都期望他能一举驳倒进化论。达尔文因病没有参加会议，35岁的年轻教授赫胥黎作为达尔文的“总代表”参加了会议。威尔勃福斯首先发难，他滔滔不绝讲了一大通进化论的坏话，指责达尔文违背《圣经》和神意，最后他指着赫胥黎说：“赫胥黎先生就坐在我的身旁，他是想等我一坐下就把我撕成碎片，因为照他的信仰，人是由猿猴变的嘛！不过，我倒要问问，究竟是你的祖父由猿猴变来的，还是你的祖母由猿猴变来的？”讲到这里，那些反对进化论的人拼命地拍手哄笑。面对大主教的当众辱骂、诬蔑和一部分人的嘲笑，赫胥黎站了起来，他冷静、坚定、沉着地宣称：达尔文学说是对自然史现象的一个解释，达尔文的书充满着大量可以证明生物进化的事实，没有别的学说比达尔文的解释更合理的了。接着他运用了很多事实论证了达尔文的进化论，驳斥了威尔勃福斯对进

赫胥黎像

化论的诬蔑。最后，对大主教的人身攻击作了有力回击，他说："我曾经说过，现在我再重说一次，一个人没有任何理由为他的祖先是个无尾猿而感到羞耻……"

赫胥黎的话像一颗重磅炸弹震动了全场，拥护达尔文学说的大学生报以暴风雨般的掌声，威尔勃福斯大主教哑口无声，狼狈不堪，灰溜溜地离开了会场。

经过这一场辩论，达尔文学说真正站稳了脚跟。

大主教威尔勃福斯在论辩中的思维过程可以整理为：

人是由猿猴变的，
赫胥黎的祖父或祖母是人（省略），
所以，赫胥黎的祖父或祖母是由猿猴变的。

在这里，大主教混淆了集合概念与非集合概念，犯了偷换概念的逻辑错误。因为"人是从猿猴进化而来的"或者"人是由猿猴变的"中的"人"是集合概念，指的是人类。所谓集合概念，是指反映由同类个体事物构成一个不可分割的整体的概念。即人类是由古猿进化而来的，绝不是指某一个具体的人是由猿进化来的。而"赫胥黎的祖父或祖母是人"中的"人"是非集合概念，即不以这种由同类个体事物构成的整体为反映对象的概念。大主教故意把在集合意义上使用的“人”当作在非集合意义上的概念来使用，把人类与某一个人（祖父或祖母）混为一谈，从而得出赫胥黎的祖父或祖母是从猿进化来的，这是违反同一律，结论是极其荒谬的。

祁黄羊荐贤

据《吕氏春秋》记载，祁黄羊是春秋晋国的大臣，他为人正直无私，从不计较个人得失，因此深得晋平公的信任与尊重。凡是国家大事，晋平公都要征求他的意见。

有一次，晋平公要选拔县令，他找来祁黄羊，对他说：“南阳缺个县令，你看看，谁可以担任这个职务呢？”祁黄羊想了想说：“我看解狐这个人可以。”晋平公吃惊地问道：“解狐不是你的仇人吗？你为什么要推荐他呢？”祁黄羊笑着说：“您问的是谁可以胜任县令的职务，并没有问谁是我的仇人呀！”晋平公觉得有道理，便用了解狐。解狐到任后，十分称职。他治理的地方，人民安居乐业。晋平公和大臣们都很满意。过了一段时间，晋平公又对祁黄羊说：“现在国家没有尉官，你看看，谁可以担任这个职务呢？”祁黄羊立即回答说：“我看祁午可以。”晋平公迟疑了一下，说：“祁午不是你的儿子吗？”祁黄羊说：“是呀！您问我谁可以担任尉官的职务，并没有问谁是我的儿子呀！”晋平公也觉得他说得有道理，就任用祁午为尉官。祁午上任后，尽心尽力地工作，把军队治理得纪律严明。大家都说任人得当。

孔子听说这件事后，称赞说：“祁黄羊的举荐太好了！他外举不避仇，内举不避亲，可称得上公正无私了！”

读到这个故事，人们往往只称赞祁黄羊荐人大公无私，殊不知祁黄羊还是遵守同一律的表率。在这个故事中，晋平公两次违反同一律，犯了“转移或偷换论题”的逻辑错误。转移或偷换论题是指在论证或对话过程中，把两个不同的论题混淆或等同起来，用一个论题去代换原来所论证的论题。当祁黄羊推荐解狐担任县令时，晋平公不是回答行不行，而是把“推荐是否得当”的论题转移到“解狐是不是你的仇人”方面来；当祁黄羊推荐祁午担任尉官时，晋平公又把“推荐是否得当”的论题转移到“祁午是不是你儿子”方面来，对此，祁黄羊都及时加以纠正，使问题得到圆满的解决。

答非所问

有这样一段历史小故事：在拿破仑的军队里，有一个对法语一窍不通的瑞典人。一次，他听说拿破仑要来检阅部队并要向他提问。他非常着急，就去找战友们商量办法。一个战友说：“不要紧，拿破仑总是按照顺序提三个问题：第一个问题是‘你多大岁数了？’第二个问题是‘你在我的部队里服役多久了？’第三个问题是‘你是否参加过我指挥的两次大战中的一个？’”于是，瑞典人在战友的帮助下用法语按顺序背出了这三个答案：“23岁，首长”“3年了，首长”“都是的，首长”。

检阅那天，拿破仑在陪同人员的引导下，走到瑞典人面前停了下来，开始向他提问题。遗憾的是，严格遵守次序的拿破仑这次却打破常规，把提问的顺序变更了。第一个问题是：“你在我的部队里服役多久了？”

瑞典人挺了挺胸，回答说：“23岁，首长。”瑞典人这句法语学得最好，口齿又清楚。而拿破仑却大吃一惊，心想：怎么这么年轻就在我的部队干了23年？他又继续问道：“那你今年有多大岁数了？”“3年了，首长。”瑞典人响亮地答道。拿破仑吃惊又生气地说：“是我疯了还是你疯了？”“都是的。首长。”瑞典人的回答充满了自豪感。

这是由于语言不通而造成的小幽默，它虽然可笑，但却情有可原。而我们现实生活中的“答非所问”就非常可气，并且简直不可容忍。

某贪官被捕入狱后，记者征得有关方面同意前去采访。记者问贪官：“你什么时间开始受贿的？”贪官回答说：“开始时，我胆子很小，后来就越来越胆大了。”“你受贿数目有多少？”“我受贿犯罪对不起大家，对不起人民。”“你受贿犯罪的主观原因是什么？”“现在干部管理制度有漏洞，很多地方需要改进。”“法院对你的审判公正吗？”“我曾在法院工作过。”

这个贪官的回答肯定让大家笑不起来。它完全答非所问。答非所问是偷换或转移论题的具体表现。这个贪官把“作案时间”偷换成“作案心理”，把“受贿数目”偷换成“认罪态度”，把“犯罪的主观原因”偷换成“客观原因”，把“公正问题”偷换成“工作经历”。没有一句话是遵守同一律的。

究竟谁违反了纪律?

混淆语言层次，也是偷换或转移论题的一种表现。上历史课的时候，坐在教室后排的郝钢和刘琪轻轻地交谈了起来，先是谈论电影，后来又把话题转到足球上，说话的声音也越来越响。旁边的同学王玲连忙朝他俩“嘘”了一声，郝钢和刘琪立即停止了说话。没过多久，两人又聊了起来，说得津津有味，周围几个同学都没法听清老师的声音。王玲实在忍不住了，就严肃地对他俩说：“请你们不要讲话！”这下把郝钢和刘琪得罪了。他们沉默了一会，郝钢突然说：“我们什么时候讲话了，我们没有讲话！”王玲马上轻声说：“算了算了，只要现在不讲话就好了。”没想到刘琪打起了横炮：“我们没有讲话，而是你王玲在讲话。”历史老师是深度近视眼，这时才发现后面几个学生在说什么。“这是怎么回事？”老师厉声问道。刘琪站起来说：“老师，王玲在下面讲话！”“我？”王玲实在不明白，她什么时候违反了纪律讲过话，“我一直在听，没有与别人讲过话呀！”刘琪又说：“你明明讲话了，还想抵赖！我问你，刚才那句‘请你们不要讲话’，是谁说的？”老师双眼盯着王玲。“是我说的。”王玲说。“我想你不会抵赖。还有那句‘算了算了，只要现在不讲话就好了’，也是你讲的吧？”刘琪咄咄逼人。“是啊，我是想叫你们不要再讲话。”王玲分辩道。“现在问题再清楚不过，你自己不打自招，承认上课讲话了。请你不要管别人，还是管管你自己吧！上课要遵守课堂纪律，同学！”王玲急了，大声说：“我真的没有讲话呀！

是他俩讲话，我去制止的呀！”王玲几乎要哭出来了。老师终于开口了：“我明白是怎么回事了，刘琪的话混淆了是非。”然后，他毫不客气地批评了刘琪和郝钢，表扬了王玲。

郝钢和刘琪在历史课上关于电影、足球的讲话和王玲制止他们讲话的语言，不是同一层次的语言。前者是违反课堂纪律的语言，而后者则是维护纪律的语言。维护纪律也要通过语言表达出来，这种语言与违反纪律的语言是两码事，不可混为一谈。在逻辑中，我们把前者称为对象语言，后者称为元语言。元语言就是研究、评价对象语言的语言。刘琪的逻辑错误在于混淆了不同层次的语言，他把王玲维护纪律的话纳入为纪律所不允许的范围中，硬把王玲说成是违反纪律的。这是违反同一律要求的。

松鼠问题

同一律最主要的作用，就是保证思维的确定性。如果在同一思维过程中，所使用的概念、命题时而是这种含义，时而是另一种含义，思想就会发生混乱，交流就无法进行，争论也得不出结果。

松鼠问题是逻辑中著名的问题之一。什么是松鼠问题呢？有两个猎人老伊和老鲍一起到山里去打猎。在树林里，他们看见一棵大松树上有一只可爱的小松鼠。奇怪的是，这只小松鼠一点也不怕人，张大着双眼紧盯着老伊和老鲍。他们向左走了几步，松鼠也同样向左移动了几步。他们向右走了几步，松鼠也向右移了几步。老伊和老鲍干脆围绕着这棵大松树走了一圈，没想到的是，这只松鼠也在树上绕了一圈，它的脸一直对着两个猎人，并且双眼紧紧盯着他们。这时候，在旁边观望的另一个猎人问他们：“你们有没有绕着松鼠走了一圈？”“有，”老伊说，“松鼠在树上，我们已经环绕这棵松树走了整整一圈，当然也就是绕着这只松鼠走了整整一圈了，即走了一条封闭曲线。”“不对不对！”老鲍马上表示反对，他说：“我们根本没有环绕松鼠走一圈。这个道理很简单，如果我们已经环绕松鼠走了一圈的话，那么，我们就应该从各个方面看到松鼠，但事实上，我们却始终只看见松鼠的面部，而松鼠的其余部位都没有看到。这怎么算环绕松鼠走了一圈呢？”“哪有这样的道理？环绕松鼠走了一条封闭曲线，还说没有绕着松鼠走一圈！”老伊不依不饶。“那你看到松鼠的尾巴了吗？没有吧，”老鲍也不甘示弱，“这怎么叫环绕松鼠走了一圈呢？”

直至打猎结束，老伊和老鲍还是没有争出结果来。无奈之下，他们只好去请教逻辑老师。老师听完两人的话后，哈哈一笑：“我问你们一个问题：什么是‘绕着松鼠走一圈’？”

“环绕松鼠走一条封闭曲线。”老伊说。

“要见到松鼠身体的各个部位。”老鲍说。

“如果松鼠在树上不动，你们这两种解释是基本一致的。但是你们看到的松鼠却同时盯着你们走了一圈，就把你们的解释对立起来。”

“那怎么办呢？”

“办法只有一个，你们两人要对什么是‘绕着松鼠走一圈’统一看法。如果统一了看法，那么对于是否绕着松鼠走一圈的问题，就会得出一致的结论了。”

“谢谢老师！”

老伊和老鲍的争论之所以得不出结论，原因在于他们没有遵守同一律。同一律要求人们在论辩中，双方使用的概念必须保持同一。如果争论双方在不同意义上使用同一个概念，就会造成逻辑混乱，使辩论无法交锋，思想无法碰撞，问题得不到解决。由此可见，同一律是交流思想、讨论问题的前提和基础。

蟠桃献寿

同一律在艺术上的灵活运用，能大大加强艺术的魅力。

一个富翁大摆宴席为其母的生日祝寿，特邀江南才子唐伯虎前来绘画题诗。他当众挥毫画了一幅《蟠桃献寿图》，紧接着信笔题诗，边写边高声吟诵：

唐伯虎像

"这个婆娘不是人。"这第一句吟完，满座宾客皆惊。富翁一听，勃然大怒。"不是人"，这还了得！竟敢在母亲寿辰当众辱骂！富翁刚想发作，唐伯虎却旁若无人高声吟诵了第二句："九天仙女下凡尘。"这下四座宾客转惊为喜，富翁也随之喜形于色，拍手叫好。谁知第三句："儿孙个个都是贼。"这又使大家惊得发呆，而富翁一家则个个愤怒，挥舞着拳头，准备痛打唐伯虎。此时唐伯虎又高声读出了最后一句："偷得蟠桃奉至亲。""好！好！"满座宾客赞叹不已，一致称赞唐伯虎真不愧为能诗善画的江南第一才子。富翁脸上也有了喜色，开始对诗画赞不绝口。

唐伯虎的祝寿诗看似离题实不离题，看似骂人实为誉人，看似违反同一律却遵守同一律，充分调动了众人的情感，使大家在短时间内随着诗的内容跌宕起伏而由惊（怒）到喜，又由喜到惊（怒），再由惊（怒）到喜，充分享受了美感，这是对同一律的灵活运用。

同一律在艺术上的应用，更多的是采取另一种形式，即故意违反同一律，以获得艺术效果。这在相声、小品、笑话、幽默中是常见的。

有一则古代的幽默：宋朝有个叫郭功甫的人，一次路过杭州时，特意把自己写的一卷诗，拿去给苏东坡看。他见苏东坡那里满座名士正谈笑风生，感到一展诗才机会难得，就抑扬顿挫地给苏东坡朗诵了自己的作品，声音高亢洪亮，一时惊动四座。朗诵完毕，他踌躇满志地问苏东坡：“您看我这诗能得几分？”苏东坡笑笑，很宽宏地说：“10 分！”郭功甫听了很高兴，又问苏东坡：“怎么能得满分呢？”苏东坡说：“7 分是读，3 分是诗，加一起不就是 10 分吗？”

苏东坡故意偷换概念，以此对郭功甫进行讽刺，使人们从笑声中体会到：不好的诗，尽管你把它朗诵得再响亮，它仍旧是不好的。

现在很多学生喜欢“脑筋急转弯”，其实很多“脑筋急转弯”的题目就是故意违反同一律，以求独特的效果。在一次文艺晚会上，中队长赵义出了这样一道题：

有一条大河挡住了一个旅行者的去路，河里有 10 条大鳄鱼，河上有一座桥，桥上有 9 只老虎，请问他如何过去？同学们绞尽脑汁想尽了各种办法。一个同学说：“乘坐热气球过去。”“不行！”赵义说，“没有热气球，任何飞行器都没有。”“河边有一棵大树，他在树上拴一根绳子，然后荡秋千过去。”“河边没有树，也没有绳子。”“撑竿跳或者鳄鱼爬到桥上，老虎和鳄鱼打起来了，他乘机过了河。”“不对！”“这些老虎是在动物园长大的，不咬人；或者鳄鱼已经吃饱了，不会伤人。”“还是不对。即便是那样，我相信，谁也没有这个胆量。”“鳄鱼在河里一字排开，他用极快的速度踩着鳄鱼的背过去。”“河很宽，10 条鳄鱼太少。”

该想到的办法都想到了，赵义还是说不对。最后，大家承认想不出来了，请求赵义公布答案。赵义微微一笑说：“答案是：他昏过去了。”

“啊？”全体同学吃惊得差点昏过去了。

这就是故意违反同一律造成的独特魅力。

阿凡提理发

有一天，阿凡提给一个财主理发。这个财主是个吝啬鬼，每次理发都不给钱。阿凡提很生气，决定狠狠地惩罚他一下。阿凡提给财主剃完头后，在给他刮脸的时候，问道："老爷，您要眉毛吗？"财主心想，哪有人不要眉毛呢？随即应道："当然要，这还用问！""好，你要我就给您。"阿凡提说着，飕飕两刀，就把财主的两道眉毛刮下，递到财主手里。财主一见自己的眉毛被刮下来了，就对着阿凡提怒吼："阿凡提，你这该死的东西，你怎么把我的眉毛刮下来啦！"阿凡提从容不迫地回答："尊敬的老爷，您不是要眉毛吗？您瞧，我把它刮下来，规规矩矩地递到您的手里了。这有什么错吗？"财主没话可说，只好让阿凡提继续刮脸。阿凡提又问："老爷，您要胡子吗？"财主心想，可不能再上当了。于是连忙说："不要！不要！一根也不要！""好，不要就不要。"阿凡提说着，"刷刷"几刀把财主的胡子全刮下来甩在地上。财主理完发，对着镜子一照，可了不得了！他本来剃的是光头，现在连眉毛、胡子都没有了，整个脑袋光溜溜的，像个大肉球。财主暴跳如雷，大骂起来："阿凡提，你这混账东西，你怎么把我的胡子也刮下来啦！"阿凡提不慌不忙地说："高贵的老爷，这是您吩咐的：不要胡子，一根也不要。您瞧，我就把它刮下来扔到地上了。"财主气得目瞪口呆，一句话也说不出来。

财主理发不付钱，阿凡提故意违反同一律，利用偷换概念的手法惩罚了这个吝啬鬼，愚蠢的财主竟然束手无策，真是个糊涂虫。财主先说的"要"，是指"脸上要"，阿凡提故意偷换成"手里要"。财主后说的"不要"，是指"手里不要"，阿凡提又故意偷换成"嘴上不要"。财主无论怎么回答，总是被聪明的阿凡提捉弄。

二　矛盾律趣谈

自相矛盾

矛和盾是古代的两种兵器，矛是用来进攻刺人的，盾是用来护身挡矛的，它们的用途正好相反。《韩非子·难一》中两次讲述了这样一个故事：

楚国有一个卖兵器的人，以专卖矛和盾为生。一天，他带着矛和盾到集市上去卖。他见围观的人多了，就高高地举起他的盾牌，大声夸耀起他的盾牌来："谁买盾？我的盾坚固无比，无论什么锋利的矛都戳不穿它。买了我的盾，就不怕任何锋利的长矛了。"围观的人听他夸口，都靠近他，仔细看他的盾，没有什么反响。卖兵器的人吹了半天他的盾牌以后，见没有人来买他的盾，又拿起矛耍弄起来。耍了一阵之后，气喘吁吁地向围观的人高声吹嘘起来："谁买矛？我的矛锋利无比，无坚不摧，无论怎样坚硬的盾牌，铜的、铁的，厚的、薄的，我的矛都能把它戳穿。买了我的矛，就再也碰不上坚固的盾了。"这时，围观的人群中有一个人大声问道："卖矛盾的，照你所说，你的矛是天下最锋利无比的，而你的盾也是天下最坚固的，那么，用你的矛来戳你的盾，你看怎么样？"卖矛和盾的人一听，说了声"这——"，就什么也说不出来了。因为世界上不可能同时存在"不能被戳穿的盾"和"什么都能戳穿的矛"。无论他怎么回答，也不能自圆其说。围观的人见他哑口无声，都哈哈大笑起来，这个楚人赶忙收拾起矛和盾溜走了。

这就是"自相矛盾"成语的来历。

卖兵器的人在逻辑上违反了矛盾律。所谓矛盾律，是指在同一思维过程中，两个互相矛盾或反对的思想不能同时都是真的，其中必有一假。矛盾律的公式是：并非（A 并且非 A）公式中的“A”和“非 A”表示两个互相矛盾或反对的思想。矛盾律的逻辑要求是：在同一思维过程中，思想必须前后一贯，不能自相矛盾。如果在同一思维过程中，对两个互相矛盾或互相反对的思想同时加以肯定，就违反了矛盾律。所以，矛盾律实际上应称为“不矛盾律”。违反矛盾律的逻辑错误称为自相矛盾或逻辑矛盾。这个卖兵器的人一会儿说：“我的盾坚固无比，无论什么锋利的矛都戳不穿它”；一会儿又说：“我的矛锋利无比，无坚不摧，无论怎样坚硬的盾牌都能把它戳穿”，这两个命题不能同时为真，其中必有一假。所以，当有人提出用他的矛戳他的盾时，他答不上来了。因为用他的矛戳他的盾时，两个命题中必定有一个是假的。

自由落体定理的诞生

矛盾律在科学的发展中有着重大作用。许多旧的、错误的理论被推翻和新的科学理论的建立，都离不开矛盾律的作用。

许多人认为，伽利略从比萨斜塔扔下了两个铁球后发现了自由落体定理。

伽利略像

比萨斜塔

这个说法是不准确的。实际上，伽利略是运用矛盾律而发现自由落体定理的。

古希腊的著名学者亚里士多德曾经断言：物体从高空下落，“快慢与其重量成正比”，即重量越大，下落的速度就越快。这个论断曾禁锢人们头脑1800多年，直到伽利略才把它推翻。

伽利略是怎样推翻亚里士多德的古老的理论呢？他首先运用了逻辑方法。他认为，亚里士多德理论存在一个不可克服的矛盾。

伽利略是这样思考的：有A、B两个物体，其中A比B重得多。如果A、B两物体同时从高空下落，根据亚里士多德的理论，那么A比B先落地。

现在如果我们把A、B两物体捆在一起，也把它们从高空下落，这时会出现什么结果呢？按照亚里士多德的理论，一方面可以得出：捆在一起的A和B要比A单独下落时慢。因为B比A轻，因而下落的速度比A慢，把B和A捆在一起，就会减慢A的下落速度。所以，捆在一起的A和B要比单独下落的 A 后落地。另一方面可以得出：捆在一起的 A 和 B 要比 A 单独下落时快。因为 A 和 B 捆在一起，A 加 B 的重量，肯定比 A 的重量大。按照亚里士多德的理论，重量大的物体先落地，所以，捆在一起的 A 和 B 要比单独下落的 A 先落地。这样一来，对同一个事物作出了两个互相矛盾的判断：

（1）A+B 比 A 后落地；

（2）A+B 比 A 先落地。

一个物体不可能同时比另一个物体既后落地，又先落地。伽利略认为，亚里士多德的理论是自相矛盾的，因而是错误的。如何解决这一矛盾呢？伽利略认为，解决矛盾的唯一办法就是确立这样的理论：物体从高空下落，无论重量大小，都是同时落地的。

虽然伽利略的论证是无懈可击的，但是当时的人们并不接受伽利略的理论。1589 年，伽利略用一个重 5 千克的铁球和一个重 1 千克的铁球，在比萨斜塔上做了那个著名的实验，结果两球同时落地，从而以不可辩驳的事实证明了：自由落体在阻力相同的条件下，下落速度是相同的。这就是今天妇孺皆知的自由落体定律。

这个故事告诉我们，正确地运用矛盾律，对科学的发展、科学规律的发现，有着重要作用。

汉昭帝辨诬

运用矛盾律能帮助人们提高辨别能力，分清是非。

汉武帝死后，年幼的汉昭帝继位。按照汉武帝的遗嘱，由大将军霍光来辅佐他。霍光为人老实干练，办事认真周到，对皇上忠心耿耿。他帮助汉昭帝采取与民休息的政策，减轻税收，减少官差，把国家管理得很好。但是朝廷中有几个大臣却把霍光看作眼中钉，非把他除去不可。他们勾结燕王刘旦，想方设法陷害霍光。汉昭帝 14 岁那年，有一次，霍光出去检阅羽林军，并把一名校尉调到他的大将军府。这几个大臣就抓住这个机会，假造了一封燕王

霍光像

的信，派一个心腹冒充燕王的使者，向汉昭帝告发霍光。那封信上说：大将军霍光检阅羽林军时，坐的车马跟皇上坐的一样。他还私自调回校尉，加强自己身边的力量。我愿意离开自己的封地，回到京城保卫皇上……汉昭帝接到信后，看了又看。霍光听到消息后非常紧张，吓得他不敢进宫。汉昭帝吩咐召见霍光。霍光一进去，就脱下帽子，伏在地上请罪。汉昭帝说："大将军尽管戴好帽子，我知道那封揭发你罪行的信是假的，不是燕王写来的。你是无罪的，这是有人存心陷害你。"霍光心情十分激动，磕了一个头说："臣实无叛逆之心，但陛下怎么知道那封信是假的？"昭帝说："这不是很清楚吗？大将军检阅羽林军是在长安附近，调用校尉还是最近的事， 共不到十天。燕王远在北方，怎么能知道这些事？就算知道了，马上写信送来，也没有这么快。再说，大将军大权在握，如果真的要叛乱，难道还缺少个校尉吗？这分明是京城里有人造假，想借燕王之名来陷害大将军。"听了昭帝的一番分析，霍光和其他大臣没有一个不佩服年少的汉昭帝。

汉昭帝辨诬所用的方法，就是揭露矛盾，根据矛盾律来确定那封信是假的。既然远在北方，就不可能在10天内知道京城里的事，即使知道了，也不可能这么快写信来，那么，这封来自北方的信就是假的。汉昭帝的分析完全符合逻辑，难怪大臣们对他是那么的佩服。

变色龙

在艺术上，人们往往运用违反矛盾律的手法，刻画人物，塑造典型，达到某种艺术效果。契诃夫的小说《变色龙》，为我们提供了一个典型，金饰匠赫留金走在路上，被一只狗咬破了一个手指头。他捉住了这条狗，对路过的巡官奥楚蔑洛夫申诉说："这得叫他们赔我一笔钱才成，因为我也许一个星期不能用这个手指啦……"起先，奥楚蔑洛夫完全同意赫留金的要求，他说："嗯！……不错……我要拿点颜色给那些放出狗来到处乱跑的人看看！……等到他，哪个混蛋，受了罚，拿出钱来，他才知道放出这种狗来，放出这些野畜生来，会有什么下场！"他又说："这狗呢，把它弄死好了。马上去办，别拖！这多半是条疯狗……"后来，他听到有人说"这好像是席加洛夫将军家的狗"，马上就来了180度的大转弯，开口质问赫留金："它怎么会咬着你的？难道它够得到你的手指头吗？它是那么小，你呢，说实在的，却长得这么魁梧！你的手指头一定是给小钉子弄破的，后来却异想天开，想得到一笔什么赔偿损失费了。"接着，又有人说："不对，这不是将军家的狗……将军家里没有这样的狗，全是大猎狗……"巡官问："你拿得准吗？"回答是："拿得准，长官！"于是，巡官又来了180度的大转弯。他说："我自己也知道嘛，将军家里都是名贵的、纯种的狗；这条狗呢，鬼才知道是什么玩意儿！毛色既不好，模样又不中看，完全是个下贱胚子……你呢，赫留金，受了害，那我们绝不能不管……得惩戒他们一下！是时候了……"不料，将军家里的厨师来了，他说这只狗是将军的哥哥刚从外地带来的。巡官一听，又连忙改口说："把它带走吧……这小狗还不坏，怪伶俐的，一口就咬破这家伙的手指头！哈哈哈……"还转过头来恐吓赫留金："我早晚要收拾你！"

作者通过对巡官奥楚蔑洛夫围绕一条小狗不断变脸、出尔反尔的描写，把这个阿谀奉承、见风使舵的势利小人的丑恶灵魂作了淋漓尽致的刻画和鞭挞。

在相声、小品等艺术表演中，利用逻辑矛盾引人发笑、使人幽默更是惯用手法。

话不能讲绝了

违反矛盾律的原因是各种各样的，有主观原因，也有客观原因；有认识上的问题，也有思想品德上的因素；有的是一时疏忽，有的却是故意而为之，等等。其中有一种原因必须引起我们的注意，这就是把话讲绝了。把话讲过头了，讲绝了，就会自相矛盾。

一个年轻人想到大发明家爱迪生的实验室里去工作。爱迪生接见了他。这个年轻人满怀信心地说："我想发明一种万能溶液，它可以溶解一切物品。"爱迪生听完之后，惊奇地问："那么，你想用什么器皿放置这种万能溶液呢？它不是可以溶解一切物品吗？"年轻人立刻哑口无言，灰溜溜地离开了。这个年轻人把话讲过了头，产生了自相矛盾。

有两个年轻人讨论信念问题。甲问道："照你这样说，就没有信念之类的东西了？"乙回答："没有，根本没有，从来也没有。"甲又问："你是这样确信的吗？"乙答道："是的。"乙否定了所有的信念，绝对了。因为他还确信一种观念，即确信"没有信念之类的东西"，他并没有否定了所有的信念，所以产生了矛盾。

在日常生活中，有些人特别是年轻人，喜欢把话讲绝了，以为这才过瘾、有力量，殊不知这样做最容易自相矛盾。例如有人说："我反对一切批评。"这话讲绝了，因为"我反对一切批评"也是批评。有人说："我什么话都怀疑。"这句话也有问题，既然什么话都怀疑，那么"我什么话都怀疑"这句话也应该怀疑呀！古代还有"学无益"的说法，这句话更是讲过头了。"学无益"就是反对人们学习，认为教而无益，学而无益。其实这些人一面反对教与学，一面又用这些无益有害的道理教别人，让别人来学这些道理。既然这些人也在教别人，那就证明这些人心中还是认为学有益的。

孔子因人而答

矛盾律是指同一思维过程而言的。如果在不同时间，或从不同方面，或对不同对象，作出两个相反的论断，并不违反矛盾律。

《论语》中记载了这样一件事：有一天，孔子与学生们一起探讨问题。孔子的学生子路向老师请教："听到了就可以动手干吗？"孔子摇了摇头说："不对！有父兄在，应该同他们商量商量再行动，怎么能随便听到了就动手干起来？"子路点点头说："嗯，老师说得有道理。"

过了几天，子路不在，冉有又问孔子："听到了就可以动手干吗？""对！听到了就应该马上动手干！"孔子斩钉截铁地说。冉有高兴地谢了谢老师。

这些日子，公西华一直都在老师身边，孔子的两次回答，公西华都听到了。公西华十分纳闷：同样的问题，老师为什么作了不同的回答？于是公西华就问孔子，这是为什么。孔子笑了笑，说："冉有平时做事往往畏缩不前，所以我鼓励他，给他壮胆；子路的胆量特别大，敢作敢为，因此我有意识地

子路像

冉有像

让他慎重，叫他三思而后行。”“噢，原来如此！老师，您这是因人施教啊！”

孔子的言论表面上看是自相矛盾的，但实际上是不矛盾的，因为孔子是对不同对象而言的，它体现了孔子高超的育人本领。

对同一对象的不同方面作出两个相反的论断，也不违反矛盾律。古希腊寓言家伊索，年轻的时候曾经当过奴隶。一天，他的主人设宴请客，请的客人都是希腊的哲学家。主人命令伊索备办酒肴，吩咐他说：“要准备最好的菜招待客人。”伊索收集了各种各样的动物舌头，准备了一顿舌头宴。开宴时，主人大吃一惊，问是怎么一回事。伊索答道：“您吩咐我为这些尊贵的客人办最好的菜，舌头是引领各种学问的关键，对于这些哲学家来说，舌头不是最好的菜吗？”客人们大笑起来。主人又吩咐他说：“那我明天要再办一次宴会，菜要最坏的。”到了第二天上菜时，依然全部都是舌头。伊索的主人暴跳如雷。伊索却不慌不忙地回答：“难道一切坏事不是从嘴里出来的吗？舌头既是最好的，也是最坏的东西啊！”主人一听，也觉得言之有理。

“舌头既是最好的，也是最坏的东西”这句话并不矛盾，这是从舌头的不同方面说的。任何事物都可能具有矛盾的属性，正确地反映对象的这些属性，并不自相矛盾。

悖论种种

有一种特殊的逻辑矛盾叫悖论。所谓悖论，是指这样一种论断（命题），如果假设它是真的，那么可以推出它是假的；如果假设它是假的，那么又可以推出它是真的。著名的悖论有“说谎者悖论”“理发师悖论”“鳄鱼悖论”等。

在古希腊哲学家中流传着一个鳄鱼的故事。一条鳄鱼从一位母亲手中抢走了一个小孩。鳄鱼问万分悲伤的母亲：“我会不会吃掉你的孩子？答对了，我会把小孩不加伤害地还给你。答错了，那么你不要悲伤，我就吃了孩子。”“你说话算数吗？”母亲不放心地问。“当然。”“那好，我说，”母亲望了望凶恶的鳄鱼和自己可爱的孩子，说：“你会吃掉我的孩子的。”鳄鱼一听十分高兴，说：“如果我把孩子交给你，你就说错了，那么我就可以吃掉孩子。”母亲大叫了起来：“如果你吃掉我的孩子，我的话就说对了，根据你的诺言，你必须把孩子交给我！”

这就是“鳄鱼悖论”。令鳄鱼左右为难的是：交回孩子，母亲的话说错了，它可以吃掉孩子；可是吃掉小孩，却又证明母亲的话是对的，这又得让它把孩子毫无伤害地交出来。

鳄鱼犹豫半天，走不出这个怪圈。只好把孩子交还给母亲。这位母亲用悖论这种奇特的形式救了自己的孩子。

著名逻辑学家罗素给大家讲了一个理发师的故事：

萨维尔村有个理发师，他制定了一条店规：他只给村子里自己不刮胡子的人刮胡子。这条店规看来极其平常，而且又符合常情。理发师自信开店以来他一直遵守这条店规，从来没有违反过。然而有一天，一个聪明的顾客理完发后，问理发师：“按照这个店规，你给不给自己刮胡子？”

“刮……不，不刮……刮……”理发师语无伦次，不知所措。

理发师遇到解不开的难题：如果他不给自己刮胡子，那么按店规他必须给自己刮胡子；如果他给自己刮胡子，那么按店规他就不应该给自己刮胡子。理发师陷入了进退两难的境地，无所适从。

这就是著名的“理发师悖论”。

“说谎者悖论”是古希腊最早的悖论。首先提出这个悖论的是公元前6世纪古希腊的克里特岛上的伊壁孟德，他的原话是“所有的克里特岛人都是说谎者”，后来人们把它修正为“我正在说的这句话是谎话”。由这句话就产生一个问题：说自己正在说谎，他的这句话是不是谎话？如果他说的“我正在说的这句话是谎话”这句话是真话，那么，这句话就是谎话；如果他说的“我正在说的这句话是谎话”这句话是谎话，那么又可推出这句话是真话。

由此可见，悖论实际上同时断定一个论断（命题）既真又假，是不符合矛盾律的要求的。在历史上，很多人曾认为悖论是一种无聊的诡辩。近代科学表明，研究悖论极大地推动了数学和逻辑学的发展。

三 排中律趣闻

庄子的教诲

庄子是战国时期著名学者，他经常带领学生周游历国，宣传他的思想。一天，他和学生们走到一片树林之中，看见伐木人正在砍伐树木。师生们发现树林中有一棵树特别高大，枝叶茂盛，覆盖了一大片土地。可是伐木人将它旁边的树都砍倒了，唯独把它留下来了。庄子感到十分奇怪，就问伐木人："你们为什么不砍这一棵？"伐木人说："你们别看这棵树枝叶茂盛，但是它不成材，长得歪歪扭扭的，而且树疙瘩多，既不能做栋梁，也不能做板材，我伐了也没有用。"

庄子听了十分感慨，转过身来对他的学生说："你们看见了吧，那些树由于长得直，成了材，都被砍伐了；这棵大树由于不成材，反而不被人砍伐，能够享其天年。弟子们，你们千万要记住这件事。"弟子们齐声回答："老师放心，我们记住了。"

走出树林后，翻过一座山岗，看到前面有一户人家，师生们就前去投宿。主人看见大学问家庄子亲临，大喜过望，让出最好的房子给师生们休息，并特意宰一只肥鹅款待。宰鹅的时候，主人的儿子问："宰哪一只鹅？"主人答道："那还用问！当然宰那只不会叫的。养鹅是为了防盗护院，不会叫的鹅没有用处，不成材，留它干什么？"

庄子听了，又有些感慨。他对学生们说："处处留心皆学问哪！你们看

庄子像

到了吧，那些会叫的鹅，由于成材，因此被保留下来；这只鹅由于不会叫，不成材，所以被杀掉了。弟子们，你们一定要记住这件事。”弟子们答道：“老师说得有道理。我们记住了。”这时，一个爱思考的学生问庄子：“老师，我有一个问题。”“说吧！”庄子教学倒是很民主。“那棵大树由于不成材，反而枝叶茂盛，得以享天年；这只肥鹅却因为不成材而被宰杀；那些大树由于长得直，成了材，而被砍伐；这些鹅却因为会叫，成了材，却被保留了下来。那么对于我们做人来说，到底是应该成材，还是不该成材？”“问得好！你们说说看。”庄子嘴上说问得好，心里却嘀咕：这么棘手的问题，怎么回答？不管怎样，学生的问题总得回答呀！否则多没面子。“这个——做人嘛，当然喽，首先，我不主张成材。你看那些树木，不都是由于成材而被砍伐的吗？但是，我也不主张不成材。不成材怎么可以呢？这只鹅不就是由于不成材而被宰了吗？”“先生，我没有听清楚，我是想知道：人到底是成材还是不成材？”“我是说呀，做人嘛，不要成材，也不要不成材。要在成材与不成材之间，找一个‘既不是成材，又不是不成材’的地方。哈哈……哈哈……”接着庄子又之乎者也地发了一大通议论，学生们越听越糊涂，如同坠入云雾之中。

“成材”与“不成材”是矛盾关系，不能同假，其中必有一真。庄子既否定“成材”又否定“不成材”，把二者都看成假的，这是错误的，它违反了排中律的要求。所谓排中律，是指在同一思维过程中，两个互相矛盾的思想不能都是假的，其中必有一真。排中律的公式是：A 或者非 A。公式中的“A”和“非A”表示两个互相矛盾的思想。排中律的逻辑要求是：对两个互相矛盾的思想，必须明确地肯定其中之一是真的，不能对两者同时都加以否定。换句话说，对是非问题必须做出明确而肯定的回答，不能含糊其辞、骑墙居中。违反排中律的逻辑错误，称为模棱两不可。庄子就是如此，他对“成材”与“不成材”都加以否定，没有肯定其中之一是真的，这就是模棱两不可。

鲁迅杂文中的故事

排中律要求人们在是非问题面前要旗帜鲜明，不能含含糊糊，模棱两不可，既不这样，又不那样；要求人们排除那种不偏不倚、犹犹豫豫、骑墙居中的处世态度。在现实生活中，有这样一些人，他们违反排中律的要求，对是非问题采取回避态度，骑墙居中，力图从互相矛盾的道路中开辟第三条道路来。鲁迅在他的杂文《立论》中，为这种人画了像。全文是这样的：

我梦见自己正在小学校的讲堂上预备作文，向老师请教立论的方法。“难！”老师从眼镜圈外斜射出眼光来，看着我，说。“我告诉你一件事——一家人家生了一个男孩，合家高兴透顶了。满月的时候，抱出来给客人看，——大概自然是想得一点好兆头。一个说：‘这孩子将来要发财的。’他于是得到一番感谢。一个说：‘这孩子将来要做官的。’

他于是收回几句恭维。一个说：‘这孩子将来是要死的。’他于是得到一顿大家合力的痛打。说要死的必然，说富贵的说谎。但说谎的得好报，说必然的遭打。你……”“我愿意既不谎人，也不遭打。那么，老师，我得怎么说呢？”“那么，你得说：‘啊呀！这孩子呵！您瞧！多么……阿唷！哈哈！ Hehe！ he，hehehehe！’”

鲁迅的杂文生动地刻画出骑墙居中、模棱两不可人物的形象。在鲁迅描绘的这种环境中，一个人只有两种选择：要么说谎，要么不说谎，第三条道路是没有的。而这两种选择都不好：说谎不好，因为说谎虽然得到好报，但它终归是说谎，是不诚实；不说谎也不好，因为不说谎讲真话就必然遭打。在这种情况下，“我”选择了“既不愿意说谎，也不愿意不说谎”，这是违反排中律的要求的。更有甚者，“老师”对“我”提出的“我得怎么说呢？”这一问题时，采用了含糊其辞、不置可否的做法，用“阿唷！哈哈！ Hehe！he，hehehehe！”来搪塞，要滑头，回避明确表态。这也是违反排中律的要求的。在我们现实生活中，许多官僚主义者就是这种“hehe”态度，遇到是非问题，总是“hehe”不表态，不作为，含糊其词，能躲则躲，能逃则逃。如果说在鲁迅先生描述的环境中，“我”与“老师”违反排中律，还情有可原；那么，今天那些饱食终日的官僚主义者，凡事“hehe”则是绝不容忍的。

鲍西娅的肖像

排中律在思维活动中具有重要作用。莎士比亚的名著《威尼斯商人》中有这样一个情节：

贝尔蒙特城的富家少女鲍西娅，不仅姿容绝世，而且德性完美。许多王孙公子纷纷前来向她求婚。但是，鲍西娅并没有择婚的自由，她的亡父在遗嘱中规定要“猜匣为婚”，否则，家族要取消她的遗产继承权。鲍西娅是个非常孝顺的女儿，她坚决遵从父亲的遗言。鲍西娅家有三只匣子：金匣子、银匣子和铅匣子。在这三只匣子中，只有一个匣子里放着一张鲍西娅的肖像。三只匣子上分别刻着一句话：金匣子上刻的话是“肖像不在此匣中”；银匣子上刻的话是“肖像在金匣中”；铅匣子上刻的话是“肖像不在此匣中”。在三个匣子旁边的一张大纸上写着：“这三句话中只有一句是真话。”

鲍西娅父亲的遗言是：如果有哪一个求婚者能通过以上四句话，猜中鲍西娅的肖像放在哪只匣子里，鲍西娅就嫁给谁。

当然，求婚者在猜匣之前，鲍西娅还向求婚者提出了必须答应两个条件：其一是，每个求婚者必须宣誓，如果他失败了，他不得对任何其他求婚者透露他曾猜过哪个匣子。这个条件可以使鲍西娅摆脱她的崇拜者组成的联盟。其二是，每个求婚者还必须宣誓，如果他不走运，他永远不得娶妻。这个条件的目的是缩小求婚者的范围，只保留下那些痴心追求鲍西娅（及其嫁妆）的小伙子。

许多男子慕名而来，但见到求婚条件后望而却步，只留下少数痴心汉子。他们高兴而来，扫兴而归，一个接着一个猜错了，整个威尼斯城没有一个人猜对。几天之后有一位威尼斯的青年来到贝尔蒙特，他被鲍西娅的德行和容貌所吸引，深深地爱上了鲍西娅。这位年轻人首先发了誓，然后看了看三个匣子上面的话和旁边纸上的规定，稍作思考，就来到鲍西娅面前，非常自信地对她说：“您的肖像在铅匣子中。”鲍西娅微微点了点头。年轻人打开铅匣子一看，鲍西娅的肖像果然在里面，肖像上的鲍西娅正对着他微笑呢！

鲍西娅十分佩服年轻人的智慧，问：“亲爱的，您是怎么猜中的？”

年轻人微微一笑说：“金匣子上面的话与银匣子上面的话是互相矛盾的，不可能都是假话，其中必有一句真话；而旁边的纸上告诉我，‘三句话中只有一句真话’，这样，这句唯一的真话必在金匣子和银匣子上这两句话中。由此可见，铅匣子上刻的话只能是一句假话。而铅匣子上刻的话是‘肖像不在此匣中’。既然这句话是假的，那么肖像一定在此匣中。”

“您真聪明！”鲍西娅高兴地说。后来历经磨难，年轻人与鲍西娅终于喜结良缘。

《威尼斯商人》中的年轻人在猜测的过程中运用了排中律。金、银匣子上两句互相矛盾的话中必有一真，这是根据排中律得出的；从铅匣子上刻的话“肖像不在此匣中”是假话，从而得出与此矛盾的话“肖像在此匣（铅匣子）中”是真话，也是依据排中律。所以，排中律在思维活动中具有重要作用。

排中律与战争胜败

排中律要求人们在思维中，在是非之间不能含糊其辞，不能模棱两不可，而应该旗帜鲜明。因此，遵守排中律可以帮助和促进人们办事坚决果断，克服优柔寡断的毛病。

1948年6月，我华东野战军开始攻打济南。当我军向内城发起攻击时，遇到守敌的顽固抵抗，我攻城部队受阻，并遭受重大伤亡。更为糟糕的是，突破口又被敌人夺回。在这紧急的关头，是坚持打下去还是中途停下来，就成了当时战役指挥的关键问题。我攻城兵团指挥员冷静分析了当时的形势，下定决心，重新组织火力兵力再次发动猛攻，终于突破内城，全歼守敌，取得了济南战役的伟大胜利。试想，如果该兵团指挥员在“坚持打下去”与“中途停下来”这互相矛盾的问题上，含糊其辞，拖拖拉拉，模棱两不可，犹豫不决，那么就不会有战斗的胜利，弄不好还要加大损失。所以，在战争中，遵守排中律往往与指挥果断相联系，优柔寡断、迟疑不决与违反排中律同在。

研究中东战争史，人们就会发现第四次中东战争，以色列军在战争初期严重失利的重要原因之一，就是当时的以色列国防部长达扬在战争指导思想上长期游移不定。在第三次中东战争中，以色列军采取突然袭击，取得了辉煌战绩，占领了阿拉伯大片土地。战争结束后，以色列深知阿拉伯人不肯罢休，肯定要伺机报复，收复失地。以军参谋部在如何防止阿方为收复失地而可能发起进攻的问题上，展开激烈争论。陆军参谋部的将领提出以阵地坚守防御为主，“充分利用有利的地形，充实兵力，构筑几道坚固的防线。”空军将领则竭力反对这一战略，他们称：“现代战争是立体战争，阵地坚守防御战略已经过时了，只有坚持以机动作战为主，才能确保以色列的安全。”

面对两种截然相反的战略思想，国防部长达扬深思很久，没有明确表态。

事情一拖再拖，达扬对这两种战略始终没有一个明确意见。几年过去了，达扬还是在这两种战略中间徘徊，既没有很好重视坚守防御，也没有很好重视机动作战。由于国防部长的优柔寡断，以军的作战思想模糊不清，失去了对未来战争的充分准备。当第四次中东战争爆发后，以军部队无所适从，巴列夫防线不到 24 小时就摧毁了，以军遭受到惨重损失。

以军国防部长达扬的错误就是由于在坚守防御为主与机动作战为主这两个矛盾思想中没有明确表明态度，旗帜不鲜明，模棱两不可，结果造成战争初期的重大损失。从逻辑上说，达扬违反了排中律的要求。

兔子感冒

狮子当上了百兽之王后，任命狗熊、猴子和兔子做它的大臣，一起在森林里巡游。后来，狮王跟它们一起待腻了，嫌它们碍手碍脚，就想找借口把它们吃掉。

一天，狮王把这三个大臣召来，对它们说："你们当我的大臣已经有不少日子了，今天我要检查一下，看看你们当了大官以后有没有腐败。"说完，狮子张开血盆大口，要狗熊说出它嘴里发出的是什么气味。

狮子是食肉动物，它一张开嘴，一股臭不可闻的气味直扑狗熊的鼻子，狗熊皱了皱眉头，实事求是地说："大王，您嘴里的气味实在不好闻。"

"什么！你竟敢当面羞辱本大王！"狮王暴跳如雷，"你犯了叛逆罪，犯叛逆罪的应该处以死刑。"说完，就扑到狗熊身上，把它咬死并吃掉了。

接着，狮王又指着猴子问："爱卿，你再说说我嘴里发出的是什么气味？"

猴子亲眼目睹了狗熊的下场，心想逃命的唯一办法只有撒谎了，于是连忙回答说："大王，您嘴里发出的气味很香，就跟上等香水一样好闻。"

"胡说八道！"狮子怒吼道，"你是个又会撒谎又会溜须拍马的家伙！我怎么没有早点看出来！我是专吃肉的，谁都知道我嘴里发出来的气味是臭的。怎么会是香的？凡是不诚实、会溜须拍马的大臣，都是祸根，绝对不能留下。"说完，又扑到猴子身上，把它撕得粉碎吃掉了。

最后，狮王对兔子说：“爱卿啊，我嘴里发出的到底是什么气味呀？”

“实在抱歉得很，尊敬的大王！”兔子不慌不忙地说，“我非常愿意回答您的问题，但是，我最近感冒了，鼻子全都塞住了，什么气味都闻不出来。请大王恩准敝臣回家休息几日，等我感冒好了，鼻子管用了，再来回答您的问题。”

狮王翻了翻白眼，想了半天，没招了，只好放兔子回家。不用说，兔子一离开狮王，就逃得无影无踪。

狮子是极其蛮横凶狠的，它的嘴本来是臭的，狗熊如实说出它嘴里的气味不好闻，被定为“叛逆罪”；猴子撒谎说它嘴里的气味很香，又被斥之为“溜须拍马”。在回答狮子“嘴里发出的是什么气味”时，诚实不行，不诚实也不行，狮子显然违反了排中律的逻辑要求。这说明了一个真理：逻辑的作用是有限的。某些暴君、强盗很霸道，可以肆意践踏逻辑规则。面对蛮横不讲理的这等人，经常需要用智慧来对付他们。兔子就是这样。它的聪明之处在于合理地利用了不违反排中律的规定。排中律告诉我们，不在同一思维过程中，对互相矛盾的思想可以不做出明确的回答；不了解情况，对互相矛盾的思想也可以不做出明确的回答。兔子就是根据后一条，以自己感冒、鼻子塞住嗅不出气味为理由，巧妙地摆脱了排中律的束缚，用智慧战胜了狮王设下的陷阱。当然，我们赞赏兔子的智慧，并不是提倡找借口回避是非问题，推卸责任。

拒绝回答

秘鲁小说《金鱼》中有一段故事：

瓜达卢佩船船长拉巴杜要渔工霍苏埃合伙走私，霍苏埃不干，同船长发生搏斗，船长失足落海，被鲨鱼吞食。船长的老婆向法院起诉霍苏埃谋杀拉巴杜。隔日，刑事法庭开始审判。“你对被害人拉巴杜，是否早就怀恨在心？”庭长问。“拉巴杜不是被害人，因为这不是一起犯罪行为，”霍苏埃纠正他的说法，“这是一件意外事故。”“不得无礼！”庭长怒气冲冲，“你是被告人，不管是不是有罪，你只要回答是不是就行了。至于使用什么词汇，那是我的事。”“我从来没有想到是否怀恨在心。庭长先生。”“这么说，你对拉巴杜先生不是早就怀恨在心的，是不是？”“我已经说过了，我对任何人都不存在怀恨在心。”“你的意思是说，你对其他任何人都不怀恨在心，而拉巴杜是你的老雇主，你对他可能早就怀恨在心了。请被告人明确回答‘是’还是‘不是’，‘有’还是‘没有’？快说！”霍苏埃气得一时说不出话来。“哈哈！你默认了。”庭长洋洋得意。“我再说一遍，我对任何人，包括拉巴杜先生，从来没有想到怀恨在心。”

庭长的问语，在逻辑上称作复杂问语。所谓复杂问语，是指问语本身隐藏着一个为对方不具有或者不能接受的事实，不论答话人作出肯定回答还是否定回答，其结果都是承认这个事实。所以，在逻辑中规定：对复杂问语不作出明确回答，不违反排中律。在法庭上，为了防止套供，都禁止使用复杂问语。但是，这个庭长由于怀着不可告人的目的，使用了复杂问语。对庭长的提问，霍苏埃无论说“是”还是“不是”，都是承认“船长拉巴杜是被害人”和“对船长怀恨在心”这样的事实。这对霍苏埃都是不利的，它会形成霍苏埃由于“怀恨在心”而杀害船长的不利供词。可喜的是霍苏埃异常敏锐，他始终没有对庭长的提问作出肯定还是否定的回答，而是纠正庭长把船长说成是“被害人”的错误，强调自己“从来没有想到是否怀恨在心”，使得庭长套供的阴谋落了空。霍苏埃的回答表面上好像是“两不可”，但实际上并不违反排中律。

在日常生活中，对于“你现在不再打你的父亲了吗？”“你现在还有小偷小摸行为吗？”“你还吸烟吗？”“你现在还作弊吗？”这类复杂问语，我们要学会对付，千万不要因为遵守排中律而上当。

偷马者露馅

有一天夜里，邻居偷了华盛顿家里一匹马。第二天一早，华盛顿同一位

华盛顿像

警官一起到邻居家去索讨。但是，不管华盛顿如何说明情况，他的邻居死不认账，口口声声称自己农场里的马都是他自己辛辛苦苦喂大的。这时，专来处理此事的警官问华盛顿："先生，请问您的马有什么特殊的地方？比如马的身体上有什么记号等等。"华盛顿没有回答，他在邻居家的农场里转了一圈，很快找到了自己家的马，他走到马的前面，迅速用双手捂住了马的双眼，问邻居："这匹马确实是你养大的吗？""当然，这绝对没有错。"邻居语气十分坚决。"好，那么请你告诉我，这匹马的哪一只眼睛是瞎的？"华盛顿说。"是右眼。"邻居支支吾吾地回答。华盛顿放开蒙住右眼的手，马的右眼并不瞎。"啊呀，我记错了，真不好意思，"邻居的脑筋非常灵活，连忙改口说，"马的左眼才是瞎的。"华盛顿又十分从容地放开蒙住左眼的手，结果一看，马的左眼也不瞎。"我又说错了……"邻居还想找理由狡辩。这时，站在一旁多时的警官说话了："是的，先生，您错了。事实已经证明这匹马不是您的，您必须把这匹马交还给华盛顿先生。"这位华盛顿先生就是后来成为美国第一任总统的乔治·华盛顿。

华盛顿非常聪明，他的一句话就使偷马的邻居露了馅。"这匹马的哪一只眼睛是瞎的？”这是一句复杂问语，在这个问语中，隐含着这样一个命题：“这匹马有一只眼睛是瞎的。”偷马者是半夜偷马，并不知道这匹马的眼睛瞎不瞎，当他听了华盛顿的问话后，马上从话中意识到“这匹马有一只眼睛是瞎的”，因此胡乱说“右眼是瞎的”。他认为有百分之五十的概率答对，即使错了也不要紧，可以说是记错了。殊不知马的眼睛都不瞎，他中了华盛顿的圈套。警察马上做出了判断：自己养大的马，难道连马的眼睛瞎不瞎都不知道？这匹马肯定不是他的，而是华盛顿的。偷马者只好乖乖地把马还给华盛顿了。

这个故事告诉我们，在特殊情况下巧用复杂用语，有时能帮助我们判断是非，弄清事情的真实情况。

演绎推理趣话

一 直接推理种种

商纣王的象牙筷子

纣王是商朝的最后一个统治者。据历史记载，纣王本是一个相当聪明并且有勇力的人。他早年曾亲自带兵与东夷长期作战，百战百胜，显示出卓越的军事才能。最后平定了东夷，把商朝的文化传播到淮水和长江流域一带。

当天下太平后，纣王开始贪图享受。一天，纣王用象牙做了一双筷子。这件事被纣王的一个忠诚的大臣箕子知道了。箕子为了这件事，好几天晚上没有睡好觉，他想："纣王有了象牙筷子，就要配上玉制的杯盘；有了玉制的杯盘，决不会用来盛粗茶淡饭，必然要吃山珍海味；吃山珍海味就不会穿

箕子像

纣王杀比干

粗布衣，住茅草房，就一定会穿华丽的服装，住豪华的宫殿。这样一来，国库就会空虚，老百姓就会遭殃。久而久之，国家就会灭亡。”

箕子越想越害怕，就上朝和比干、微子一起劝说纣王不要贪图享受，纣王听了很不高兴，冷冷地说：“本王知道了，你们不要再说了。”

纣王把箕子等人的话当作耳边风，照样只顾自己享受，而且越来越铺张。他没完没了地修建宫殿，在朝歌建造了一座富丽堂皇的“鹿台”，把搜刮来的金银珍宝贮藏在里面。他把酒倒在池里，把肉挂满树林，和他的宠姬妲己过着穷奢极欲的生活。他用残酷的刑罚来镇压人民，把反对他的人抓起来放在烧红的铜柱上烤死。

箕子等不顾纣王的禁令，又上朝劝说。纣王大怒，把比干杀了。还惨无人道地剖开比干的胸膛，把他的心掏出，看看比干长的是什么心眼儿。箕子装疯，才免于一死。这时，西部的周武王乘机率领八百诸侯讨伐纣王，在牧野打败商军。纣王见大势已去，在鹿台跳火自尽了。商朝果真被箕子言中，从此灭亡了。

箕子从纣王做象牙筷子这一已知的事实出发，经过大脑的思索，得出了“商朝就会灭亡”的结论，这样的思维过程就是推理。所谓推理，就是从一个或几个已知的命题出发推出另一个新命题的思维形式。按照划分的根据不同，可将推理分为不同的种类。依据推理的思维进程方向的不同，可将推理分为演绎推理、归纳推理、类比推理。演绎推理是从一般性知识的前提到特殊性知识的结论的推理，归纳推理是从特殊性知识的前提到一般性知识的结论的推理，类比推理是从特殊性知识的前提到特殊性知识的结论的推理。

狗和海螺

我们经常听到蛇吞鸡蛋、老鼠吃鸡蛋的故事，却没有听说狗吃鸡蛋的事。狗如果吃鸡蛋，那准会吃出事来。外国有一则《狗和海螺》的寓言，说的就是狗吃鸡蛋的事：有一条狗偶尔吃了一只鸡蛋，感到味道鲜美，解渴又解饥，从此它就吃上瘾。久而久之，它吃出了经验，“噢，原来所有鸡蛋都是圆的。”它常为这个发现而自鸣得意。有一次，它看见一个圆圆的海螺，以为是鸡蛋，高兴极了，急忙奔过去，叼起来，张大嘴巴，一口就把海螺吞了下去。不久，它就觉得肚子疼痛，非常难受，就嘀咕起来：“这只鸡蛋怎么和过去的鸡蛋不同呢？难道是一只坏鸡蛋？”这时，海螺在他的肚子里说：“我不是鸡蛋，我是海螺。你这个笨蛋！怎么不看看清楚，就把我吞进你的肚子里？这里面真闷啊！”狗一听，明白是怎么回事了：“坏了！我以为鸡蛋是圆的，所以圆的就是鸡蛋，没想到这个圆的不是鸡蛋，而是海螺啊！这怎么办呢？”海螺又从肚子里发出声音：“快放我出来！”说完狠狠地咬了一口。狗大叫一声：“哎哟！疼死我了，我真是活该，相信所有圆的都是鸡蛋。”但是后悔已经来不及了。

这条狗吃鸡蛋久了，逐渐形成了“所有的鸡蛋都是圆的”认识，这是正确的，但后来进而推出“所有圆的都是鸡蛋”，就错了。

从“所有鸡蛋都是圆的”，到“所有圆的都是鸡蛋”，虽是错了，但它也是推理，是演绎推理中的直接推理。直接推理就是以一个命题为前提而得出结论的推理。直接推理有多种形式。狗吃海螺的推理是属于换位法，即改变性质命题主项与谓项的位置的方法。如把“科学不是迷信”换位成“迷信不是科学”，把“电话是通讯工具”换位为“有的通讯工具是电话”，都是运用了换位法。

换位法有两条规则：第一，只是更换主、谓项的位置，命题的质不变。第二，原命题中不周延的项换位后仍不得周延。它的有效形式是：

“所有 S 是 P”换位为“有 P 是 S”。

“所有 S 不是 P”换位为“所有 P 不是 S”。

“有 S 是 P”换位为“有 P 是 S”。

O（特称否定命题）命题不能换位。否则“有的人不是学生”换位成“有的学生不是人”，就成了笑话。A（全称肯定命题）命题换位后只能是 I（特称肯定命题）命题。“所有鸡蛋都是圆的”换位后得到的结论只能是“有的圆的是鸡蛋”。那条可怜的狗就是不懂得这一点，而错误地得出“所有圆的都是鸡蛋”，因此吃足了苦头。

A 命题换位的错误在人们思维中经常出现。

有一个电影剧本《徐秋影案件》，讲述的是公安人员破案的事。1951 年 6 月 15 日，在东北某市游览区江心岛，一个 20 多岁的女干部被人枪杀了。公安局杜处长带领人员前去侦破。枪响的时间是晚上 9 点半左右，死者是民政局干部徐秋影，案发现场还发现一个弹壳。据调查，徐秋影原来的男朋友彭放有因失恋而杀人的嫌疑，有人看见那天晚上彭放去了江心岛。公安人员在彭放的家中找到了一支手枪，恰好少了一发子弹。经验证，此枪正是凶器。杜处长立即断定：彭放是杀人凶手，并把他抓了起来。杜处长的依据是：“开枪杀人的凶手是持有凶器的，所以凡持有凶器的就是开枪杀人的凶手。彭放持有凶器，那当然是凶手无疑。”侦察员汪亮认为这个推理有问题，并找出许多疑点：如果彭放是凶手，为什么不隐藏他的手枪，甚至也不擦枪灭迹？那天晚上 9 点，彭放就从江心岛回来了，不可能在作案现场等等。但杜处长不听。汪亮向局里反映，得到领导的支持。经过仔细调查，终于使案子真相大白，原来是潜伏的特务利用徐、彭之间的爱情纠葛，给彭放栽赃。杜处长运用的推理是："凶手是持有凶器的，所以，凡持有凶器的就是凶手。"这是一个错误的换位，与那条吃海螺的狗的推理一样荒谬。它的正确结论应该是"有的持有凶器的是凶手"。所以在运用换位法的时候，一定要遵守规则，千万不要出现狗吃海螺那样的洋相。

某公请客

有这样一个故事：一天，某公请了四位客人到饭馆吃饭，约好时间晚上六点钟。到了六点，已经来了三位客人，还有一位客人没有到，而且还是主客。"我们再等一会吧！"主人微笑着说。"好，好，我们等。"俗话说客随主便，三个客人点头说道。一直等到六点半，还不见那位客人的影子。主人急了，自言自语地说："哎！该来的不来。"说完摇了摇头。说者无意，听者有心。客人中有一人心里感到不痛快，心想："怎么，该来的不来？那就是说我是不该来的呀！我走吧。"于是找了一个借口，下楼走了。主人在楼上左等右等，那位主客还是没有来。不但那位没有来，还走掉了一位。主人心里更着急了，叹了口气说："唉！又走了一位，真是，不该走的走了！"听到这话，另一位客人心里也嘀咕开了："什么？不该走的走了，看来主人没有请我客的意思呀！不如走了算了。"于是悄悄地溜了。最后只剩下一个客人了。这位客人与主人是老朋友了。他对主人说："老兄，你以后说话要注意，哪有你这么说话的呀！'该来的不来'，那人家不就成了不该来的人？'不该走的走了'，那人家还不走？以后可千万不要这么说了。"主人解释说："大哥，我可没有说他俩呀！"这位老朋友一听就生气了："噢！原来没有说他俩，说的是我呀！好好好，我也走吧！"说着，头也不回就走了。客人全部被气跑了，某公请客成了泡影。

某公辛辛苦苦、诚心诚意地请客，结果不仅请客成了泡影，而且与客人还闹出了矛盾，这是什么原因呢？显然是这位主人说的几句不妥的话造成的。主人说的"该来的不来"实际上是与"来的是不该来的"同一意思。"该来的不来"的完整形式是"该来的是不来的"，而"该来的是不来的"与"该来的不是来的”意思相同。“该来的不是来的”又可以换位为“来的不是该来的”，而“来的不是该来的”就是“来的是不该来的”的意思。这样，就会使来了的客人误解为自己是不该来的，因此第一个客人就这样被气跑了。

在这里，“该来的是不来的”与“该来的不是来的”意思相同，“来的不是该来的”就是“来的是不该来的”的意思，我们凭直观就能得出。但从逻辑的角度看，它们都运用了换质法。换质法是改变命题的质的方法。它有两条规则：第一，只改变前提命题的质；第二，结论中的谓项是前提中谓项的矛盾概念。它的具体形式是：

“所有S是P”换质为“所有S不是非P”。

“所有S不是P”换质为“所有S是非P”。

“有S是P”换质为“有S不是非P”。

“有S不是P”换位为“有S是非P”。

某公说的“不该走的走了”，其完整形式是“不该走的是走了的”，运用换质法推出“不该走的不是没有走了的”，再换位成“没有走了的不是不该走的”，再换质为“没有走了的是该走的”。这分明是在下逐客令，无怪乎第二个客人也被气跑了。

换质法和换位法可以交替使用。通常先换质，再换位，人们把这种形式叫做换质位法。如“人民军队是为人民谋利益的”，换质位后为“不为人民谋利益的军队不是人民军队”。“所有犯法的行为是危害社会的行为”，换质位后是“所有不危害社会的行为就不是犯法的行为”。

有一个笑话：一个儒士酒足饭饱后吟道：“风吹柳线千条绿，日照桃花万点红。”他旁边一个文人说：“此诗意不好，我为你修改后就好了。”说完就准备为他修改。吟者一听心里不高兴了，说：“尊公若修诗，请作一首。”改者回答说：“作者不修，修者不作。”

从“作者不修”到“修者不作”，运用的也是换质位法。当然，这个推理的前提是否真实，那就另当别论了。

戴维的演讲

戴维是 19 世纪初英国著名的化学家。他出身卑微，没有受过正规教育，完全依靠自己的勤奋，在化学领域取得了显赫成果。他发现了笑气（氧化亚氮）的麻醉性，用电流分解碱获得了钾、钠等碱金属，还发明了矿工用的安全灯。有一次，他在皇家化学学院发表演讲。他说："有一种根深蒂固的看法，金属都是沉甸甸的，都比水重，是不是？"他弯下腰，问前排的听众。"没错，先生。"台下有人大声回答。"可是，这种看法是错误的。"戴维坚定地说。台下一片噪音，有人叫了起来："这不可能，金、银、铜、铁……都比水重啊！"戴维笑了笑说："现在我请大家看一样东西！"他一边说，一边用一把镊子从一个玻璃瓶子里，夹出一颗黄豆粒大的银灰色的东西，"它就是一种新的金属，我们把它叫作钾，它比水还轻。""它真的是金属吗？""百分之百是金属，它具有光泽而不透明，富有展性、延性及导热性、导电性。"戴维一边说，一边展示钾的金属特性。最后，戴维说："这说明，有的金属是比水轻，而过去的看法——是错误的。"台下的观众心服口服，不断点头："真是了不起的发现！"

对今天的人们来说，"并非所有金属比水重"，已经成为常识。可是在二百年前，确实是个重要发现。戴维的演讲中包含了这样一个推理：

有的金属不是比水重，

所以，并非所有金属都是比水重。

这是一个对当关系推理。对当关系推理是依据 A、E、I、O 之间的对当关系从一个命题推出另一个命题的推理。对当关系推理的种类很多，主要有：从 A 真推出 I 真，从 E 真推出 O 真，从 A 真推出 O 假，从 E 真推出 I 假，从 I 真推出 E 假，从 O 真推出 A 假，从 A 真推出 E 假，从 E 真推出 A 假，等等。

戴维的推理就是从O真推出A假，完全合乎逻辑。

清代诗人袁枚，针对风水先生所说的“祖先坟墓用地选择的好坏，会影响子孙后代的兴衰”，在《随园随笔》中写道：“汉朝的廷尉吴融埋葬母亲的坟地，风水先生认为不当，子孙必遭灭族之患，可是他的子孙却很昌盛。迷信风水的人认为，黄巢、李自成的冢山风水很好，只是后来被人挖了祖坟，才招致后期的败亡。但是，唐高祖、郭子仪的祖坟，一个被隋朝的长安留守挖掉，一个被鱼朝恩挖掉，但后来李渊当了皇帝，郭子仪七子八婿，贵显满朝。”

袁枚的话中运用了对当关系推理：既然“有的人祖坟不好而子孙兴旺”为真，那么“凡祖坟不好子孙就会衰败”必然为假。在事实的基础上合乎逻辑地批驳了风水迷信，非常有说服力。

可见，使用对当关系推理的有效式是十分重要的。当然，在特殊的情况下，恰当地使用对当关系推理的无效式，可以显示特殊的艺术魅力。美国著名作家马克·吐温有一次在酒会上答记者问时说：“美国国会中的有些议员是狗婊子养的。”这句话有些粗野，但却表达了马克·吐温对某些卑鄙无耻的政客的义愤。马克·吐温话音一出，华盛顿的议员们就纷纷要求马克·吐温公开道歉，否则将绳之以法。聪明的马克·吐温不仅对某些议员发表了“道歉讲话”，而且还在《纽约时报》上发表了同一内容的“道歉声明”：

> 日前鄙人在酒会上的发言，说“美国国会中的有些议员是狗婊子养的”。事后有人向我兴师问罪。我考虑再三，觉得此话不恰当，而且也不符合事实。故特此登报声明，把我的话修改如下：“美国国会中的有些议员不是狗婊子养的。”

马克·吐温承认“美国国会中的有些议员是狗婊子养的”是错的，是以“美国国会中的有些议员不是狗婊子养的”为前提的。它是从O真推之I假，这在对当关系推理中属于无效式。马克·吐温有意运用这一无效式，表明自己的“道歉声明”是不能成立的，使他在与政客的斗争中，不仅得以坚持自己的观点，而且显示了马克·吐温的逻辑水平和论辩艺术。

二　三段论的活用

齐桓公伐孤竹

三段论是最普遍的推理形式，应用之广，使用频率之高，是其他推理形式所不及的。我国很早就有使用三段论的趣事。

据《韩非子·说林上》中记载，公元前663年，齐桓公率领大军援助燕国攻打孤竹国。战争从春季开始，凯旋时已是冬天，山川草木都变了样，齐军不熟悉孤竹地形，途中迷失了方向。到了晚上，天黑雾浓，更分不清东南西北。齐桓公下令鸣锣，将齐军汇拢起来，扎下营寨。天亮后，齐桓公发觉齐军已走入一个地势险要的山谷，连忙派人分头寻找出路。可是山高谷深，怎么也找不到出口。齐桓公十分着急。这时，上卿管仲献计说："老马是认识道路的，可以让我们军队里的老马为我们带路。"齐桓公依计而行，吩咐将几匹老马的辔缰解开，放它们自由行走，齐军跟在老马后面，走着走着，居然找到了出路，齐桓公大喜。后来队伍行进到山中，几天都找不到水源，大家口渴难熬，齐桓公一筹莫展，连管仲也束手无策。这时，大臣隰朋建议说："我听说，蚂蚁冬天筑巢穴在山的南面，夏天筑巢穴于山的北面。不管在哪里，蚂蚁总是在水源上面筑巢穴。现在这里有蚂蚁窝，我想，蚂蚁窝下面一定有水源。"齐桓公听了十分惊奇，命令士兵们挖掘，果然挖出了水。齐桓公十分赞叹隰朋的聪明才智。这就是成语"老马识途"和"蚁穴得水"的来源。

管仲寻找道路，从逻辑上讲，用的是一个三段论推理。其推理过程是：

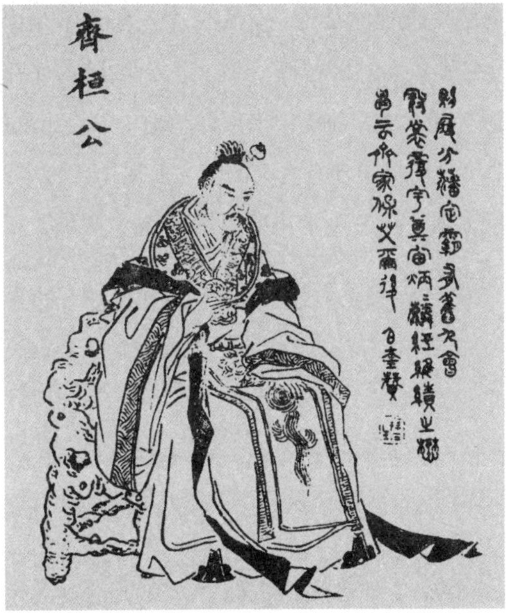

齐桓公像

老马是认识道路的，
这几匹马是老马，
所以，这几匹马是认识道路的。

隰朋找水，用的也是一个三段论。其推理过程为：

蚂蚁窝下面有水源，
这里是蚂蚁窝下面，
所以，这里有水源。

所谓三段论，就是由两个包含一个共同项的直言命题而推出一个新的直言命题的推理。“老马识途”的共同项是“老马”，“蚁穴得水”的共同项是“蚂蚁窝下面”。三段论就是依靠这共同项的作用，从普遍性的前提出发，推出了特殊性的结论。从“老马识途”和“蚁穴得水”这两个三段论可以得知，任何一个三段论都是由三个性质命题即直言命题所组成。前两个命题是推理的前提，后一个命题是推理的结论。任何一个三段论都是由三个项（概念）所组成。结论中的主项（“这几匹马”“这里”）是小项，结论中的谓项（“认识道路的”“有水源”）是大项，前提中出现而结论中没有出现的项（“老马”“蚂蚁窝下面”）是中项。前提中含有大项的叫大前提，含有小项的叫小前提。

我们用 P 表示大项，用 S 表示小项，用 M 表示中项，三段论的结构具有如下形式：

M——P

S——M

―――――

S——P

曹操割发代首

汉建安三年（公元 198 年）夏天，曹操亲自统率大军，出征讨伐张绣。正值麦收季节，一望无际的麦田一片金黄色，沉甸甸的麦穗迎风点头。远近老百姓一听大军来临，叫苦连天，哭诉着：“今年的麦子又要遭殃了！”他们四处出逃，谁也不敢去割麦子。曹操知道后，向全军将士发布了一道命令：“我奉天子明诏，出兵讨逆，为的是与民除害。现在是麦子成熟的时候，我军大小将校，凡过麦田有践踏者，皆斩首。”并将命令的内容通知各地老百姓。曹操的命令一传达，全军将士谁也不敢怠慢，都严格执行。军队经过麦田时，都纷纷下马，用手扶起倒伏的麦子，循着田埂、小道缓缓而行，谁也不敢践踏麦田。老百姓耳闻目睹军队的风纪，无不欢喜称颂。有一天，曹操骑马从麦田的小路经过，突然从麦田中“嗖”的一声飞起一只鸟，曹操的坐骑受惊长嘶一声，窜入麦田中。曹操紧拉缰绳，但受惊的马根本不听指挥，狂奔一阵，踏坏了一大片麦田。曹操连忙把行军主簿叫来，对他说：“我违反了军令，请按军法治罪！”主簿望了望麦田，又望了望曹操，为难地说：“您是全军的主帅，怎么能治您的罪？”曹操大声说：“不许践踏麦田，是我定的军纪，我自己不能遵守，怎么能使大家信服呢？”说完就拔剑准备自

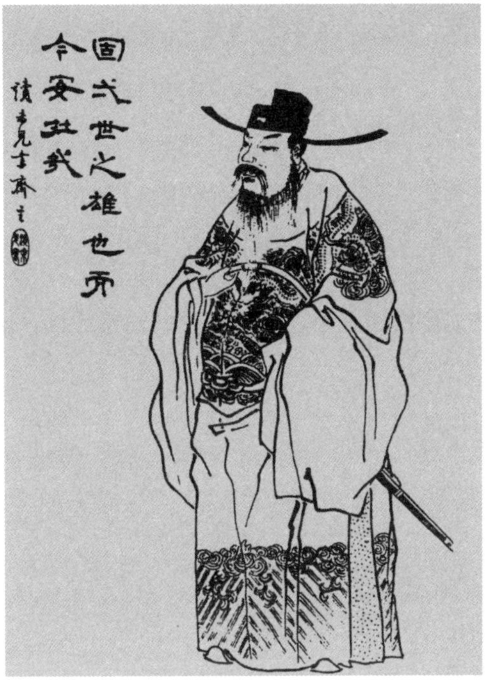
曹操像

刎，左右见状，连忙拉住。谋士郭嘉劝说曹操：“自古以来就有‘法不加于尊’之说，丞相统领大军，怎么可以自戕？怎么可以受处罚呢？”曹操考虑良久，才说：“既然古代有‘法不加于尊’之义，我就暂且不死吧。但是，处罚还是不能免。”说着，他拔出了宝剑，接着说：“我身为主帅，不能自杀，就把我的头发割下来代替砍头吧！”说罢，他用剑割下了自己的头发，递给主簿，让主簿拿去示众：“丞相践麦，本当斩首号令，今割发以代。”在当时，割发也是一种较重的处罚。三军将士看了、听了，无不折服，更加遵守军纪了。

这就是著名的“割发代首”的故事。曹操为什么要拔剑自刎，为什么要割发代首呢？从逻辑上讲，因为曹操的思维中有一个三段论推理：

凡践踏麦田者皆斩首，
我是践踏麦田者，
所以，我要被斩首。

郭嘉的劝说中也包含一个三段论：

凡尊者都是不受处罚的（法不加于尊），
你（曹操）是尊者，
所以，你是不受处罚的。

难能可贵的是，曹操还是处罚了自己——割发代首。这在古代是件非常了不起的事。

曹操和郭嘉所用的三段论有一个共同的特点：中项在大前提中是主项，在小前提中是谓项。在大前提中指出了关于一类的情况，在小前提中把某个（某些）事物归到这一类中，从而得出关于某个（某些）事物情况的结论。我们把这样的形式称之为三段论的第一格。

第一格的结构是：

M——P
S——M
―――――
S——P

第一格最明显、最自然地表明了三段论的演绎推理的逻辑性质，被称为典型格、完善格。它的用途非常广泛，只要我们根据一般原理、原则去推断个别认识，就自然地运用第一格。

郑文诈降

《三国演义》第一百零二回中有这样一个故事：

诸葛亮复出祁山伐魏。一天，诸葛亮正与诸将商议征进，忽报有魏将郑文来降。原来是司马懿施的诈降计。司马懿为了使诸葛亮中计，又叫前将军秦朗追杀郑文。郑文来到诸葛亮帐下，叩首参拜说：“我乃是魏国偏将军郑文也。近与秦朗同领人马，听司马懿调遣。不料司马懿徇私偏向，加秦朗为

郑文诈降

前将军，而视我如草芥，因此心中不平，特来投降丞相。”他的话还没有讲完，有人入报：“秦朗引兵在寨外，单搦郑文交战。”诸葛亮对郑文说：“你杀了秦朗，我才相信你是真投降。”郑文欣然上马出营，与秦朗交锋。诸葛亮亲自出营观战，只见秦朗挺枪大骂：“反贼！快快下马受死。”说完就直取郑文。郑文拍马舞刀相迎，只一个回合，就将秦朗斩于马下，然后提秦朗的首级来见诸葛亮。诸葛亮回到帐中坐定，一见郑文就勃然大怒，喝令刀斧手将郑文推出斩首。郑文大叫：“小将无罪！”诸葛亮说：“我认识秦朗，你今天杀的人，根本不是秦朗，你竟敢骗我！”郑文一听，心想坏了，连忙说：“我杀的是秦朗的弟弟。”诸葛亮笑着说：“司马懿令你来诈降，怎么能瞒得住我呢？你不说实话，我一定杀了你！”郑文见阴谋已被揭穿，只好交代自己是诈降，乞求免死。诸葛亮的部属都感到愕然，丞相根本不认识秦朗，不知他是如何识破郑文诈降的。诸葛亮告诉大家:“郑文所杀的秦朗是假的。”“啊?是假的？丞相您又不认识秦朗，怎么知道是假秦朗呢？”诸葛亮笑了笑，继续说：“因为司马懿从来不轻易用人，他封秦朗为前将军，秦朗的武艺必定高强。今天与郑文交战，只一个回合便为郑文所杀，这个人一定不是秦朗。所以，我就知道郑文是诈降。”“丞相料事如神！”众人都佩服得五体投地。

郑文诈降的破绽，诸葛亮是从他与“秦朗”的交战中看出来的。在这里，诸葛亮运用了一个三段论推理：

> 司马懿的前将军秦朗武艺高强，
> 与郑文交战的人武艺不高强（只一回合就为郑文所杀），
> 所以，与郑文交战的人不是司马懿的前将军秦朗。

在这个三段论中，中项“武艺高强”在两个前提中都是谓项，我们把这样的形式称之为三段论的第二格。其结构是：

M——P
S——M
———————
S——P

第二格的结论是否定的，因此第二格可以用来区别事物，说明一个事物不属于某一类，所以第二格被称为区别格。诸葛亮用了第二格，就把真假秦朗区别出来了。

我国古代流传了许多真假太子、真假猴王、真假包公的故事，最后大都是运用第二格的三段论，进行甄别，分出真伪。有几则关于真假母亲的故事，十分生动。故事的前半部分大致相同：有两户人家都生了儿子。有一家的孩子死了，就将另一家的孩子偷偷地抱回自己的家。另一家发现后与这一家争吵得不可开交，于是告到官府。知县大人都是聪明的人，但断案的方式不一样。

一个知县是这样断案的：他把惊堂木狠狠一拍，对两个妇女说：“你们不要吵了！来人，把活着的孩子劈成两半，你们一人一半。”刀斧手举起冷冰冰的屠刀，对着幼小的孩子……“饶恕我吧，大人。把活着的孩子给她吧，可千万不要杀死孩子！”其中一个妇女连忙哀求道。第二个妇女却说：“劈就劈吧，孩子不属于我，你也休想得到！”于是知县大人就说：“不要杀死婴儿，把孩子给第一个妇女，她是婴儿的真正的母亲！”

知县的思维过程运用了一个第二格的三段论：

凡婴儿的亲生母亲是不忍心将婴儿劈成两半的，
第二个妇女忍心将婴儿劈成两半，
所以，第二个妇女不是婴儿的亲生母亲。

第二个妇女不是婴儿的亲生母亲，那当然第一个妇女就是婴儿的亲生母亲。这位知县是非常聪明的。

另一个知县是这样断案的：他把惊堂木狠狠一拍，对两个妇女说：“你们不要吵了！孩子归官府收养，谁也甭想得到！”说完就把她们轰出衙门。过了若干天，知县派人到两家传话：“孩子得流行病已死，快到衙门收尸。”孩子的亲生母亲哭喊着到衙门来了，而假母亲想：死了的孩子要他有什么用？就不愿来领尸。其实，孩子没有死，亲生母亲高兴地领回了自己的孩子。这个知县也是使用了第二格的三段论：“凡真母亲会来领尸，她不来领尸，所以她不是真母亲。”这位知县当然也很聪明。

还有一个知县对两个妇女说：“你们两人一人拉住孩子的一条胳膊，谁把孩子抢到手，孩子就属于谁。”大堂上，两个妇女就动手拉了起来。孩子“哇”的一声哭了起来。其中一个妇女开始时还使劲，听到孩子哭喊后，就不使劲了。而另一个妇女则拿出吃奶的劲，眼看就要把孩子抢到手了。这时，知县大叫一声“停！”然后平静地说：“我现在知道孩子的真正母亲是谁了。”他用手指了指那个不使劲的妇女说：“她是真正的母亲。”另一个妇女不服：“不是说谁抢到孩子就属于谁吗？”知县说：“凡亲生母亲都怕拉伤自己的孩子，你不怕拉伤孩子，所以你不是亲生母亲。”这位知县把三段论的第二格运用得如鱼得水。

亲爱的朋友，当你需要区别两个或两类事物时，你会使用三段论的第二格吗？

善意的谎话

美国前总统卡特在竞选总统时，一位爱挑刺找茬的女记者访问了他的母亲。女记者说：“你儿子说，如果他说谎话，大家就不要投他的票。你敢说卡特从来没有说过谎话吗？”卡特的母亲说：“也许我儿子说过一些谎话，但都是善意的。”“请问，何谓善意的谎话？你儿子说过什么样的善意的谎话？”“我儿子说过什么善意的谎话，我老了，不记得了。不过，我曾经说过善意的谎话。”女记者一听十分高兴，以为有机可乘：“你说给我听听。”“你记得不记得，几分钟前，当你跨进我家门的时候，我对你说：‘你非常漂亮，我见到你非常高兴。’这难道不是善意的谎话？”“你是在讽刺我！谎话就是谎话，难道还有什么善意的谎话？”“你这就不对了，难道你愿意听我说你丑，说不愿意见到你？”“这……”女记者说不出话来。“所以，有的谎话是善意的谎话，因为我对你说的这句话就是谎话，但是善意的谎话。”

卡特母亲的最后一句话是一个三段论推理：

这句话是善意的谎话，
这句话是谎话，
所以，有的谎话是善意的谎话。

这个三段论的中项在大、小前提中都处于谓项位置，我们把这样的形式称之为三段论的第三格，其结构是：

M——P
|
M——S
———
S——P

第三格只能得出特称的结论，因此，它常被用来反驳全称的命题。比如对“所有的鸟都会飞”，就可用“鸵鸟不会飞，鸵鸟是鸟，所以有的鸟不会飞”来反驳。对“所有的人都是自私的”，可以用“雷锋不是自私的，雷锋是人，所以有的人不是自私的”来反驳。对“所有的鱼都不能用鳔呼吸”，可以用“肺鱼能用鳔呼吸，肺鱼是鱼，所以有的鱼能用鳔呼吸”来反驳。

三段论的形式除了第一、二、三格外，还有第四格。第四格的结构是：

P——M

M——S

———————

S——P

第四格没有什么特殊用途，人们在思维中很少用到它。

欧布里德的逻辑

大家知道，只有羊、牛、鹿之类的动物头上才会长角。但是古希腊的诡辩家们却推断出：人的头上也能长出角来。

欧布里德凭着能说会道，在大公那里当上谋士。有一天，他对他的同事说：“你没有失掉的东西，那么你就有这件东西，对吗？”他的同事不假思索地说：“那当然对呀。”“好极了。现在你没有失掉头上的角，那么你头上就有角了。”“你胡说！”同事急了，“我头上怎么会有角呢？”欧布里德得意地说：“我是从你赞成的前提中得出的。哈哈哈！”“你在侮辱我！”同事生气了。于是两人争吵起来，一直吵到大公那里。大公问明情况后，明白了其中的原委。大公想了一想，对欧布里德说：“在我的城堡里，你没有失掉坐牢的权利，所以，你就有坐牢的权利。现在让你享受一下坐牢的权利吧！”说完，就令人将欧布里德关了起来。欧布里德无话可说，坐了三天三夜的牢。

在这个故事中，欧布里德运用的推理是一个三段论：

凡你没有失掉的东西都是你有的东西，
你头上的角是你没有失掉的东西，
所以，你头上的角是你有的东西。

在这个三段论中，中项“你没有失掉的东西”，在大、小前提中的含义是不同的：在大前提中“你没有失掉的东西”是指你原来具有的东西，在小前提中“你没有失掉的东西”是指原来没有的东西。这样，这个三段论实际上就有四个概念。以不同含义的“你没有失掉的东西”作为中项，就无法将大项和小项必然地联系起来，从而推出确定的结论。所以，在一个三段论中，必须有而且只能有三个不同的概念。这是三段论的第一条规则。违反这条规则就会犯“四概念”的错误。

说你头上长角，一般人都会不高兴。如果说你是狗，恐怕更不愉快。诚然，我们常常称赞某人是一头老黄牛、一头雄狮，西方人也经常夸奖某人是一条狗，但那是一种比喻，比喻人具有老黄牛埋头苦干的品格、雄狮勇猛的精神、狗忠实的性格。归根到底，人是人，牛是牛，狗是狗；人绝对不是牛、不是狗。然而，事情到了古希腊智者那里，人就成了狗。

黑格尔在《哲学史讲演录》第二卷中转述了亚里士多德在“智者的论辩”中的一个故事：古希腊有一个手工匠人，他技艺高超，机智幽默。他还是一个滑稽演员，他的演出常常逗得观众捧腹大笑。有一天，他去拜访一位朋友，看见朋友家一条大狗与几条小狗在玩耍，他就与朋友开起了玩笑。“老兄，”他说，“凡是有儿女的公狗都是父亲，对不对？”朋友回答说：“没错。”“你的这条公狗是有儿女的，所以你的这条狗是父亲。”“对！我的这条狗是狗爸爸。”“既然凡有儿女的狗是父亲，那么，父亲的儿女都是狗。”朋友点了点头：“狗爸爸的孩子当然是狗。”“您是父亲的儿女，不会错吧？”“这是绝对正确的。”“很好。既然父亲的儿女是狗，您又是父亲的儿女，所以您本身是那些狗的一个兄弟，并且您本身就是一条狗。哈哈哈！”匠人高兴得笑了起来。“我怎么成了狗呢？你的推理肯定有问题。”“我的推理有问题？我用的是三段论第一格，有什么错？”匠人理直气壮地说。

朋友想了半天，也没有找出推理的毛病。后来，朋友找到了大学问家亚里士多德，向他请教。亚里士多德考虑良久，说："匠人的最后一个推理有问题。"匠人的最后一个推理是：

父亲的儿女是狗，
您是父亲的儿女，
所以，您是狗。

根据前面的对话可知，大前提中的"父亲的儿女"是指狗父亲的儿女，而小前提中的"父亲的儿女"是指人父亲的儿女。"父亲的儿女"由于含义不同，已经不能起到联结大项的作用，根本推不出"你是狗"的结论。用逻辑术语讲，违反了三段论的第一条规则，犯了"四概念"的错误。

"四概念"的错误是三段论推理常犯的错误，比如"中国人是不怕死的，我是中国人，所以我是不怕死的"，"群众是真正的英雄，我是群众，所以我是真正的英雄"，"物质是不灭的，钢笔是物质，所以钢笔是不灭的"，"我国的大学是分布在全国各地的，复旦大学是我国的大学，所以复旦大学是分布在全国各地的"等等都是犯了这个错误。因此，我们运用三段论必须注意不要犯"四概念"的错误，检查一个三段论是否正确，首先要看它是否只有三个概念。

澄子找衣

你听说过"狗是羊"或者"羊是狗"的命题吗？在《庄子·天下篇》中就记载了辩者惠施这样的命题："犬可以为羊"。犬是犬，羊是羊，犬怎么会是羊呢？古人对此的理解之一是：犬虽然不同于羊，但它们都属于同一类，都是四足兽，所以"犬可以为羊"。其推理是：

羊是四足兽，

犬是四足兽，

所以，犬可以为羊。

一个三段论的大、小项能在结论中联结起来，组成新命题，完全是由于中项在前提中发挥媒介作用的结果。而在这个推理中，中项“四足兽”在大、小前提中都是不周延的。也就是说，在前提中，大项“羊”和小项“犬”分别与中项“四足兽”的一部分外延发生联系，这样，大项“羊”和小项“犬”就无法通过中项“四足兽”的媒介作用而发生必然的联系，得到确定的结论。因此，一个正确的三段论要求：中项在前提中至少周延一次。这是三段论的第二条规则。如果违反这条规则，就要犯“中项不周延”的错误。

在辩论中，如果犯了“中项不周延”的错误，就会出洋相，别人会说你诡辩。在生活中，如果犯了“中项不周延”的错误，就会更糟糕。《吕氏春秋》中记载了这样一个故事：

古时候，宋国有个叫澄子的人，丢失了一件黑色夹袄，到处找找不到。有一天，他在大街上看见一个妇女穿着一件黑衣服，就立即把她揪住。这个妇女吓了一大跳：“你想干什么？”“你偷了我的衣服，赶紧还给我！”“什么？我偷了你的衣服？”妇女大吃一惊。澄子仔细一看，她穿的是一件黑色单衣，更加恼火了，说：“好啊！你把我的夹袄改成了单衣，就以为我认不出来了？休想！”妇女生气了：“光天化日之下，你想干什么？！”“你马上把这件衣服脱下来还给我，我就放你走！”澄子寸步不让。两个人在大街上争吵了起来。围观的人越来越多。当人们了解了事实真相后，纷纷指责澄子。“天下的黑衣服多着呢！难道都是你的？”“你有黑衣服，难道别人就不可以穿黑衣服？岂有此理！”澄子被大家批评得头也不敢抬。

看来这些观众的逻辑水平要比澄子高得多。澄子的推理是一个三段论：

我丢失的衣服是黑色的，

你穿的衣服是黑色的，

所以，你穿的衣服是我丢失的衣服。

这个推理的中项“黑色的”在前提中一次也没有周延，违反了“中项在前提中至少周延一次”的规则，犯了“中项不周延”的错误。在审案破案过程中，如果犯了“中项不周延”的错误，就很有可能造成冤假错案。

越剧中有一出戏叫《胭脂》，是根据《聊斋志异·胭脂》改编的。剧中讲述，书生鄂秋隼与牛医卞三之女胭脂互生爱慕之情。鄂秋隼的朋友宿介性格直爽，他得知这件事后，决定帮助他们，为他俩牵线搭桥。一天半夜，宿介假冒鄂秋隼之名到牛医家与胭脂隔窗相会，胭脂隔窗送给宿介一只绣花鞋。宿介在回家途中不慎将绣花鞋丢失，恰巧为当地无赖毛大拾得。毛大来到牛医家，翻墙而入，被牛医卞三发觉，毛大拔出刀来将卞三杀死。聊城知县张宏闻报后，

《聊斋志异·胭脂》插图

立即到现场勘察，发现绣花鞋一只。张宏责问胭脂：“这只绣花鞋送与何人？”胭脂没有回答。张宏大声喝道：“来人，与我狠狠地掌嘴！”胭脂只好吐露真情说：“绣花鞋是送……送与鄂秋隼的。他是忠厚老实的秀才。”张宏只听了前一句话，根本不理后一句话，就连忙下令：“速拿杀人凶手鄂秋隼到案！”张宏一无确凿证据，二无被告口供，甚至连审问都没有开始，就认定鄂秋隼是杀人凶手。张宏的逻辑是：

杀死卞三的人是持有胭脂绣花鞋的人，
鄂秋隼是持有胭脂绣花鞋的人（因为胭脂把鞋送给了鄂秋隼），
所以，鄂秋隼是杀死卞三的人。

这个推理的前提是不真实的，因为胭脂没有将鞋送给真正的鄂秋隼，鄂秋隼也不会有胭脂的绣花鞋。而且，这个推理的形式也不正确，中项“持有胭脂绣花鞋的人”在前提中一次也没有周延，违反了三段论“中项在前提中至少周延一次”的规则。

一个错误的推理造成了一起冤案，险些要了书生鄂秋隼的命。后来，在老师施愚山的批评指点下，新任知府吴南岱经过调查和正确的思维，终于将案子查得水落石出，把真正的杀人凶手毛大捉住，绳之以法。

鸭嘴兽的冤案

森林里，声势浩大的宴席正在热烈地进行着。今天是百兽之王狮子的生日，百兽都来祝贺，狮王十分高兴。鸭嘴兽也准备了礼物，早早就来朝贺。狐狸一见到鸭嘴兽，就满脸不高兴。它乘机向狮王谗言：“大王，我们这里来了奸细。”“在哪里？”狮王问。狐狸指了指鸭嘴兽，说：“就是那个可恶的家伙。”“你怎么知道它是奸细？”狮王又问。“报告大王，我们兽类都是胎生的，而它却是卵生的。它和我们不是同类，它混进来是为了刺探军情。”狮王一听，勃然大怒，喝令将鸭嘴兽拿下。“你是什么东西？竟敢前来冒充兽类？”狮王问道。“启禀大王，我叫鸭嘴兽。”鸭嘴兽战战兢兢地说，“您从我的名字就可知道，我是地地道道的兽类。”“胡说八道！本王问你，你是胎生的还是卵生的？”“我虽然是卵生的，但我是舔食乳汁长大的……”“你还狡辩！”狮王咆哮起来，“来呀！割去它的耳朵，砍掉它的尾巴！”鸭嘴兽一面受刑，一面哭喊道：“冤枉啊！我确实是兽类呀！不信你们去问问动物学家，他们早就把我划到哺乳动物里去了。”狮王怒气难消，呵斥道：“什么哺乳不哺乳？我们都是娘肚子里直接生出来的，你却是你妈下蛋孵出来的。况且，你还长了一张鸭子嘴，你还抵赖！今天是本王的生日，就饶你一条性命。滚！”据说，鸭嘴兽被赶出森林后，养了一年多的伤，身体才得以复原。不过由于受过大刑，所以今天我们见到的鸭嘴兽都没有外耳，尾巴也短而扁。

鸭嘴兽的确是冤枉的。鸭嘴兽虽是卵生的，但确实是哺乳动物，它是从母体腹面濡湿的毛上舔食乳汁的。

狮王听说鸭嘴兽是卵生的，就不承认它是兽类，在逻辑上犯了很大的错误。它的推理是这样的：

所有的胎生动物都是兽类，
鸭嘴兽不是胎生动物，
所以，鸭嘴兽不是兽类。

在这个三段论中，大项“兽类”在前提中是不周延的，而在结论中却是周延的。也就是说，在前提中只断定了“兽类”的部分外延，而在结论中却断定了“兽类”的全部外延，结论断定的范围超出了前提所断定的范围，这个结论不是从前提中必然推出的，当然也是不可靠的。因此，在一个三段论中，前提中不周延的项，在结论中也不得周延。这是三段论的第三条规则。如果违反了这条规则，就会犯“大项扩大”的错误或者“小项扩大”的错误。狮王所犯的就是“大项扩大”的错误。

在日常生活中，“大项扩大”的错误是多见的。例如“军人要守纪律，我不是军人，所以我不要守纪律”，“运动员需要努力锻炼身体，我不是运动员，所以我不需要努力锻炼身体”，“你的观点是错误的，我的意见不是你的观点，所以我的意见不是错误的”等等，都是犯了“大项扩大”的错误。

某公司办公大楼内一只水槽上方，挂着一块牌子，上面写着“此处不准倒剩茶叶”几个字。围绕这块牌子，几个年轻人展开了辩论。小赵说：“‘此处不准倒剩茶叶’，也就是说，可以倒好茶叶。”小钱说：“你理解得太片面。这句话的意思是，除了剩茶叶之外，什么东西都可以往里面倒。”小孙说：“你们两人都是在瞎说。”小李对小孙说：“你知道他们错在哪里吗？”小孙回答：“他们的话都不符合事实。”小李摇了摇头说：“这不属于事实问题，而属于逻辑问题。他们两人的话都不符合逻辑。”

的确，小赵和小钱说的话不符合逻辑，犯了三段论推理的“大项扩大”的错误。小赵的推理是：

剩茶叶是不能在此处倒的，
好茶叶不是剩茶叶，
所以，好茶叶不是不能在此处倒的（即好茶叶可以在此处倒）。

小钱的推理是：

剩茶叶是不能在此处倒的，
除了剩茶叶之外的东西都不是剩茶叶，
所以，除了剩茶叶之外的东西都不是不能在此处倒的。

这两个推理的大项“不能在此处倒的”在前提中都是不周延的，而在结论中都周延了，违反“前提中不周延的项，在结论中也不得周延”的规则，犯了“大项扩大”的逻辑错误。

“小项扩大”的错误在生活中也会经常发生。

有一次，齐国相国晏子将出使楚国。楚王听到这个消息，对手下大臣说："晏婴是齐国一个能言善辩的人。我想侮辱他一番，你们有什么办法？"左右大臣七嘴八舌，给楚王出了一个计策。不久，晏子来到楚国，拜见了楚王。楚王举行宴会招待晏子。宾主喝得正高兴的时候，两个差役架着一个披头散发的人从堂前走过。楚王故意喝道："你们捆绑的是什么人？"侍从回答说："齐国人，犯了偷盗罪。"楚王听了，得意地看看晏子，说："看来，你们齐国人生来就善于偷盗啊！"晏子不慌不忙地站起身来，离开座位，回答说："我听说，橘树生长在淮河以南就是橘树，而移种在淮河以北就变成枳树。橘树和枳树的叶子极其相似，可果实的味道却完全不同。这是什么原因呢？是由于水土不同啊。现在齐国人在齐国不偷盗，到了楚国却偷起东西来，是不是楚国的水土使老百姓善于偷盗呢？"晏子说完，哈哈笑了起来。楚王听了，尴尬极了，说："聪明机智的人是不可戏弄的，我这是自讨没趣啊！"

楚王的话中包含着一个错误的推理：

这个人是善于偷盗的，
这个人是齐国人，
所以，齐国人是善于偷盗的。

在这个推理中，小项"齐国人"在小前提中是肯定命题的谓项，是不周延的，而在结论中则是全称命题的主项，是周延的。显然违反了"前提中不周延的项，在结论中也不得周延"的规则。犯了"小项扩大"的错误。

鲁迅先生曾摘录了某些人的"祖传逻辑"，其中有一条是："你说甲生疮。甲是中国人，你就是说中国人生疮了？"这个推理简化一下就是：

甲生疮，
甲是中国人，
所以，中国人生疮。

从一个中国人生疮，推出了所有的中国人生疮，真是荒谬至极。这个推理也是犯了“小项扩大”的错误。

上面我们分别介绍了三段论的3条规则：第一，在一个三段论中，必须有而且只能有三个不同的概念。第二，中项在前提中至少周延一次。第三，前提中不周延的项，在结论中也不得周延。除了这三条之外，三段论的规则还有：两个否定前提不能得出结论；结论之一是否定的，结论也应当是否定的；结论是否定的，前提之一必须是否定的。两个特称前提不能得出结论；前提之一是特称的，结论也是特称的。

曹植的七步诗

三国时期的著名文学家曹植是曹操的儿子、曹丕的同母弟。曹植从小就聪明非凡，10多岁时已能“通读诗论及辞赋数十万言”，能写很出色的文章。曹操一度认为曹植是诸子中“最可定大事”的人，并几次打算让他继承自己的事业，只是因为有些大臣反对，才没有定下来。

曹丕老成持重，善于玩弄权术，身边笼络了一批支持者。一次，曹操出外打仗，曹丕和曹植都去送行。临别时，曹植出口就念了一篇颂扬曹操的文章，大家非常赞赏。有人在曹丕耳边说：“大王就要离开了，你只要表示伤心就可以了。”曹丕就流着眼泪向曹操告别，曹操很受感动，觉得曹丕虽然文才不如曹植，但心地老实，对自己有感情。曹植是个不注意礼节的人。有一次，他竟在王宫里坐着马车，私自打开王宫大门出去。这件事违反了宫里的规矩，曹操大为恼火，竟杀了管宫门的人。

又有一次，曹操派曹植领兵出征。曹丕得知后，送去酒食，与曹植一起喝酒，把曹植灌醉。正在这时，曹操派人叫曹植，连催几次，曹植还没醒来。曹操气得取消了曹植出征的事。

曹操死后，曹丕继承了王位，仍旧十分忌恨曹植。他首先杀了一向拥护曹植的丁仪等人，接着又将曹植赶到封地陈留，并派人监视他，然后又降低他的爵位。

有一次，曹丕把曹植抓起来治罪。他母亲卞太后知道了，连忙在曹丕面前，替曹植求情，要他看在同胞兄弟的面上，宽恕曹植。相传，曹丕把曹植召来以后，要他在七步之内做出一首诗来。如果做得出，就免他一死；如果做不出，休怪自己无情。曹植不等曹丕的话音落下，就迈开步子，走一步，念一句，随口就念出一首诗："煮豆持作羹，漉豉以为汁。萁在釜下燃，豆在釜中泣。本是同根生，相煎何太急！"曹丕听了，觉得自己对弟弟也逼得太紧了，心里感到惭愧，就免去了曹植的死罪。

曹植诗的最后两句，实际上是一个三段论，不过省略了大前提，将它恢复成完整形式就是：

凡是同根生的不应相煎太急，
我与你是同根生的，
所以，我与你不应相煎太急。

我们把省去一个前提或结论的三段论称之为省略三段论。省略三段论能使语言简洁精炼，有时还给人一种"言虽尽而意无穷"的感觉，所以在人们的思维中经常运用。比如，朱熹《观书有感》诗："半亩方塘一鉴开，天光云影共徘徊。问渠那得清如许？为有源头活水来。"其末尾两句是一个三段论。省去了大前提"凡源头有活水者皆清如许"。又如："人孰无过？故虽君子亦不能无过。"省去了小前提"君子亦人也"。再如："你是君子，君子要坦荡荡。"省去了结论"你要坦荡荡"。如果将这些省略的部分都恢复起来，就会显得啰唆，不自然，有的还会失去诗意。

运用三段论的省略式有很多好处，但也有短处，就是可能隐藏一些错误而不易被发现。

明朝的戴大宾从小就聪明伶俐。13岁那年他就考中了举人。一天，一位客人来见他的父亲，看见戴大宾在院子里玩耍，便出了一个对子让他对。客人说："月圆。"大宾随口对答："风扁。"客人问他："风怎么能是扁的呢？"

大宾回答："风能穿隙钻缝，不是扁的能行吗？"客人点了点头，又出了一个对子："风鸣。"大宾又随口对答："牛舞。"客人又问他："牛怎么能起舞呢？"大宾说："古人说过'百兽起舞'，牛难道不是百兽之一吗？"客人竖起大拇指对他大加赞赏，说他前途不可限量。

戴大宾的应对非常机智。从逻辑上分析，他应对的理由运用的都是省略三段论，其中只有一次是合乎逻辑的。第一次应对的理由中省去了大前提，其中隐藏着一个逻辑错误。它的完整形式是：

扁的东西能穿隙钻缝，
风能穿隙钻缝，
所以，风是扁的东西。

很明显，这个三段论的中项一次也没有周延，违反了"中项在前提中至少周延一次"的规则。如果不将它恢复起来，就很难发现其中隐藏的逻辑错误。

戴大宾第二次应对的理由中，省去了结论，恢复起来是：

百兽起舞，
牛是百兽之一，
所以，牛起舞。

这是一个正确的三段论，完全符合三段论规则。

由此可见，一个省略式的三段论是否有错误，只要将它恢复起来，就容易辨别了。有两句古训，很少有人怀疑。这就是"人非草木，孰能无情？""人非圣贤，岂能无过？"它们都省去了大前提。将它们恢复起来就是：

草木是无情的，
人不是草木，
所以，人不是无情的。

圣贤是无过的，

人不是圣贤，

所以，人不是无过的。

这两个三段论的大项在前提中不周延，而到了结论中却周延了，违反了“前提中不周延的项，在结论中也不得周延”的规则，犯了“大项扩大”的错误。

波斯猫与战争

三段论的运用是最广泛的。在科学研究、战争实践中，三段论是科学论证、军事认识必不可少的工具。

三段论运用于军事上，不但有助于军人执行命令、执行军纪，而且可以帮助军人分析判断敌情，确定正确的战略、战术，取得战争的胜利。这方面有很多趣闻。

第一次世界大战期间，德军向法军猛烈进攻，法军为了避开德军锐气，积蓄力量，巧施隐身术，躲藏了起来，德军一时失去了攻击目标。德军指挥官下令侦察敌情。一天，德军一名军官用望远镜搜索法军阵地，突然发现了前方阵地下慢慢爬出一只名贵的波斯猫，懒洋洋地躺在那里晒太阳。他心想，如此名贵的波斯猫只有法军高级指挥官才有，而高级指挥官当然住在指挥所里。现在前方阵地上出现了一只名贵的波斯猫，这证明，那里肯定隐藏了法军旅以上的高级指挥所。于是他立即向上报告，德军指挥官得到情报后，命令炮火集中轰炸波斯猫晒太阳处，成功地摧毁了法军一个旅指挥所。

法军指挥所被毁完全是一只波斯猫招来的罪祸。这应归功于德军那位军官缜密的逻辑思维，他成功地运用了两个三段论推理。其一是：

凡有名贵的波斯猫的地方就有法军高级指挥官，
前方阵地有名贵的波斯猫，
所以，前方阵地有法军高级指挥官。

其二是：

凡有法军高级指挥官就有法军高级指挥所，
前方阵地有法军高级指挥官，
所以，前方阵地有法军高级指挥所。

科学研究中的证明、去伪存真，离不开三段论。1908年6月30日清晨7点，俄国西伯利亚通古斯地区发生一次大地震。地震爆发前，人们看见该地区上空飞过一个大火球。有的科学家认为这个大火球是一块巨大的陨石，以极快的速度撞击地面，爆炸后产生地震。这就是所谓的“通古斯陨石”。

据常识知道，凡陨石落地，总要在地面造成深坑，陨石体埋入地下，陨石碎片飞落四周。于是他们千方百计寻找陨石体。但事与愿违，在爆炸中心，他们深挖冻土25米，排干附近沼泽的水，用钻机到处钻探，但怎么也找不到陨石主体，连陨石碎片也没有发现。因此库里克等人否定了“通古斯陨石”的结论，认为这次灾变不是陨石引起的。

科学家得出否认“通古斯陨石”的结论，是一个三段论的推理过程：

凡陨石坠地引起的地震，在爆炸中心陨石体会埋入地下，陨石碎片飞落四周；
这次灾变在爆炸中心没有找到陨石体或陨石碎片；
所以，这次灾变不是陨石坠地引起的地震。

这是一个第二格的三段论，它准确地将“这次灾变”与“陨石坠地引起的地震”区别开来，为人们解开了“通古斯陨石”之谜。

北宋画院的考试

有人认为，审美活动用的是形象思维，与逻辑思维是不搭界的。

这种看法是片面的，在审美创作、审美欣赏中，也常常离不开三段论。

北宋时，在京城开封成立了画院，画院里汇集了许多著名画师。这些画师都是从全国各地选拔上来的，待遇好俸禄厚。当时选拔画师的方法也像科举考试一样，由皇帝或者主考官出题考试，而画题多半是用一句古诗句。

有一次出的考题是“深山藏古寺”。应试者挖空心思作画，有的考生画了深山里林木环抱一座寺庙；有的画出密林深处露出寺庙一角；有的画林木上空，高高飘着一幅幡。结果这些画都没有被皇上选中，因为，考题的关键是一个“藏”字，而这些画在画面上露出了寺，或寺的一角，或一幅幡，没有“藏”好。既要让人看出有古寺，又要“藏”起来，这个矛盾被一位画家天衣无缝地解决了。在他的画上，画出了山峦起伏林深树密，在山外的小道上，一个和尚在山涧边以桶汲水。作者把寺藏了起来，不露在画面上，但人们可以从一个和尚在山涧边以桶汲水中想象出：深山有古寺，产生“深山藏古寺，钟声犹在耳”的感觉。这幅画得到众人称赞，被皇上选中了。这里，画的作者运用的就是一个三段论：

凡有和尚就有寺庙，
这里有和尚，
所以，这里有寺庙。

由此可见，审美同样也用得着三段论。

又有一次，画院考试以“踏花归来马蹄香”为题考画手。这个考题难住了许多考生，因为香味只能闻，不可看。画面如何表现香味呢？画手们个个绞尽脑汁，寻求最好的画面来表现这个“香”字。有的画手画了马在花丛中飞驰，有的画了蝴蝶、蜜蜂在花丛中飞舞……这些作品都被否定了。有一位高明的画家别出心裁，在他的画中，没有美丽的鲜花，只有三四只蝴蝶和蜜蜂紧紧追逐着奔走的马蹄。皇帝赵佶一见这幅画，连连称赞："妙！"因为这位画家虽然没有画鲜花，但人们完全可以从一群蜂蝶追逐奔走的马蹄中，感觉到马蹄上散发着花香，从而十分巧妙地体现了主题。在美学中，把这种现象称之为审美通感，即在审美过程中，由一种审美感觉引起另一种或另几种感觉的审美心理现象。这幅画就是由视觉形象转移到嗅觉形象。这种审美感觉的转移里面包含了两个三段论。其一是：

凡沾过花瓣的物体都有花香，
马蹄沾（踏）过花瓣，
所以，马蹄上有花香。

其二是：

凡有花香的物体周围都会有蜂蝶，
马蹄是有花香的物体，
所以马蹄周围有蜂蝶。

现代著名作家老舍先生，曾以清朝诗人查慎行的诗句"蛙声十里出山泉"，请著名国画大师齐白石作画。齐老略作思忖，就信笔在潺潺山溪里点染了一群活泼多姿的蝌蚪，生动体现了"蛙声十里出山泉"的主题。齐老的这幅艺术佳作运用的是视听通感，即由画面上的视觉形象引起人们听觉形象。人们看见一群活泼多姿的蝌蚪，进而想到了青蛙，仿佛听到了十里蛙声。这里面也包含了两个三段论：

凡有蝌蚪就有青蛙，
这里有蝌蚪，

所以，这里附近有青蛙。

凡青蛙都会呱呱叫，
这里有青蛙，
所以这里有青蛙呱呱叫声。

如果说在审美创造中包含着三段论推理，那么在审美欣赏、审美判断中就更离不开三段论了。

有一次，东北女作家萧红去看望鲁迅先生。萧红穿着鲜红的上衣和咖啡色的裙子，自己觉得衣服很漂亮，就故意问鲁迅先生："我的衣裳漂亮不漂亮？"鲁迅先生先从上往下看了一看，说："不大漂亮。"过了一会又说："你的裙子配的颜色不对，并不是红上衣不好看，各种颜色都是好看的，红上衣要配红裙子，不然就是黑裙子，咖啡色就不行了；这两种颜色放在一起很浑浊……"接着，鲁迅先生又说："你这裙子是咖啡色，还带格子，颜色浑浊得很，所以把红衣裳也弄得不漂亮了。"

鲁迅先生是怎样得出萧红的衣裳"不大漂亮"的审美结论的呢？鲁迅先生的审美判断中包含了一个三段论推理：

萧红像

凡颜色配合不好的衣裳都是不漂亮的衣裳，
你的衣裳是颜色配合不好的衣裳，
所以，你的衣裳是不漂亮的衣裳。

可见，审美判断、审美欣赏主要运用的是感性直观，但其中也离不开理性。

总之，审美活动中虽然包含着逻辑推理，但是却不能以逻辑思维代替形象思维。审美，主要的还是形象思维。把形象思维与逻辑思维融为一体，不露痕迹，才是艺术家的真本领。

晏子使楚

三段论在说理、论辩中运用得非常广泛。

《战国策·齐策》中讲述了这样一件事：楚国有个贵族，一天祭祀他的祖先。仪式结束后，他赏给几个手下办事的人员一壶美酒。由于酒少人多，很难分配，那些受赏赐的人就商量起来了。有一人说："几个人喝一壶酒，一点不过瘾。不如一个人喝，那才过瘾呢！我们不妨来个比赛，大家同时画蛇，谁先画好就喝这壶酒。"大家都赞成这个办法。于是每个人都折了一根树条，蹲在地上画了起来。其中有一个人画得很快，一会儿就画好了。他十分得意地端起酒壶，准备把酒喝了。可是，他见其他人还在低头画蛇，便想显示一下自己的本领，说："我还能够给蛇添几只脚呢！"于是右手继续作画，左手拿着酒壶并不喝。不料他还没来得及给蛇画好四只脚，另一个人已经把蛇画好了，一把抢走了他手里的酒壶。那人把酒壶拿在手里，风趣地说："蛇本来就没有脚，你怎么给它画上脚呢？"说罢，举起酒壶一饮而尽。那位给蛇添足的人一下子就愣住了，眼睁睁地看着他把一壶酒喝完。

这就是"画蛇添足"的故事。常常被人用来比喻做事多此一举、节外生枝反而弄巧成拙。为什么画蛇不能添足呢？得胜者说的"蛇本来就没有脚，你怎么给它画上脚呢"，实际上是一个三段论：

凡蛇都是没有脚的，

你画的东西有脚，

所以，你画的东西不是蛇。

这个说理非常有力，那个画蛇添足的人听了，理亏词穷，只好认输。这就是三段论的力量。

齐国相国晏子身材矮小，但十分聪明，能言善辩。有一次，齐王派晏子出使南方大国楚国。楚王想趁机侮辱他，就令人在城门旁边挖了一个小洞。当晏子来到后，让他从小洞爬进去。晏子料到这是楚王刁难自己，他看着那些等着看他笑话的人，装着十分惊讶的样子说："啊呀！难道今天我是出使到了狗国？要不然楚人怎么叫我从狗门进去？到狗国才钻狗洞嘛。"守门的官吏没想到被晏子嘲骂，只好乖乖地让晏子从大门进去。

楚王仍不甘心，腆着肚子，站在高高的台阶上，问道："你们齐国大概是没人了吧？怎么派你来了呢？"晏子不慌不忙地说："齐国都城临淄有几千户人家，房屋连成片，街道纵横交错。大街上的行人肩碰着肩，脚跟接着脚跟。人们张开衣袖，便蔽日成荫；挥把汗水，就犹如下雨。怎么能说齐国没有人呢？"楚王说："那为什么派你来呢？"晏子回答说："我们齐国委派使者是有规定的，有才干的人出使君主贤明的国家，没有才干的人出使君主无能的国家。我晏婴在齐国最没才干，所以就只能出使楚国，这不是很合适吗？"楚王听了，半天也说不出一句话来。

面对楚人要他钻狗洞的刁难，晏子的反击十分有力，其中包含了一个三段论：

到狗国要钻狗洞，

我到了狗国，

所以，我要钻狗洞。

守门的官吏一听，感到脸上无光，只好引晏子进大门。

楚王侮辱晏子无能，晏子的回答非常精彩，其中也包含一个三段论：

最没才干的人出使君主最无能的国家，
我晏婴是最没才干的人，
所以，我晏婴出使君主最无能的国家（即楚国）。

这个三段论以对等的原则为大前提，合乎逻辑地推理出楚王是最无能的君主，口气之婉转、寓意之明确，楚王只好败下阵来，自取其辱。

正确地、巧妙地运用三段论是说理清楚、论辩取得胜利的重要条件。

揭穿“恶作剧”

在生活中，三段论能够帮助人们辨别真假对错，揭穿伪装、赝品。居维叶是法国著名的古生物学家。有一天，他正在午睡。一个调皮的学生头上戴着有角的面具，双手套上一对蹄子，伸进了居维叶宿舍的窗内，嘴里发出吓人的怪叫声，张牙舞爪，显出要吃人的凶相。居维叶被吵醒后，伸出头打量了一下“怪物”，嘟囔道：“有角和蹄子的怪物啊，我才不怕你呢！”说完又埋头呼呼大睡。这个学生的把戏被揭穿后，悻悻走开了。

居维叶为什么不怕怪物呢？居维叶身为古生物学教授，对各类动物的基本特征了如指掌。他当然知道，食草动物都具有比较温和的特性，一般不会伤人，更不会主动伤人。它们不像食肉动物（如虎、豹、狼）那么凶狠，会伤人。而食草动物尽管种类繁杂，体形各异，但它们外表的最大特点就是有蹄子。因此居维叶看到两只蹄子后，就通过逻辑推理得知，这个有蹄子的“怪物”是食草动物，不会伤人的，它只不过是某个调皮学生搞的“恶作剧”而已。居维叶的推理过程是：

凡有角有蹄的动物都不会伤人，

“怪物”是有角有蹄的动物，

所以，“怪物”不会伤人。

这里，居维叶使用了一个第一格三段论推理，把“怪物”归到了“有角有蹄的动物”中去了，从而得出了“怪物”不会伤人的结论。

唐代画家戴嵩是画牛的名手，尤其擅长画江南的水牛。后人评价他画的牛得“野性筋骨之妙”。他与唐代画马名手韩干并称“韩马戴牛”。但他也有细节上的失误。

据《东坡志林》卷九记载，戴嵩曾画过一幅有名的《斗牛图》，被蜀中一个爱好书画的杜处士收藏。杜处士经常炫耀说：“戴嵩的《斗牛图》画得真好，形神皆备，不愧为大家手笔。”他唯恐这幅画受潮虫蛀，便常常拿出来晾晾。有一次，杜处士又在家里晾《斗牛图》，一个牧童见了，偷偷地发笑。杜处士感到纳闷，就问他发笑的原因，牧童说：“我不懂画，但我知道牛的真实情况。两牛相斗的时候。力气全部用在牛角上，牛的尾巴夹在两腿中间。这画上的两头牛，斗得激烈，尾巴却是翘起的，同实际情况不符，显然是画

戴嵩《斗牛图》

错了，所以我不禁笑了起来。”杜处士一听，觉得牧童讲得有道理，笑了一笑，从此再也不炫耀《斗牛图》了。

一个小小的牧童竟然指出了大画家的错误，他根据的是自己放牛的实践经验，并不自觉地运用了一个三段论：

凡牛在相斗时都是把尾巴夹在两腿中间，
这幅画中的牛相斗时不是把尾巴夹在两腿中间，
所以，这幅画画错了。

这是三段论的第二格，通过与真实情况比较、区别，把戴嵩《斗牛图》的毛病指了出来。由此可见，三段论有助于提高人们的辨别能力。

相传在北宋京城开封的街头，有人手执画卷，高声叫卖：“珍藏前朝古画——《百马图》，识货者切莫错过良机！”刹那间，人们蜂拥而至，举目围观。只见画面上群马嬉戏，千姿百态，踢脚昂首，无不栩栩如生。画中最引人注目的要数一匹红鬃烈马，它一面俯首吃草，一面圆睁双眼。正当人们争购这幅《百马图》时，从人群外挤进一个人来，“唰”的一声抖开另一幅画，喊道：“诸位请看，《百马图》的真本在此，刚才那幅画，不过是赝品！”人们睁大眼睛一看，两幅画几乎一模一样，所不同的是在红鬃马的眼睛上。后者画中的红鬃马埋头在草丛中吃草，双眼闭合，像是边吃草边打瞌睡的样子。这下可就热闹了。两个卖画的激烈地争论起来，都说自己的画是真本，对方的画是伪作。大相国寺的两个和尚也在人群中，大和尚问小和尚：“你说说看，哪一幅是真本？”“那当然是第一幅，”小和尚脱口而出，“你看，红鬃马圆睁双眼，多有精神！”“这恰恰是败笔，马在草丛里吃草时，为了防止杂草茎叶刺伤眼睛，总是本能地闭上双眼。怎么能圆睁双眼呢？”“也许画家疏忽了，仅凭这一点也不能说它是伪作。”大和尚摇了摇头说：“你知道《百马图》是谁画的吗？”“唐朝画马第一高手韩干。”“韩干少时家贫，他是以马为师，仔细观察马的各种生活习性、结构动态，才创立了自己的独特风格，成为名家的。他对马的生活习性非

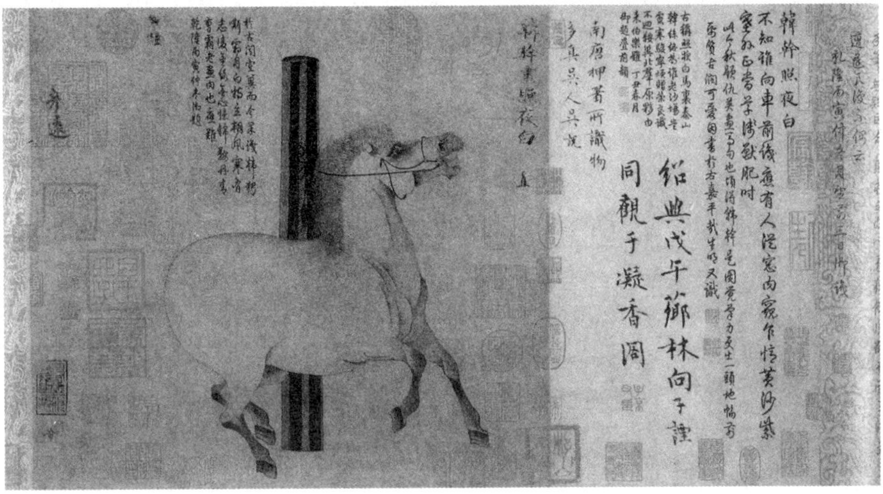

韩干《照夜白图》

常了解。他必定知道马在草丛里吃草时，为了防止杂草茎叶刺伤眼睛而本能地闭上双眼。所以，韩干的《百马图》不可能有此败笔。”几句话说得小和尚心服口服，连连点头。

大和尚的话中，运用了一个三段论。将它简化一下就是：

《百马图》真本没有败笔（红鬃马吃草时双眼闭合），
第一幅《百马图》有败笔（红鬃马吃草时双眼圆睁），
所以，第一幅《百马图》不是《百马图》真本。

大和尚就是依据这个三段论，得出第一幅画不是真本的结论。

焚尸灭迹

在司法工作中，三段论更有重要作用。破案审案判案都离不开三段论推理。

《折狱龟鉴补》卷二记载了这样一个案子：有一户农家，其妻与他人私通，时间一长，被丈夫发觉。其妻告诉奸夫，商量对策。一天晚上，妻子将丈夫灌醉，伙同奸夫用绳子将他勒死。为了掩盖罪行，便放了一把火，烧了房舍。结果尸体被烧焦，颈部也一片模糊。妻子心中暗喜，以为已经消除了一切可疑之处，于是报官验尸。知县验尸时，妻子伏地号啕大哭，哭诉丈夫被烧经过。官员问："你是否与丈夫同住一室？"妻子回答说："是的。"知县又问："既然这样，为什么只烧死你丈夫，而你却没有烧着？"妻子说："起火时，我丈夫因酒醉推他不醒，大火越烧越旺，我不得已才逃出火海，因而得以保全性命。"知县仔细观察了一遍，对妇人说："你丈夫是死后被烧，而不是活着被烧死的。""冤枉啊！"妻子叫了起来，拒不承认。知县说："这是不难辨别的。你看你丈夫，两拳紧握，如果活着被烧，即使是醉汉也必然以手护胸，十指伸张。现在死人两拳紧握，说明是死后被烧。你要是不老实招供，是不会得到宽恕的。"知县命令把妇人押回官府，严加审讯。妇人难以隐瞒，只好如实招供。知县根据当朝法律"杀人致死且情节严重者抵命"，依法判处妇人及奸夫斩首的死刑，并报上司批准。妇人与奸夫终于受到了制裁。

知县在破案、审案和判案中，都运用了三段论。

知县怎么知道丈夫是死后被烧的？他先假设妇人所说的是事实，并以它为小前提，进行三段论推理：

凡活着被烧死的人必然是以手护胸、十指伸张，
酒醉者（妇人丈夫）是被烧死的人（妇人所说），
所以，酒醉者（妇人丈夫）必然是以手护胸、十指伸张。

然后，知县又根据死者现在的姿势，用了一个第二格的三段论：

凡活着被烧死的人必然是以手护胸、十指伸张，
此死者不是以手护胸、十指伸张，而是两拳紧握，
所以，此死者不是活着被烧死的人（即死后被烧）。

这两个三段论形式正确，结论可靠，妇人无法自圆其说，只好如实招供。

知县的判刑过程，运用了三段论的第一格：

凡故意杀人致死且情节严重者斩首，
妇人及奸夫故意杀人致死且焚尸灭迹情节严重，
所以，判处妇人及奸夫斩首。

这个量刑非常恰当、合理，也是妇人及奸夫罪有应得。

三 联言、选言推理的妙用

林肯的演讲

1858年，主张维护联邦统一、逐步废除奴隶制度的林肯，前往伊利诺伊州南部发表竞选演说。伊利诺伊州南部是少数民族部落居住地，盛行奴隶制。当地奴隶主得知林肯要来，决定给他来一个下马威，他们到处煽风点火，制造谣言，使不明真相的人对林肯产生了反感和恶意，有的人甚至准备在演讲中刺杀林肯。林肯的朋友劝他不要去冒险。他们说："那是一个原始的、野蛮的地方，演讲是毫无用处的，弄不好还有生命危险。""不！我一定要去。"林肯信心十足。"你会后悔的。""他们会成为我的朋友的！"

林肯来到伊利诺伊州南部，在乱哄哄的、不满的嘈杂声中开始演讲：

伊利诺伊州的公民兄弟们，你们中的一些人警告我，说要给我一些厉害看看。我不理解你们为什么要这样做。像你们一样，我是一个真诚而普通的人。我诞生在肯塔基州，成长在密苏里安州，同你们中的大部分人一样，从小靠艰苦的劳动糊口度日。我熟悉肯塔基州的人民，熟悉密苏里安州的人民，甚至也熟悉伊利诺伊州的人民，因为我曾是他们中的一个成员。因此，我了解你们，你们也应了解我。但如果你们真了解我的话，你们就会明白我来这里绝不会带来麻烦。既然这样，你们中的一些人为什么要这样对待我呢？公民兄弟们，绝不要干这种蠢事。我们应该成为朋友，我们应该像朋友一样和睦相处。我也是无数地位低下和爱好和平安定的普通百姓中的一员，我不会无理地对待任何人，也不会干涉任何人的权利。我所渴望的东西，就是希望能推心置腹地与你们协商问题，就是希望你们能给我赤诚相待的心。勇敢而爽直的伊利诺伊州的公民兄弟们，我相信你们一定会这样做。现在让我们像亲如手足的兄弟一样，开始讨论问题吧！

林肯的开场白一结束，台下爆发出热烈的掌声和欢呼声。“这个人是一个真诚而普通的人。”“他了解我们，熟悉我们。”台下听众纷纷议论。几个企图闹事的奴隶主像泄了气的皮球，灰溜溜地离开了。

林肯赢得了新的朋友。林肯声情并茂的开场白中，巧妙地运用了联言推理。他的演讲一开始就指出，我们之间有不同的地方，也有相同的地方。不同的是“你们中的一些人警告我，说要给我一些厉害看看”，相同的是“像你们一样，我是一个真诚而普通的人”。这实际上是一个联言命题。然后，

林肯像

从这一前提出发，推出我们之间有相同的地方，用大量的篇幅大讲自己“同你们中的大部分人一样，从小靠艰苦的劳动糊口度日”，是“无数地位低下和爱好和平安定的普通百姓中的一员”，“我们应该像朋友一样和睦相处”。把这个联言推理简化一下，就可得到：

我们之间有不同的地方，也有相同的地方；
所以，我们之间有相同的地方。

联言推理就是前提或结论为联言命题，并且依据联言命题的逻辑性质进行推演的推理。联言推理有两种形式：分解式和组合式。林肯运用的联言推理，前提是联言命题，结论是联言命题的一个联言肢，这是联言推理的分解式，即根据一个联言命题为真而推出其各联言肢为真。它的公式是：

p并且q
所以，p（或q）

运用联言推理的分解式，可以帮助我们在肯定某一总体时，突出其中的某个方面。比如“小王是三好学生（品德好、学习好、身体好）”，我们可以根据不同场合，突出他某一优点。林肯演讲开场白的成功，就在于他突出了“我们之间有相同的地方”，赢得了听众，赢得了这个野蛮部落的人民的支持，这是对联言推理分解式的绝佳运用。

一起碎尸案的侦破

1979年2月25日上午8时02分，京丹27次特别快车到达丹东车站。乘客们都下了车，列车员开始清理车厢。这时一件意外的事发生了。

6号车厢的列车员忽然发现：在某座位上方的行李架上，有两个沉甸甸的行李包。打开一看，包里装的竟是一具碎尸。经过侦察人员对现场的勘察，没有发现什么破案线索。侦察员仔细观察，发现行李包上用的绳子是用上拧法由三股合成的细麻绳。经鉴定，原料是浙江产的三等麻。又据列车员回忆，从北京发车时就有这个行李包。于是，侦察员就在北京寻找生产或出售符合上拧法、三股合成、浙江三等麻这样三个条件的细麻绳的地方。功夫不负有心人。侦察员在北京通县黄木厂生产队找到了生产这种细麻绳的地方，并且了解到产品销售范围仅限北京市。侦察人员走访各个销售点，发现朝阳区双井饮食店购买过这种细麻绳。他们在饮食店内展开调查，终于破了案，原来是该店职工陈某所为。

这起碎尸案的侦破成功，很重要的一点，就是侦察人员运用了联言推理。他们根据细麻绳的三个条件，进行了推断：

细麻绳是由三股拧成的，
细麻绳是用上拧法制作的，
细麻绳的原料是浙江的三等麻，
所以，细麻绳是用浙江产的三等麻，由三股麻、用上拧法制作的。

根据这个结论，侦察员提出了侦察的方向：寻找生产这种细麻绳的地方，进而展开一系列的调查，使案子水落石出。

侦察人员在破案中所运用的联言推理是联言推理的组合式，即根据一个联言命题的各个联言肢为真而推出该联言命题为真。它的公式是：

p
q
r
所以，p 并且 q 并且 r

运用联言推理的组合式，可以帮助我们进行综合、概括。

因小失大

进行联言推理时，一定要注意前提的真假。如果其中一个前提是假的，推理就无法进行。

有一个笑话：一位旅客带了很多行李，他叫了一辆出租车。“到火车站要多少钱？”“10美元，先生。”“太好了。我带的行李怎么算钱？”“这是免费的，先生。”“那好，请您把我的行李送到火车站，我自己走着去吧。”“先生，您太幽默了。”司机笑了，“这怎么行呢？”“您不是说行李免费吗？难道说话不算数？”旅客与司机争吵起来。

司机的话是一个联言命题：“送旅客到火车站要付10美元，并且行李是免费的。”只有两个联言肢同时为真时，整个联言命题才是真的。以真的联言命题为前提，才能推出“行李是免费的”结论。现在旅客不付10美元，这就意味着，联言肢“送旅客到火车站要付10美元”是假的，也就是说整个联言命题是假的。以假的联言命题为前提，当然推不出“行李是免费的”。所以，司机拒绝旅客是理所当然的。

在这个故事中，旅客并没有丧失什么。如果换一种情况，就可能因小失大，得不偿失。

有一个财主丢了一个钱包，内有100个金币。财主贴出布告说，谁找到钱包，就给他10个金币作为报酬。有个农民捡到钱包交给了财主。财主打开钱包一看，100个金币一个不少。财主想赖掉10个金币，就对农民说：“我钱包里还有一只钻石戒指，正好值10个金币，你把它还给我。如果你不还，那10个金币就不能给你。”农民大叫冤枉，财主不依不饶。农民被逼急了，一把夺过钱包交到法官那里。法官传讯财主，财主仍然坚持钱包里有100个金币和一只钻石戒指。法官想了一想，对财主说：“这个钱包归本法官保管，以备丢失100个金币的人来领。你回去等吧，当有人交来装有100个金币和一只钻石戒指的钱包时，你再来领取。”财主一听傻了眼，好似哑巴吃黄连，有苦说不出，只好自吞苦果。

财主因小失大，就是因为他进行联言推理的两个前提中有一个是假的，所以，法官不把钱包判给他，他无话可说。

冯谖买义

战国时，孟尝君任齐国的国相。他治国有方，齐王把薛地封给他作为食邑。一天，孟尝君问手下门客说：“谁愿意替我到薛地去收债？”门客知道这件事很难办，你看看我，我看看你，谁也不吭声。冯谖上前说道：“我去。”孟尝君有门客3000多人，不可能都认识，急忙问：“你是谁？”身旁的门客笑着说：“他就是那个弹剑唱歌的人。”孟尝君高兴地说：“没想到先生还能露一手啊！”临行前，冯谖问孟尝君：“债收完后，买些什么东西回来。”“您看着办吧！我家里缺什么就买什么。”孟尝君说。冯谖到了薛地之后，就把欠债的人召集起来，让他们核对所欠的债钱，核对完后，冯谖对大家说：“孟尝君派我来，是让我告诉大家，你们欠的债他不要了。”说完就下令把所有的债据都烧掉了。债户们激动得高呼“万岁”。冯谖办完这些事后，就乘车回来向孟尝君交差。孟尝君见他这么快就回来了，十分惊奇，问道：“钱都收上来了吗？”“收上来了。”“都买了些什么回来？”“您不是让我买家里缺的东西吗？”冯谖镇静地说，“依我看来，您家里珠宝堆积如山，牛马充满马房，美女成群结队，唯独缺少‘义’，因此，我给您把‘义’买了回来。”孟尝君听了大怒：“我这里三千多张嘴等着吃饭哩！你买‘义’回来有什么用？”冯谖平静地说：“您拥有薛地，却不爱护薛地的百姓，百姓们都怨恨你。现在我为你烧了债据，是为您争得民心，宣扬您的善名，这有什么不好？”孟尝君听了也不好说什么，扬了扬手说：“算了吧。”

一年后，孟尝君遭陷害被齐王免去相职。几千个门客一见孟尝君没了权势，便纷纷离开了他，只有冯谖等几个人陪着他返回薛地。当离薛地还有一百多里时，薛地的老百姓听说孟尝君回来了，都跑来欢迎他。孟尝君看到这情景，

冯谖像

十分感动。他拉住冯谖的手说："先生给我买的'义'，我今天看到了。"

在这个故事中，冯谖使用了一个选言推理：

> 收完债后，或者买珍宝，或者买牛马，或者买美女，或者买'义'；
> 孟尝君家里不缺珍宝，不缺牛马，不缺美女；
> 所以，买'义'。

所谓选言推理，就是以选言命题为大前提，并根据选言命题的逻辑性质来进行推演的推理。由于选言命题有相容的和不相容的两种，选言推理也分为两种：相容的选言推理和不相容的选言推理。冯谖运用的是相容的选言推理，它的大前提是相容的选言命题。相容的选言推理是以相容的选言命题为大前提的选言推理。它的规则是：否定一部分选言肢，就要肯定另一部分选言肢；

肯定一部分选言肢，不能否定另一部分选言肢。与此相应，它的正确形式只有一个：否定肯定式，其公式是：

或者 p，或者 q
非 p
所以，q

陈胜吴广起义

陈胜年轻的时候就有大志。有一天，他对一起在田间耕作的伙伴说："将来富贵了，大家彼此不要相互忘记。"这些伙伴都取笑他。陈胜叹息道："唉！燕雀怎么能知道天鹅的志向呢！"秦二世元年（公元前209年）七月，秦朝政府征发900贫民到渔阳戍边，陈胜、吴广也在其中。队伍行进到大泽乡时，遇上大雨，道路不通，已不能按期到达目的地。按照秦朝的法律，误期的队伍都要杀头。陈胜与吴广商议："现在继续前进是死，逃亡是死，举行起义也是死，怎么才能死得轰轰烈烈呢？"陈胜说："天下遭受秦朝暴政统治的苦难已经很久了。我们举行起义，天下响应的人一定会很多。"吴广认为说得对，于是两人暗中积极准备起义。一天，押送戍卒的将尉喝醉了，吴广故意多次扬言要逃跑，以此激怒他们。将尉果然用鞭子狠狠地抽打吴广，一个将尉拔剑准备杀死吴广，吴广奋起夺剑，杀了这个将尉。陈胜乘机上前，杀了另一个将尉。之后，陈胜随即召集所有的戍卒，对他们说："现在由于遇到大雨，已经误了朝廷规定的到达期限。误了期，按规定是要杀头的。就算朝廷不杀我们，我们去戍边受折磨也会死掉十之六七。大丈夫不死就算了，要死就不如去干一番事业来，王侯将相难道是天生的贵种吗？"戍卒们一想，陈胜说得对极了，就都异口同声地说："我们愿意听从您的命令。"于是，陈胜和吴广就假冒公子扶苏和楚将项燕的名义举行起义。几天后，就连下数城，拥有兵车六七百辆，骑兵千余人，步卒数万人。

这就是中国古代农民的第一次起义——大泽乡起义。

陈胜动员戍卒起义的讲话中，用了一个不相容的选言推理：

我们要么误期让朝廷杀头，要么戍边受折磨而死掉，要么起义干一番大事业；

我们不能让朝廷杀头，也不能去戍边受折磨而死掉；

所以，我们要起义干一番大事业。

这个推理的大前提是不相容的选言命题。不相容的选言推理是以不相容的选言命题为大前提的选言推理。不相容选言推理的规则是：肯定一个选言肢。就要否定其余的选言肢；否定一个选言肢以外的选言肢，就要肯定未被否定的那个选言肢。与此相应，它有两个正确的形式：肯定否定式和否定肯定式。陈胜用的是否定肯定式，它的公式是：

要么 p，要么 q

非 p

所以，q

还有一种形式是肯定否定式。有这样一个故事：从前，有几个朋友相约出行。他们乘一艘小船渡江。船到江心，突然刮起了暴风，风大浪急，船翻了。好在几个人都是游泳能手，大家奋力向岸边游去。有一个水性最好的人，这次游得却最慢，远远地落在后面。大家感到很奇怪，就问他："你平时游得最快，今天怎么游不动了？"他回答说："我腰上缠着一千个铜钱，太重了，所以游不动。"大家赶紧劝他："快把钱丢掉！否则就没命了。"这位朋友挣扎着说："钱是我的命根子，我要钱！不能扔掉它！"这时，大家已经游到岸上，这位老兄还在原地打转。大家拼命呼喊："你太蠢了！命快没了，还要钱干什么？赶快把钱扔掉！"只见这位朋友摇了摇头，就沉到水底，一命呜呼了！

一般说来，"钱"与"命"是相容的，但是在风急浪高的江中，对这位朋友来说，“钱”与“命”是不相容的，二者只能选一个。然而这位游泳能手却选择了“钱”，所以只好丢命了。这个推理过程是这样的：

要么要钱，要么要命；
这位朋友宁肯要钱，
所以，这位朋友只好不要命。

这是不相容选言推理的肯定否定式，它的公式是：

要么 p，要么 q
p
所以，非 q

高柔辨冤

选言推理在破案审案中具有重要作用。

据《三国志·魏书》记载，三国时期魏国初年，陈留人高柔担任魏国的最高司法官廷尉。有一天，护军营军士窦礼离开军营后，就再也没有回来。军营认为他逃跑了，请求搜捕，并把窦礼的妻子及子女都收入官府作奴婢。窦礼的妻子多次喊冤叫屈，但没有人理会她。窦妻就告到廷尉那里。高柔亲自审理了这一案件。高柔问窦妻：“你怎么知道你的丈夫不是逃跑的呢？”窦妻流着眼泪回答：“我丈夫从小就是孤儿，后来奉养了一个老太太作为母亲，他对老人非常孝敬；他平时又很疼爱自己的子女，抚养照顾，一刻也不离左右；他不是那种轻浮狡猾不顾家随便就外逃的人啊。”高柔心想：窦礼失踪这么长时间，有两种可能，一是外逃，二是被谋杀了。从窦妻的话中，好像不可能外逃。是不是被别人杀害了？被什么样的人杀害呢？想到这里，高柔又问：“你丈夫是不是与别人有什么怨仇？”窦妻回答说：“我丈夫很善良，与别人没有怨仇。”“你丈夫是否与什么人有钱财来往？”“他曾借钱给同营的焦子文，后来去讨，焦不给。”此时，焦子文正因为犯小罪被关在监狱。高柔叫人把焦子文提了出来，先问他为什么被捕，然后又问他：“你是不是曾向人家借过钱？”焦子文说：“自己虽贫穷，但从来就不敢向别人借钱。”高柔的眼睛紧紧盯住焦子文，他发现焦子文内心不安，就追问：“你过去曾借过窦礼的钱，怎么说从来没有向人借过钱？”焦子文大吃一惊，心想这事怎么让他知道了？心中一慌，回答就语无伦次。高柔见状，进一步追问：“你已经把窦礼杀害了，早认罪对你是有好处的。”焦子文知道事情已无法再隐瞒了，就叩头认罪，交代了杀害窦礼的经过和埋藏窦礼尸体的地方。高柔立即派人前去发掘，发现了窦礼的尸体。至此，案情真相大白。后来魏主下诏恢复了窦礼妻子和子女的平民身份，并将此案通告各地，让人们从中吸取教训。

高柔审案的高超技巧主要表现在他连续用了两个选言推理。第一个选言推理：

窦礼或者不顾家外逃，或者被人杀害了；

窦礼不会不顾家外逃，因为他对老母孝敬、疼爱自己的子女、不是轻浮狡猾的人；

所以，窦礼被人杀害了。

这是不相容选言推理的否定肯定式，从中推出“窦礼被人杀害了”。窦礼是被谁杀害的，是什么原因死的？高柔又用了第二个选言推理：

窦礼或者与别人有怨仇，或者与别人有钱财来往；

窦礼与别人没有怨仇，

所以，窦礼与别人有钱财来往。

这是相容选言推理的否定肯定式，它的结论还得到了窦妻的证明：“他曾借钱给同营的焦子文，后来去讨，焦不给。”这样就为破案提供了重要线索。

高柔掌握了焦子文向窦礼借钱的有力证据后，很快突破了焦的防线，迫使焦交代了自己的罪行。

北朝后周时，有个商人带了二十斤金子到京城做生意。这个商人寄居在某人家里，每逢外出，都把金子锁在箱子里，钥匙总是随身带着。一天，他打开箱子一看，里面的金子全没有了，而锁一点也没有损坏。他认为是房东盗窃的，便去官府告状，县府进行了逼供，房东被屈打成招。这时，柳庆刚到后魏做雍州别驾，辅佐刺史，总理众务。他听说后，就把商人叫来问道：“你把钥匙放在哪里啦？”商人回答说：“我一直随身带着。”“你曾经和别人同床共宿过吗？”“没有。”柳庆又问：“你曾经和别人一起喝过酒吗？”商人说：“前些日子，白天，曾和一个和尚痛痛快快地喝过两次酒，喝醉了就睡着了。”柳庆说道：“现在问题清楚了，房东不是真正的盗窃犯，是由于刑讯逼供才招认的。那个和尚才是真正的盗窃犯啊！”于是，柳庆立即派人去捉拿那个和尚，可是他早已卷着赃物逃之夭夭了。官府跟踪追捕，终于将他捉捕归案，才把全部金子追回，还给了那个商人。

柳庆把商人找来，连问了几个问题，构成了一个选言命题：

或者你摆放不当钥匙被房东拿过；
或者你和别人同床共宿时钥匙被人拿过；
或者你喝醉酒时钥匙被人拿过。

根据商人的回答，否定了第一和第二个选言肢，即钥匙一直放在商人身上，房东不可能拿到；商人也没有和别人同床共宿过。只有最后一个选言肢没有被否定，所以，柳庆就此推出：只有和尚才有可能拿到商人的钥匙将二十斤金子盗走。这是运用选言推理的否定肯定式而得出的结论。后来的事实也确实证明了柳庆推理的正确性。可见，选言推理在审案破案过程中有多么重大的作用。

考古中的学问

你知道马王堆的墓主因何而死？你又知道大诗人李白生于何地？选言推理能够帮助考古学者解决这些千古难题。

唐代大诗人李白，字太白，号青莲居士，出生于武则天长安元年（公元701年），死于唐肃宗宝应元年（公元762年）。他少年时就显露才华，25岁时离川，在各地漫游，天宝初年供奉翰林。但是长期以来，人们对李白的出生地究竟在哪里，一直没有弄清。郭沫若先生对此作了考证。

郭沫若根据唐宪宗元和十二年（公元817年）范传正写的《唐左拾遗翰林学士李公新墓碑文》得知："公名白，字太白，其先陇西成纪人。绝嗣之家，难求谱牒。公之孙女搜于箱箧中，得公之亡子伯禽手疏十数行，纸坏字缺，不能详备，约而计之，凉武昭王九代孙也。隋末多难，一房被窜于碎叶。流离散居落，隐易姓名。"

碎叶在哪里呢？郭沫若经考证得知，碎叶在唐代有两处：一处是中亚碎叶（唐时属安西都护府，故址在今吉尔吉斯斯坦共和国托克马克附近），一处为焉耆碎叶。焉耆碎叶城，是安西都护王方翼于唐高宗调露元年（公元679年）建筑的。郭沫若认为，《碑文》标明李白的祖先是"隋末"迁移流落到碎叶的，而隋末时焉耆碎叶城还没有出现，这就说明李白不是生于焉耆碎叶城，而是出生于中亚细亚的碎叶城。

郭沫若运用的就是一个选言推理：

李白或者出生于中亚碎叶，或者出生于焉耆碎叶；
李白不可能出生于焉耆碎叶，
所以，李白出生于中亚碎叶。

这是选言推理的否定肯定式，完全符合选言推理规则，它为我们解决了

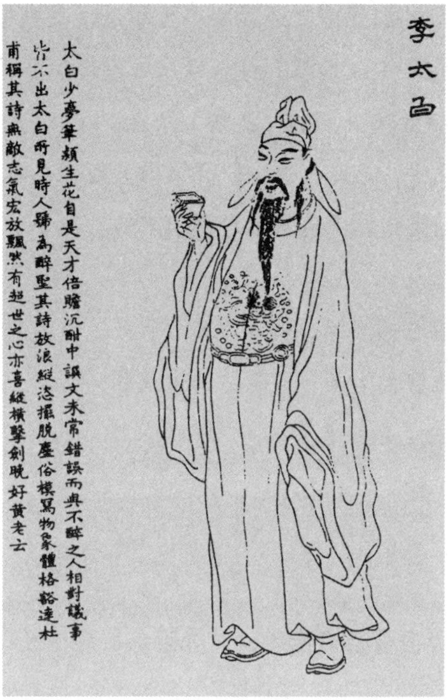

李白像

李白出生地的千古之谜。

1972 年和 1974 年考古学家先后两次在长沙市东郊 4 公里的马王堆进行发掘，发掘出三座西汉前期的墓。三座墓中以一号墓的规模最大，椁室用整块的厚木板构成。中央放置装饰华丽的四层套棺，周围的边箱随葬各种物品。由于深埋所造成的恒温、恒湿、缺氧和无菌条件，使这座汉墓保存得非常完好。特别是出土的女尸保持程度之佳，在历史上也是罕见的。

专家们对一号汉墓的女尸进行了详细研究。研究的课题之一：她是什么原因死的？汉墓主人死了已经两千一百多年，她的死因还能查出来吗？

专家们经观察检查发现，女尸年龄约 50 岁左右，皮下脂肪丰满，并无高度衰老现象，大家推断，墓主人不可能是自然老死。这说明另有原因。是不是暴力致死？专家们仔细检查女尸的头部、胸部、背部等，没有发现任何暴力造成的致死创伤。因此，专家们推测墓主人是病死的。

是怎么病死的？是急性病还是慢性病？专家们发现女尸的营养状况良好，皮肤未见久卧病床后常见的褥疮，也未见慢性消耗性疾病的证据。而且还有一个重要发现，女尸的消化道内还残留不少甜瓜子。根据这些情况，专家们作出了这样的结论：墓主人是因某种急性病或慢性病急性发作，在进食甜瓜之后不久死的。1973年第九期的《文物》杂志，在《马王堆一号汉墓女尸研究的几个问题》一文中，披露了这一研究结果，轰动了全世界。

专家们的结论是通过两个选言推理得出来的。其一是：

墓主人或者自然老死，或者为暴力致死，或者病死；

墓主人不是自然老死，不是为暴力致死；

所以，墓主人是病死。

其二是：

墓主人或者因慢性病而死，或者因急性病而死，或者因慢性病急性发作而死；

墓主人不是因慢性病而死，

所以，墓主人是因急性病或慢性病急性发作而死。

由于这两个选言推理的前提真实，推理形式正确，故其结论是可信的。

土耳其商人和帽子

选言推理与人们的聪明是密切相关的，许多智力题中都有与选言推理相关的题。熟练掌握选言推理的技巧，有利于提高人的智商。

著名的物理学家爱因斯坦曾经出过这样一道题——《土耳其商人和帽子的故事》：

有一个土耳其商人，想找一个助手协助他经商，他要求这个助手必须十分聪明。消息传出去后，有两个人前来应聘。土耳其商人把两个人带进一间伸手不见五指的漆黑的房间。他打开电灯后说：“这张桌子上有五顶帽子，三顶是黑色的，两顶是红色的。现在我把电灯关掉，并且把帽子摆放的位置打乱，然后我们三人每人摸一顶帽子戴在头上，当我开灯后，请你们尽快地说出自己头上戴的帽子是什么颜色。”说完之后，商人就把电灯关了。三个人都摸了一顶帽子戴在头上。同时，商人还把剩余的两顶帽子藏了起来，接着把电灯打开。这时，两个应试者看到商人头上戴的是一顶红帽子。两个应试者相互看来看去，无法判断。过了一会儿，其中一个人便叫了起来：“我戴的是黑帽子！”“好，你被录取了。”土耳其商人对叫喊的应试者说。

这个应试者是怎样推出自己戴的是黑帽子呢？他是运用选言推理的否定肯定式得出的。他是这样分析的：帽子只有红、黑两种颜色，不是戴黑帽子，就是戴红帽子。红帽子只有两顶，商人已戴了一顶，剩下还有一顶。如果对方看到我戴的是红帽子，他会马上推出自己戴的是黑帽子。但是对方看到我头上的帽子后不吱声，这说明我头上戴的是黑帽子。其推理过程是：

我戴的帽子或者是红帽子，或者是黑帽子；

我戴的帽子不是红帽子，如果我戴的是红帽子，对方会马上推出自己戴的是黑帽子；

所以，我戴的是黑帽子。

当然运用选言推理的具体形式不止这一种。他也可以这样考虑，商人戴了一顶红帽子后，两个应试者戴帽子的情况只有两种可能：或者一红一黑，或者两黑。而一红一黑不可能，因为这样两顶红帽子都出现了，另一人就会马上推出自己戴的是黑帽子。所以，两人戴的都是黑帽子，那自己头上戴的肯定是黑帽子，即：

两个应试者戴的帽子，或者一红一黑，或者两黑；

两个应试者戴的帽子不可能一红一黑，

所以，两个应试者戴的都是黑帽子。

他还可以这样考虑，三个人戴帽子的情况有三种可能：或者三黑，或者两黑一红，或者一黑两红。不可能三黑，因为商人已戴了红帽子；也不可能一黑两红，因为这样，另一个应试者会马上推出自己戴的是黑帽子。所以，三个人戴的帽子只能是两黑一红，由于商人已戴红帽子，因此两个应试者戴的都是黑帽子，即：

三人戴的帽子或者三黑，或者两黑一红，或者一黑两红；
三人戴的帽子不是三黑，不是一黑两红；
所以，三人戴的帽子是两黑一红。

不管是哪种推理形式，所用的都是选言推理的否定肯定式，聪明的应试者应该推出自己头上戴的是黑帽子。

沧州石狮

河北沧州南面，河边上坐落一座雄伟的庙宇。有一年，河水暴涨，大水把山门冲塌在河里，山门前的两个石狮也滚落到河中。十几年后，一个和尚募钱重修。他们雇了船，在石狮滚落的地方打捞石狮，竟然没有找到。石狮到哪里去了呢？大伙猜想，石狮可能被河水冲到下游去了。于是划小船，曳铁钯，顺流往下搜钯十多里，也没找到。庙里住着的一位教书老先生听到这件事。笑着说：“你们都不懂物理，石狮又不是木头，岂能被大水冲走？石头重，河沙轻，石狮落在上面，越埋越深，你们往下游去找，真是笨哪！”大家都认为他说得对，于是就在落水处深挖打捞。几天深挖下来，还是不见石狮的踪影。大家都感到奇怪：是不是真有神仙，他们把石狮搬走了？众人百思不得其解。一个老河工知道了这件事，对大家说：“石狮落在河里，应该到上游去找。”众人笑了：“您老人家是不是开玩笑，这么重的石狮怎么会跑到上游去呢！难道石狮会游泳，游到上游去了？”老河工摸了摸胡子，笑了笑，继续说："石狮肯定在上游。这是因为石头重，沙子轻，水冲不动石头，但冲在石头上的水有一股反击力，会把石头前面的沙子冲刷开，越冲刷越深，最后使石头倒在冲成的坎穴中。这样，水再一次冲刷，于是石头一步步移动，往上游走去。所以，你们打捞的地方选择错了。不信，你们到上游打捞看看！"众人将信将疑，但是也无计可施，只好按照老河工的话，驾船到上游去打捞，果然在上游找到了这对石狮。

众人打捞石狮的过程，从思维的角度来看，运用了选言推理的否定肯定式，推理的过程是：

石狮可能在落水处，可能在下游，可能在落水处的深处，可能在上游；
石狮不在落水处，不在下游，不在落水处的深处；
所以，石狮在上游。

这个推理是正确的。现在的问题是，在老河工指点之前，大家为什么没有找到石狮呢？因为那时这个选言推理的大前提是不穷尽的。那时它的大前提是："石狮可能在落水处，可能在下游，可能在落水处的深处。"其中漏掉一个选言肢"石狮可能在上游"，而恰恰这个选言肢是真的，少了这种可能的选言前提就是虚假的。以这样虚假的选言命题为大前提进行推理，当然不可能得出结论。即使得出结论，这个结论也是不可靠的。

有这样一个笑话：一个人，拿着一根很长的竹竿进城去。他到了城门口，竖着拿竹竿，城门太矮，进不去；横着拿竹竿，城门太窄，也进不去。他往城墙上扔，想扔过去，但城墙太高，竹竿扔不进去。没有办法，他只好抱着竹竿，在城门口哭泣。城里的县官知道了这件事，便拍着桌子大声嚷道："这个拿竹竿的人，真是笨蛋！竹竿长，你进不了城门，你用刀把竹竿截成几节，不就进得了城门了吗？哈哈哈！"

这位"聪明"的县官认为，拿长竹竿进城门只有四种办法：要么竖着拿，要么横着拿，要么把竹竿扔过城墙去，要么把竹竿截成几节。在他看来，竖着拿竹竿，横着拿竹竿，往城墙上扔竹竿，都进不了城门，这样，只有把竹竿用刀截成几节才能拿进城门。这个结论是不可靠的，这个推理是错误的，因为县官作出的选言推理的大前提是不穷尽的。他忽略了一种办法，就是把竹竿头或尾对准城门顺着拿进去。这才是拿长竹竿进城门的正确方法。而把竹竿截成几节的方法是愚蠢的，它会使竹竿失去应有的功用。

所以，进行选言推理时，必须要注意大前提的选言肢要穷尽。选言肢穷尽，才能确保选言前提为真，而只有在选言前提为真的情况下，选言推理才能正常进行。忽略这一点是非常错误的。

郑人买履

使用选言推理时，除了大前提必须穷尽外，还要注意相容选言推理不可使用肯定否定式。相容选言推理使用肯定否定式，是选言推理最常见的错误。《韩非子》里有个“郑人买履”的故事：从前，有个郑国人想买一双鞋子。一天，他仔细量了自己脚的尺码，准备到集市上去买鞋。来到集市上，他走进了一家鞋店，看见一双鞋子，觉得很中意，便想买下来。可是一摸口袋，坏了！量好的尺码没有带来。他对店主说：“我忘记了带尺码来，请你等一会。”说完便急匆匆地走了。他的家离集市很远，等他拿了尺码返回集市，天已快黑了。店主左等右等，不见他回来，就把门关了。郑国人来到鞋店，一面用力敲门，一面喊道：“快开门！我来买鞋了！”旁边的人以为出了什么事，都围了上来。郑国人便把事情的经过一五一十地告诉了大家。他一说完，周围的人就批评他说：“你这个人怎么这样不开窍？你为自己买鞋，只要穿上试一试就行了，为什么还要回家取尺码呢？”郑国人回答说：“你们懂什么？我这尺码是仔仔细细量出来的，最准确了，我是宁可相信量好的尺码，也不能相信自己的脚。”众人大笑。

这个郑国人的思维过程是如下一个选言推理：

或者相信量好的尺码，或者相信自己的脚；
宁可相信量好的尺码，
所以，不相信自己的脚。

郑国人的推理是肯定否定式，它是错误的。因为“相信量好的尺码”与“相信自己的脚”是相容的，并不相互排斥。“相信量好的尺码”，并不意味着不可“相信自己的脚”。相容选言推理的肯定否定式是不正确的，而不相容选言推理的肯定否定式是正确的。在选言推理中，我们必须认真加以区别。

《世说新语》记载这样一件事：东晋征西大将军桓温奉命伐蜀，途经三峡的时候，看到陡峭的山壁直插蓝天，奔腾的江水浪高流急，便叹息道：“唉！既然做了忠臣，就不能做孝子了！”

桓温的这段议论用的是选言推理。它的完整过程是这样的：

一个人或者做忠臣，或者做孝子；
现在我做了忠臣，
所以，我不能做孝子了。

这个选言推理是否正确呢？一般来讲，“忠臣”与“孝子”是相容的，也就是说，一个人既可以做忠臣，又可以做孝子。这样，上面的这个推理就不正确了，因为相容选言推理的肯定否定式是无效的。但是，“忠臣”与“孝子”在特殊情况下，又是不相容的，二者必居其一，也就是说，一个人不可能既做忠臣，又做孝子。军人上战场面临生死考验时，就不能忠孝两全。桓温面临的就是这样的境况。这样，上面这个推理就是正确的。因为它是不相容选言推理的肯定否定式，而不相容选言推理的肯定否定式是有效的。也许有人会说，战场上为国捐躯当忠臣，这是最好的孝子，所以“忠臣”与“孝子”是相容的。这种说法已超出了形式逻辑所讨论的范围，在形式逻辑中，每一个概念、命题在一定的语境都有确定的意义。所以，判断一个选言推理的肯定否定式是否有效，关键在于看它在特定的语境中是相容的选言推理，还是不相容的选言推理。

四 假言推理的巧用

孔融见李膺

大家都听过孔融让梨的故事，幼小的孔融就懂得谦让。但是你可能并不知道，孔融小时候还是一个聪明机灵的孩子。

据《世说新语》记载，孔融十岁时随父到了京城洛阳。当时朝廷的司隶校尉是大名士李膺，孔融就去拜访他。到了李膺的家门口，看门的不让他进。孔融灵机二动，对看门的说："我是李大人的亲戚。"看门的就让他进去了。李膺见到孔融就问："你说你是我的亲戚，我与你有什么亲？"孔融从容不

李膺像

迫地说："我的先人孔子曾经向您的先人老子请教过礼仪之事，所以，我们孔、李两家当然有亲。"老子姓李名耳，孔融这样说，非常有趣。当时在座的客人都对这十岁孩子的回答感到惊奇。后来又来了一个客人陈韪，他听了这件事后，不以为然。他说："这有什么了不起！小时候聪明，长大了就不怎么样了。"小小孔融当然明白陈韪的意思，这是对自己的轻视和否定，于是就来个反唇相讥："我猜想您小时候必定是很聪明的。"在座的客人哄堂大笑，陈韪十分尴尬。陈韪为什么尴尬呢？因为孔融巧妙地利用陈韪的话作为前提，加上自己的一句话，构成了一个推理：

如果小时候聪明，那么长大了就不怎么样；
我猜想您小时候聪明，
所以，您现在不怎么样。

面对这个推理，陈韪当然十分尴尬，因为这个结论是从他自己的话中合乎逻辑地得出的。它的前提是一个充分条件假言命题，既然"小时候聪明"是"长大了就不怎么样"的充分条件，那么，肯定了"小时候聪明"，就必然推出"长大了就不怎么样"（您现在不怎么样）的结论。

我们把这种以充分条件假言命题为前提，并且根据充分条件假言命题的逻辑性质进行推演的推理叫做充分条件假言推理。充分条件假言推理的规则是：肯定前件就要肯定后件，否定后件就要否定前件；否定前件不能否定后件，肯定后件不能肯定前件。与此相应，它有两个正确的形式：肯定前件式和否定后件式。上述推理就是肯定前件式，它的公式是：

如果 p，那么 q
p
所以，q

否定后件式的公式是：

如果 p，那么 q
非 q
所以，非 p

王戎是西晋的“竹林七贤”之一。他小时候就异常聪明。他 7 岁的时候，和一些小朋友在外面玩耍，看见大路旁边一棵李树上，挂满了已经成熟的李子。李子又大又圆，小朋友们争先恐后地爬上树去摘，唯独王戎站着不动。有个大人感到奇怪，问他：“王戎，你为什么不去摘？”王戎回答说：“像这种在大路旁边还没有被人摘去的李子，一定是不好吃的。”小朋友们摘来一尝，又苦又涩，根本无法咽下。大家非常佩服王戎的智慧。

王戎为什么说树上的李子不好吃呢？因为他运用了一个否定后件式的充分条件假言推理：

如果大路旁边李子树上的李子好吃，那么就会被人摘去；
大路旁边这棵李子树上的李子没有被人摘去，
所以，这棵李子树上的李子一定不好吃。

这个推理是从否定后件到否定前件，毫无疑问是正确的。

王戎像

饮酒称乐

充分条件假言推理用得不好，就会出差错。

《战国策·魏策》记载了这样一件事：有一天，魏文侯与大夫田子方一起饮酒，其间魏文侯谈起了音乐。魏文侯的评论，滔滔不绝，对音乐十分内行。田子方一边听，一边暗暗发笑。魏文侯发现不对头，停了下来，问："你为什么要笑我？"田子方行了礼，说："我听说，如果国君贤明，那么，便乐于办理政务；如果国君不贤明，那么，便乐于搞音乐之类的东西。现在您对音乐很在行，我恐怕您对于政务就会不管了。"魏文侯听了，连忙说："你说得对，使我受到了教育，我一定虚心接受。"

田子方劝说魏文侯多关心政务，心是好的，但是他的说理却有问题。田子方的说理中运用了两个充分条件假言推理，其一是：

> 如果国君不贤明，那么便乐于搞音乐之类的东西；
> 现在您对音乐很在行，
> 所以，你不贤明。

这个推理是错误的。因为根据规则，充分条件假言推理肯定后件不能肯定前件。其二是：

> 如果国君贤明，那么，便乐于办理政务；
> 国君您不贤明（前一推理的结论），
> 所以，国君您对于政务就会不管了。

这个推理也是不正确的。因为它是否定前件式。充分条件假言推理否定前件不能否定后件。好在田子方的心是好的，魏文侯虽不懂逻辑但能从谏如流，所以魏文侯就糊里糊涂接受了田子方的意见。如果在办案、科研等方面，运用了错误的充分条件假言推理，就会造成冤案、错案和损失。

有一年夏天，一个恶讼师为他人写状子。恶讼师明知必败无疑，但舍不得这个捞钱的机会，于是就铤而走险。为了给自己留一条路，就穿上厚厚的棉衣，当着告状者的面，坐在烧得红红的火炉边写完状子。在状子中，他捏造事实，诬陷对方。官司不出恶讼师的所料，输了。官司败诉之后，官府追究诬告罪，一追就追到恶讼师身上。在公堂上，恶讼师与告状者对质。恶讼师故意问告状者："我什么时候给你写过状子？"告状者如实回答："六月。那时你穿着厚厚的棉衣，坐在火炉边写的。"告状者原以为一五一十地回答，一定会推卸掉责任，殊不知却正中了恶讼师的圈套。这时，堂上的判官冷笑一声，说："胡说八道！哪有大热天穿棉衣的？！你不但诬告被告，还要诬陷讼师！"于是就判决告状者犯诬告罪，而把恶讼师释放了。

在这个案子中，判官运用了一个充分条件假言推理：

> 如果是寒冬腊月，那么人们就要穿棉衣、烤火炉；
> 他写状子时不是寒冬腊月（而是炎热的六月），
> 所以，他不可能穿棉衣、烤火炉。

按照这个推理，判官认定告状者胡说八道，并判他诬告罪，而把真正的诬告者——恶讼师释放了，制造了一起冤假案。其实判官的推理是错误的，他用的是充分条件假言推理的否定前件式，是不正确的推理形式，根据规则，充分条件假言推理否定前件不能否定后件。

聪明的县官和法官

从前，一个卖油的和一个卖菜的吵吵闹闹来到衙门。卖菜的手里拿着一个银币，对县官说："刚才我要去买布，这个卖油的看到我手里拿着银币就要来抢，我没有让他抢去，他说这个银币是他的。大老爷啊，这个银币是我今早从家里带出来的，怎么是他的呢？”卖油的说：“这个银币是我从家里带出来的，我拿着它想兑换成零钱，找了几个人都兑不开，最后我把这个银币交给这个卖菜的，请他兑换，他就把这个银币拿去不还给我了。”“事情果真如你们所说吗？”县官问。两人都对天发誓：“说的都是实话。”“这个不难判断。”县官命令人端一盆水来，对卖菜的说：“把银币扔在水里！”两人都不明白县官的意思。银币在水里泡了一会，县官看了看水，哈哈一笑，说：“这个银币是卖菜人的。”“怎么会是卖菜人的？”卖油的大叫。“你还狡辩！”县官对卖油的说，“你手上尽是油脂，你拿过的银币一定会沾上油。我把这个银币泡在水里，水面上一点油花也没有。这个银币怎么会是你的？”卖油的一听傻了，半天也说不出话来。县官说：“现在，卖菜的把这个银币拿回去，我要判卖油的罪。”

县官的审案中运用了这样一个推理：

> 只有水面上浮起油花，这个银币才会是卖油人的；
> 这个银币扔在水里，水面上一点油花都没有；
> 所以，这个银币不是卖油人的。

这个推理的前提是一个必要条件假言命题，既然“水面上浮起油花”是“银币是卖油人的”的必要条件，那么，否定了“水面上浮起油花”就当然否定了“银币是卖油人的”。它的正确性是不可置疑的。

我们把以必要条件假言命题为假言前提所进行的假言推理称之为必要条件假言推理。必要条件假言推理的规则是：否定前件就要否定后件，肯定后件就要肯定前件；肯定前件不能肯定后件，否定后件不能否定前件。与此相应，它有两个正确的形式：否定前件式和肯定后件式。上述县官的推理是否定前件式，它的公式是：

> 只有 p，才 q
> 非 p
> 所以，非 q

肯定后件式的公式是：

只有p，才q

q

所以，p

阿富汗有一个民间故事：有一个年轻人要出远门，他把自己平时积蓄的钱寄放在一个老头那儿。年轻人出门归来，去找老头要钱，老头却矢口否认有这回事。于是吵到法官那儿打官司。法官问老头是否拿过年轻人的钱，老头发誓没拿。法官又问年轻人有无收据，当时有无证人在场，年轻人回答都没有。怎么审理这场没有收据和证人的官司呢？法官想出了一个主意。他问年轻人："你是在哪里把钱交给老头的？""在一棵大树底下。"年轻人回答。"好！这就是证人。你现在马上赶到大树那里，就说本官传它来作证。"年轻人发了愁，说："大树能听懂我的话吗？"法官说："你带上本官的大印，它就会听懂了。"年轻人无可奈何，带上大印走了。老头在一旁暗暗高兴。过了一会，法官看了看太阳，随口问老头："怎么样，这个年轻人该走到大树下了吧？"老头随口而出："早呢。"又过了一个小时，法官又自言自语："这个年轻人该往回走了吧？""对，该往回走了。"老头巴结地说。年轻人终于回来了，他哭丧着脸对法官说："我拿出你的大印，大树还是不理我，我没法传它来作证。唉……"法官笑着说："诚实的年轻人，不要灰心。你已把证人带来了。"老头四处张望，不见有人，连忙问："证人在哪里？法官大人，我怎么没有看见？""证人就是你！"法官脸色严肃起来，"你已证明年轻人说的都是实话。"老头大惊失色："我没有呀！法官大人。"法官哈哈大笑："没有？刚才我问这个年轻人该走到大树下了吧，你是怎么回答的？我问这个年轻人该往回走了吧，你又是如何回答的？""……"老头语塞。"只有到大树底下拿过年轻人的钱，才能知道大树与这里的距离。你没有去过大树底下，你怎么知道大树与这里的距离？啊？"法官厉声问道。老头"扑通"一声跪在地上，向法官求饶："我老糊涂了，我欺骗了大人。"

说完，乖乖地把钱交给了年轻人。

聪明的法官在审案中，巧妙地运用了一个必要条件假言推理的肯定后件式，这就是：

只有到大树底下拿过年轻人钱的人，才能知道大树与这里的距离；
你知道大树与这里的距离，
所以，你到大树底下拿过年轻人钱。

这个推理完全合乎逻辑，彻底揭露了老头的谎言。

酋长遇刺

如果不遵守必要条件假言推理的规则，就要犯错误。

某酋长国的一位酋长在西方某国首都访问。一天上午将近十点，酋长乘坐的敞篷车驶近银行大厦时，遇到刺客。有人向酋长连开五枪，子弹是从银行大厦三楼射出的。酋长被三颗子弹击中，生命垂危。案发后，警方抓住了一个名叫冯特的嫌疑犯，并一口咬定他是凶手。“你们为什么要抓我？”冯特大叫。“因为你刺杀酋长。”“请问，有什么证据？”“证据？这不是明摆着！我问你，这天上午九点半到十点，你在哪里？”“我在银行大厦三楼。”“这就对了，只有酋长被刺的时刻在银行大厦三楼逗留的人，才能作案，那你还不是凶手？！”冯特急了：“在银行大厦三楼逗留的人也不止我一个呀！”“你不要着急。还有，你有没有一支65毫米的意大利卡宾枪？”“这……”“你瞒不了我们，这是你化名“南希”，于三个月前买的。对不对？”“有枪又怎么啦？”“这更说明你是凶手。你想想，除非不是凶手，才不会有一支65毫米的意大利卡宾枪；你有一支这样的枪，你无疑是凶手了。”冯特反问：“难道有枪的人都是凶手？”“你不要狡辩！还有一个更重要的理由：我们调查过了，你是一个特等优秀射手。只有特等优秀射手，才能在十秒钟内连发五枪。

别人是做不到的，只有你可以做到。你还有什么话要说？”“你们冤枉好人！”冯特气极了。警察反问道：“难道这些理由还不充足？”冯特喊道：“我要请律师！”“这是你的权利。不过，你逃脱不了！”冯特请了律师。在法庭上，冯特的律师把警方的指控从逻辑上一一驳倒了。

警方第一个理由是：

只有酋长被刺的时刻在银行大厦三楼逗留的人，才能作案；
冯特是当时在银行大厦三楼逗留的人，
所以，冯特是凶手。

律师指出，这是必要条件假言推理的肯定前件式。根据规则，必要条件假言推理不能从肯定前件到肯定后件。所以，这个推理是不能成立的。

警方第二个理由是：

只有不是凶手，才不会有一支65毫米的意大利卡宾枪；
冯特有一支65毫米的意大利卡宾枪，
所以，冯特是凶手。

律师指出，这是必要条件假言推理的否定后件式。根据规则，必要条件假言推理不能从否定后件到否定前件。所以，这个推理是无效的。

警方第三个理由是：

只有特等优秀射手，才能在十秒钟内连发五枪；
冯特是特等优秀射手，
所以，冯特是凶手。

律师指出，这也是必要条件假言推理的肯定前件式，也是无效的推理。自以为聪明的警方，没想到在逻辑上出了洋相。

上行下效

《大唐新语》里记载了一个故事：

唐代的裴玄本喜欢与人开玩笑。他担任户部郎中时，左仆射房玄龄病得很厉害，部里的一些官员想要去看他。裴玄本开玩笑说：“房仆射的病能好，就去看望他；若好不了，就不要去看望他。”这句话不知怎么传到了房玄龄的耳朵里。后来，裴玄本随着大家去看望房玄龄时，房玄龄一见裴玄本就高兴地说：“裴郎中来了，我一定死不了啦！”

在这个故事中，裴玄本说的话实际上是一个充分必要条件假言命题，房玄龄以这个命题为前提进行了推理：

当且仅当房仆射的病能好，则裴玄本去看望他；
裴玄本去看望他，
所以，房仆射的病能好。

房玄龄像

这是充分必要条件假言推理。充分必要条件假言推理是以充分必要条件假言命题为前提而构成的假言推理。充分必要条件假言推理的前提的前、后件之间是等值关系，所以，肯定前件就要肯定后件，否定前件就要否定后件，肯定后件就要肯定前件，否定后件就要否定前件。不可以肯定前件而否定后件、否定前件而肯定后件等。

春秋时，齐国的国君齐灵公有个怪癖，喜欢宫中女子女扮男装。他让她们穿上男人的衣服，佩戴男人的饰物。消息从宫中传到宫外，上行下效，整个京城的妇女都穿起男人的服装，弄得不伦不类。外地人到京城来，不细加分辨，还以为城中全是男子，没有女人。齐灵公知道后十分生气，他下令禁止京城的人女扮男装，宣布女人如果穿男人的衣服，就把她的衣服撕碎，把她的衣袋扯断。可是京城的女人不听命令，照旧穿男服，佩男饰。齐灵公大伤脑筋，一筹莫展。一天，晏婴去见齐灵公。齐灵公问他："我派了许多官员去禁止女扮男装，可是还是禁止不了，这是为什么？"晏婴说："您喜爱宫中女子穿男人衣服，佩男人饰物，却禁止宫外女子着男子衣服，这好比在门口悬挂牛头，实际上卖的是马肉，这怎么能禁止得了呢？您如果真的想禁止女扮男装，为什么不从宫内做起呢？"齐灵公听了连声说道："好！言之有理。"立即下令：宫中女子一律不准穿男装。结果不到一个月，齐国的妇女没有再穿男装的了。

在这个故事中，齐国宫中女穿男装是京城女穿男装的充分必要条件。京城为什么流行女穿男装呢？这是因为宫中女穿男装。这个推理过程是：

当且仅当宫中女穿男装，则京城女穿男装；
现在宫中女穿男装，
所以，京城女穿男装。

这个推理是正确的，它是从肯定前件到肯定后件。

齐灵公禁止京城妇女穿男装，为什么行不通？这个推理是：

当且仅当宫中女穿男装，则京城女穿男装；

现在宫中女穿男装，

所以，京城不许女穿男装。

充分必要假言推理不可以从肯定前件到否定后件。所以，这个推理是无效的。上行下效，内行外效，允许宫中女穿男装，却不许宫外女穿男装，当然是行不通的。

后来，齐灵公听了晏婴的话，刹住了这股歪风，其推理是：

当且仅当宫中女穿男装，则京城女穿男装；

现在宫中没有女穿男装，

所以，京城也没有女穿男装。

这个推理是正确的，它是从否定前件到否定后件。

赵三失踪案

《疑狱集》中有一则故事，说的是杨评事巧破赵三失踪案的事。湖州的赵三与周生是好朋友，他们相约一起到南方去做生意。两人雇了张潮的一条货船，装好货后，他们与船主张潮相约第二天五更开船。第二天四更时，赵三的妻子孙氏就起来做饭。赵三吃完饭后，把五百两银子连同衣物打成包裹背在身上，与妻子告别后就去乘船了。五更时，周生来到船上，左等右等不见赵三的影子，就叫张潮去催促。这时天已大亮。张潮猛敲着赵家的门，叫喊着："三娘子开门！三娘子快开门！"孙氏打开门一看，原来是船主张潮。张潮问道："三郎为什么到现在还没有上船？"孙氏大吃一惊，说："我丈夫天不亮就走了，怎么到现在还没有上船？"张潮回来告诉周生，周生也大为惊异，连忙与孙氏分头去找。可是，找了三日，毫无踪迹。周生怕受到连累，到官府报了案。

县官怀疑孙氏另有所爱，而故意害死丈夫；又怀疑周生谋财害命，但又找不到证据。这个案子拖了很久。有位担任决断疑难案件的官员杨评事翻阅案卷说："敲门就叫三娘子，一定知道房内没有丈夫。"于是命人将张潮抓来审问，果然不出所料。原来那天凌晨，赵三带着500两银子到船上时被张潮看见，张潮见财起了歹心，趁着天未亮四周无人，杀了赵三，将尸体捆上一块大石头沉入河底。然后若无其事地等待周生上船。

这件杀人命案拖了很久没有破获，可见难度之大。经验丰富的杨评事审理此案时，找到了此案的关键："敲门就叫三娘子，一定知道房内没有丈夫。"并以此进行推理：

只有事先知道房内没有赵三，才会敲门就叫其妻三娘子；
张潮敲门就叫其妻三娘子，
所以，张潮事先知道房内没有赵三。

这是一个肯定后件式的必要条件假言推理，形式正确，结论可靠。问题在于，有人认为，此事的推理是一个充分条件假言推理，具体是：

如果敲门就叫其妻三娘子，那么事先肯定知道房内没有赵三；
张潮敲门就叫其妻三娘子，
所以，张潮事先知道房内没有赵三。

这是一个肯定前件式的充分条件假言推理，形式正确，结论与上面推理的结论一样。

这是怎么回事？这是假言易位推理起的作用。假言易位推理就是通过变换前提中假言命题前后件的位置，推出一个假言命题作结论的推理。通过假言易位，可以把必要条件假言命题换成充分条件假言命题，其公式是：

只有p，才q
所以，如果q，那么p

也就是说，“只有事先知道房内没有赵三，才会敲门就叫其妻三娘子”，可以易位为“如果敲门就叫其妻三娘子，那么事先肯定知道房内没有赵三”。所以，上述两个假言推理的实质是一样的。

通过假言易位，“只有p，才q”还可以换成“如果非p，那么非q”；“如果p，那么q”可以换成“只有q，才p”或“只有非p，才非q”。例如，“只有事先知道房内没有赵三，才会敲门就叫其妻三娘子”，可以易位为“如果事先不知道房内没有赵三，那么敲门就不会叫其妻三娘子”。这样，上面的推理就是：

如果事先不知道房内没有赵三，那么敲门就不会叫其妻三娘子；
张潮敲门就叫其妻三娘子，
所以，张潮事先知道房内没有赵三。

这也是否定后件式的充分条件假言推理，当然也是正确的。

所以，我们在进行假言推理时，可以灵活运用。

曹冲称象

据《三国志·魏书》记载，曹操之子曹冲从小聪明伶俐，五六岁时就智力超群。有一次，东吴的孙权送给曹操一只大象。曹操想知道大象的重量，便询问部下，大家都想不出称大象的办法。曹冲站出来说：“我有一个办法，先把大象放在船上，船被压下去后，在船边刻下吃水的深度。然后把大象引上岸，把石头装上船，使船沉到装大象时的吃水刻度，再称出船上石头的重量，便是大象的重量了。”曹操听了十分高兴，立即命令部下照这个办法去做，很快就得出大象的重量。

曹冲提出的这个称象办法，其思维过程是这样的：

如果载石头的船的吃水线和载大象的船的吃水线相同，那么，石头的重量就是大象的重量；

如果石头的重量就是大象的重量，那么，称了石头的重量就可以知道大象的重量；

所以，如果载石头的船的吃水线和载大象的船的吃水线相同，那么，称了石头的重量就可以知道大象的重量。

这是由两个假言命题的联结而推出结论的，而且前提里的前一个假言命题的后件和后一个假言命题的前件相同，我们把这样的推理叫做假言连锁推理。所谓假言连锁推理，就是由两个或两个以上假言命题作前提，推出一个假言命题作结论的推理。

假言连锁推理在实践中应用很广。

公元前353年，魏惠王派大将庞涓率领大军进攻赵国，包围了赵国的国都邯郸。赵国向齐国求救。齐威王答应出兵，并想拜孙膑为大将，孙膑连忙推辞说："我是个受过刑的残废人，是不能做将帅的。但可以从中协助。如果当了大将，会给人笑话。大王还是请田忌大夫为大将吧。"于是，齐威王拜田忌为大将，孙膑为军师，发兵去救赵国。田忌打算直奔邯郸，与魏军主力决战。孙膑不赞成，他对田忌说："现在魏国已把精锐部队全部调去围攻赵国，国内大多是些老弱残兵，十分空虚。我们不如去攻打魏国都城大梁。魏王必定会召回庞涓，庞涓就会放弃邯郸，撤兵跑回去救自己的国家。我们在半路上等着，以逸待劳，迎头痛击他们，一定能把魏军打得大败。"田忌就按照这个计谋去做，统率大军，直奔魏都大梁。庞涓围攻邯郸正急，突然接到命令，齐军已进袭大梁，必须立即回军。庞涓不敢怠慢，马上吩咐退兵，撤离赵国。当魏军退到桂陵这个地方时，田忌、孙膑的大军就杀了出来，把疲劳不堪的魏军打得落花流水。齐军得胜而归，邯郸之围也解除了。

孙膑像

这就是历史上有名的“围魏救赵”的故事。从逻辑上讲，孙膑的计谋就是根据一个正确的假言连锁推理：

如果进攻魏都大梁，那么庞涓就会被召回；
如果庞涓被召回，那么赵国之危就会解除；
所以，如果进攻魏都大梁，那么赵国之危就会解除。

反诬抢劫

假言推理在生活中应用很广，尤其是在审案破案中，假言推理发挥着特殊的作用。

《晋书·苻融传》里讲述了这样一个故事：前秦苻融担任冀州军政长官的时候，有个老婆婆在路上被抢劫，等贼一离开，她就大喊捉贼。有个过路人闻声追赶，替她把贼捉住了。谁知这贼十分狡猾，反咬一口，诬赖这个过路人是贼。当时天色已经昏黑，老婆婆的眼力又不好，分不清谁是好人谁是坏人。众人便把这两个人一起捉拿到官府。听完事情经过后，苻融哈哈一笑，说："这件事很容易搞清楚，可叫这两个人赛跑，先出凤阳门的不是贼。"两个人奋力向前跑，一先一后出了凤阳门。苻融非常严肃地对那个后跑出凤阳门的人说："你才是真正的贼啊！你为什么要诬赖别人？说！"那个做贼的人心里早就乱了方寸，但嘴上还硬，说："我跑得慢，为什么就是贼？""假如你跑得快的话，你怎么会被过路人追上捉住？"做贼的人这才老老实实认罪。

两个人互相都说对方是贼，就像真假美猴王一样，是很难辨别的。但苻融胸有成竹，他破案的方法非常特别：安排真假贼赛跑。这一跑，就把真假贼分辨出来了。他断定，那个跑得慢的人是贼。苻融在这里运用了一个充分条件假言推理：

如果做贼的人跑得快，那么就不会被过路人捉住；
此人被过路人捉住，
所以，做贼的人跑得慢。

这是否定后件式，符合推理规则，是正确的推理。

必要条件假言推理在审案破案中也有同样的作用。宋代大学者沈括在《梦溪笔谈》里讲述了一个破案的故事：

张昇在润州时，有人向官府报告：当地一妇女的丈夫失踪了。过了几天，突然听说这家的菜园井中有死人，但不知是谁。张昇立刻带人前往菜园察看，只见那妇女坐在井边号啕大哭，并说道："井里的人就是我丈夫。"张昇感到十分奇怪。派人找来当地官吏和邻居，问他们："井中的死人是不是这个妇女的丈夫？"大家异口同声地说："禀告大人，这口井深不见底，看不清尸体，无法辨认，只有把尸体打捞上来方可辨认。”张异听了大家的回答，转过身来，对妇女说：“大家都无法辨认井里的死者是谁，为什么唯独你这么清楚地知道井里死者是你的丈夫？你肯定参与了此事。”说完就吩咐刑吏将她押回衙门审问。果然不出所料，这个妇女行为不轨，与人通奸被其夫发现，于是就与奸夫合谋，将其夫勒死抛入井中。当地百姓都称赞张昇慧眼识奸。

张昇是怎样断定那位妇女有罪的呢？张昇根据事实，运用了一个必要条件假言推理：

只有参与作案的人，才知道深井中的死者是谁；
这位妇女知道深井中的死者是谁，
所以，这位妇女参与了此案。

肯定后件必然肯定前件，所以，张昇能慧眼识奸。

蜘蛛与被窝

假言推理在军事上应用得也很广泛，许多战争的胜利离不开假言推理。

1794年深秋，拿破仑的一支军队北上进攻荷兰。面对气势汹汹的强敌，荷兰人打开了所有运河的闸门，用滚滚洪水阻挡敌军的进攻。面对滔滔洪水，善于陆战的法军一筹莫展。法军统帅夏尔·皮舍格柳不得不下令：“撤退！”但是刚撤退不久，夏尔就获得一项报告：有人看见蜘蛛在大量吐丝结网。“这个消息可靠吗？”夏尔问。“非常可靠。”他的参谋回答。“好极了！快传我的命令：停止撤军！”夏尔高兴地挥了一下手。“这是为什么？蜘蛛吐丝结网与撤军有什么关系？”他的部下迷惑不解。望着军官们迷茫的脸色，夏尔说：“你们知道不知道？在深秋，只有当干冷天气即将到来的时候，蜘蛛才会大量吐丝结网。现在的情报告诉我们，蜘蛛已开始大量吐丝结网，这说明什么？”他左右来回走了几步，抬起头继续说：“这说明了，干冷的天气即将到来。再过几天，哈哈——”军官们钦佩统帅的智慧，一起向夏尔行了一个礼，齐声喊道：“是！停止撤军！”果然不久寒潮来临，滚滚江河一夜之间顿失滔滔。法国大军踏冰越过瓦尔河，一举攻克了荷兰要塞乌得勒支城。

在这次战争中，胜利的关键是法军果断停止了撤军，否则将一无所获。而停止撤军的命令又是与蜘蛛吐丝结网相联系的。法军统帅夏尔·皮舍格柳运用渊博的知识进行了推演：

只有干冷天气即将到来时，蜘蛛才会大量吐丝结网；
现在蜘蛛大量吐丝结网，
所以，干冷天气即将到来。

这是一个肯定后件式的必要条件假言推理。就是这个推理帮助法军打赢了战争。

1936 年 12 月 12 日，震惊中外的“西安事变”爆发了。12 日凌晨，张学良、杨虎城派去的一支小分队包围了临潼华清池，遇到了蒋介石卫队的抵抗。小分队很快击溃了卫队，冲进了蒋介石的卧室，发现蒋介石不见了。怎么办？带队的军官一摸被窝，发现还是暖和的。他们马上断定：蒋介石刚刚逃走，肯定还在附近躲藏着。于是他们便分头到附近山上搜索，果然在半山腰的一个山缝里捉住了蒋介石。带队的军官为什么知道蒋介石就在附近？因为他们做出了这样的推断：

如果被窝还是暖和的，那么蒋介石离床的时间不长；
现在被窝还是暖和的，
所以，蒋介石离床的时间不长。

这是一个肯定前件式的充分条件假言推理。既然“蒋介石离床的时间不长”，就可推出“蒋介石还在附近”。这个推理是：

如果蒋介石出走的距离远，那么离床的时间必长；
现在蒋介石离床的时间还不长，
所以，蒋介石出走的距离不远（即还在附近）。

这是否定后件式的充分条件假言推理。由于他们进行了正确的思维，作出正确的判断，所以出色地完成了捉蒋的军事任务。

骗子与刀子、月亮

正确运用假言推理有利于提高人们的识别能力。

战国时期有一个骗子，自称能在棘刺的尖端上雕刻母猴。昏庸的燕王听说后，用高薪聘用骗子为他雕刻。一天，燕王要看他雕刻的母猴。骗子说：“要看我刻的母猴是件隆重的事。你必须半年不理朝政，不饮酒，不吃肉，还要选择吉祥的日子，才能看到。”燕王根本做不到这些，于是就打消了看母猴的念头。宫中的一个铁匠，向燕王献计说：“大王，小人是个铁匠，专门为您打造各种刀具。我知道，不管雕刻多么小的东西，也要用刀子。而且刀子一定比想要雕刻的东西要小，不然就无法雕刻。要在棘刺的尖端雕刻母猴，就必须有比棘刺的尖端更小的刀子才行。可是我们铁匠根本打造不出那么小的刀子来。那么，那个自称能雕刻母猴的人，拿什么去雕刻呢？所以，请大王找那个人要刀子看看。如果他没有比棘刺尖端还要小的刀子，他就不能在棘刺的尖端雕刻母猴，他就是一个骗子。”“说得有道理。”燕王点了点头。他把骗子找来问道：“你是用什么工具来雕刻母猴的？”骗子回答：“用刀子。”“快把刀子拿给本王瞧瞧！”骗子说：“那么好吧，等我回家去取。”骗子一溜烟跑回家，卷起铺盖就逃得无影无踪。

聪明的铁匠是怎么识破骗子的伎俩呢？他巧妙地运用了一个假言推理：

只有有比棘刺的尖端更小的刀子，才能在棘刺的尖端雕刻母猴；
他没有比棘刺的尖端更小的刀子，
所以，他不能在棘刺的尖端雕刻母猴。

这是一个否定前件式的必要条件假言推理。正是这种逻辑的力量，才帮助人们识别了真假，揭穿了骗局。

领导美国人民进行南北战争的林肯，在担任总统之前，曾是一位律师。有一次，他的亡友的儿子小阿姆斯特朗被控谋杀罪。林肯出于对亡友的怀念，出庭为小阿姆斯特朗辩护。这个案子的主要证据是：原告方面的一位证人福尔逊在10月18日晚上11时，在月光下清楚地目击了小阿姆斯特朗用枪打死了死者。这个证据如果不能推翻，那么小阿姆斯特朗的罪名是很难洗刷掉的。

在法庭上，作为被告辩护律师的林肯向作为原告证人的福尔逊提出了一系列问题。林肯问："你能发誓认清了小阿姆斯特朗？"福尔逊回答说："是的。"林肯问："你在草堆后，小阿姆斯特朗在大树下，两处相距二三十米，你能认清吗？"福尔逊说："看得很清楚，因为当时月光很亮。"林肯问："你肯定不是从衣着方面认清的吗？"福尔逊答："不是的，我肯定认清了他的脸蛋，因为月光正照在他的脸上。"林肯问："你能肯定时间是在十一点吗？"福尔逊答："完全肯定。因为我回屋看了看时钟，那时是十一点十五分。"问到这里，林肯转过身来，对大家说："女士们，先生们，我不能不告诉大家，这个证人是个彻头彻尾的骗子！"法庭上一片骚动。"不准诬蔑我的证人！"原告律师大声嚷道。"肃静！肃静！"法官叫了两声，然后说，"让被告律师讲完！"林肯继续说："福尔逊一口咬定在月光照射下，他看清了被告的脸。但是，这一天是上弦，到了晚上十一点钟，月亮早就下山了，因而不可能有月光照射到被告的脸上……"林肯一说完，法庭里先是一阵寂静，然后响起热烈的掌声和欢呼声。原告和福尔逊都傻了眼。小阿姆斯特朗当庭被宣告无罪。林肯也一举成名。

林肯是从福尔逊的证词中，合乎逻辑地推出他是骗子。这个推理是：

只有在月光的照射下，福尔逊才能看清被告的脸；
这天晚上十一点钟时没有月光的照射，
所以，福尔逊不可能看清被告的脸。

这说明福尔逊的证词是捏造的、虚假的，不能作为判案的根据。林肯用假言推理揭露了福尔逊的谎言，洗清了小阿姆斯特朗的罪名。

铁齿铜牙纪晓岚

巧妙地运用假言推理，能使人摆脱困境。

清朝才子纪晓岚以其渊博的知识、雄辩的口才，深得乾隆皇帝的赏识。一天，乾隆皇帝想检验一下纪晓岚的辩才，便问他：“纪卿，忠孝二字作何解释？”纪晓岚当然按照封建伦理道德回答，他说：“君要臣死，臣不得不死，

乾隆像

为忠；父要子亡，子不得不亡，为孝。”乾隆见纪晓岚进了圈套，立刻说：“那好，朕要你现在就去死。”纪晓岚答道：“臣领旨！”乾隆问：“你打算怎么个死法？”“跳河。”“外面有条河，那你去跳吧！”乾隆暗自得意，心想：我看你怎么应对？纪晓岚知道皇帝是在与自己开玩笑，就出去转了一圈，又回到乾隆面前。乾隆笑着说：“爱卿怎么没有去死啊？”“我碰到屈原了，”纪晓岚说，“他不让我死。”“此话怎讲？”“我来到河边，正想往下跳，屈原从水里向我走来，对我说：‘纪晓岚，你此举大错矣！想当年楚王昏庸，我不得不死。可如今皇上圣明，你为何要死？我劝你回去问问皇上是不是昏君，如果皇上说他跟当年楚王一样，是个昏君，你再跳河也不迟。’所以我就回来了。”乾隆听了，哈哈大笑，连连点头说：“好厉害的铁齿铜牙，真不愧是天下第一才子！朕算是服了。”

纪晓岚摆脱困境，用的就是假言推理：

> 只有皇上是昏君，我才跳河去死；
> 如今皇上圣明（不是昏君），
> 所以，我不能跳河而死。

五　二难推理趣谈

从“进退维谷”说起

周厉王是一个十分暴虐的君主。他宠信了一个名叫荣夷公的大臣，横征暴敛，到处搜刮钱财，还实行所谓“专利”，霸占了山林、湖泊、河流，不准平民利用这些天然资源谋生，弄得全国的老百姓苦不堪言、怨声载道。大夫芮良夫十分担忧，他向厉王进谏说：“山林湖泊是天下百姓的生活之资，大王怎么可以独占呢？作为天子，应该引导人们获得财利并把它分给大家。任用奸臣、贪图专利是要亡国的呀！”厉王听了，勃然大怒：“用不着你来教训我！你再胡说八道，我就宰了你！”芮良夫叹了一口气，退到一旁，怏怏不快。不久，大臣召公虎也向厉王进谏：“百姓忍受不了啦，大王如不改变做法，出了乱子就不好收拾了。”厉王满不在乎地说：“你不用急，我自有办法对付。”

于是，他下了一道命令，禁止人们批评朝政，还从卫国招来一个巫人，专门监视批评朝政的人。卫巫为了讨好厉王，派了一批人到处刺探。厉王听信卫巫的报告，杀了不少人。在这种情况下，人们再也不敢议论朝政了。人们在路上遇到熟人，也不敢交谈，只交换一下眼色，便匆匆地走开了。

芮良夫自从向厉王进谏后，日子很不好过。厉王的不信任，荣夷公的谗言和陷害，其他同僚的疏远，卫巫的监视，使他忧心忡忡。他长叹一声，自言自语地说：“我现在只有两条路可走，一条是进，即继续当官，一条是退而务农。当官有什么好处？只是增添了无穷的苦恼和忧愁，还不如退而务农，尽其筋力，自得其乐。”过了一会，他又说：“务农也不行呀！大王行苛政，天下征役不息，加上病虫作怪，到处都是灾荒，收不到粮食，何以为生呢？”

“这——怎么办？”芮良夫陷入了困境，“进退都无路可走啊！”后来，他把自己的这种感受写进了《桑柔》诗中：“人亦有言，进退维谷。”这里的“维”作“是”解，“谷”是“穷”“困难”的意思。“进退维谷”就是进退都处于困难的境地。

芮良夫当时所处的困境可以整理成以下一个推理：

如果进而为官，则“忧”，
如果退而务农，则“荒”，
或者进而为官，或者退而务农，
所以，或者“忧”，或者“荒”。

在这个推理中，芮良夫提出了两种可能的大前提，自己无论选择其中的哪一种可能，都会陷入困难的境地，这就是二难推理。所谓二难推理，就是由两个假言前提和一个具有二肢的选言前提联合作为前提而构成的推理。人们口语中的“左右为难”“进退两难”“骑虎难下”“前后碰壁”，指的就是二难推理。如果提出的可能有三种或四种，而这三种或四种的可能又都会引起对象陷入难以接受的困难境地，这样就形成了三难推理或四难推理。二难推理、三难推理、四难推理都是由假言前提和选言前提构成的，所以也称假言选言推理。

二难推理有四种形式：简单构成式、简单破坏式、复杂构成式、复杂破坏式。

《红楼梦》第六十四回有一个情节：贾宝玉从林黛玉的丫环雪雁那里，得知林黛玉在私室内用瓜果奠祭。贾宝玉想：“大约必是七月，因为瓜果之节，家家都上秋季的坟，林妹妹有感于心，所以在私室自己奠祭……怎么办？”贾宝玉又想：“但我此刻走去，见她伤感，必极力劝解，又怕她烦恼郁结于心；若竟不去，又恐她过于伤感，无人劝止，两件皆足致疾……”贾宝玉的心理活动是一个二难推理：

如果我去林妹妹处，那么足以致疾；

如果我不去林妹妹处，那么也足以致疾；

或者我去林妹妹处，或者我不去林妹妹处；

总之，皆足以致疾。

在这个二难推理中，结论是简单的直言命题，结论的得出运用了充分条件假言推理的肯定前件式，我们把这种形式叫做二难推理的简单构成式。它的推理公式是：

如果p，那么r；如果q，那么r

或者p，或者q

总之，r

小张等几名战士训练成绩不好，连长帮助他分析原因。连长说："训练成绩若要好，就必须要有正确的训练态度，要有科学的训练方法。这两个缺少哪一个都不行。你们这几个人，有的训练态度不正确，有的训练方法不科学，有的两个都缺少，训练成绩怎么能好呢？"连长的话中包含一个二难推理：

如果训练成绩要好，就必须有正确的训练态度；

如果训练成绩要好，就必须有科学的训练方法；

你们或者没有正确的训练态度，或者没有科学的训练方法；

总之，你们训练成绩不好。

在这个二难推理中，结论是简单的直言命题，结论的得出运用了充分条件假言推理的否定后件式，我们把这种形式叫做二难推理的简单破坏式。它的推理公式是：

如果 p，那么 q；如果 p，那么 r

或者非 q，或者非 r

总之，非 p

北京申奥成功后，王老师要求同学们认真学习外语。她说："外语是与各国朋友交流思想的工具，交流思想有两种主要方式，一种是口头交流，一种是书面交流。如果与外国人交谈，口语不会不行，如果翻译外文，不学笔译怎么行？所以，学习外语必须要学习好口语，学习好笔译。"将王老师的话整理一下，就是一个二难推理：

如果与外国人交谈，就要学习口语；

如果翻译外文，就要学习笔译；

或者与外国人交谈，或者翻译外文；

所以，或者要学习口语，或者要学习笔译。

在这个二难推理中，结论是复合的选言命题，结论的得出运用了充分条件假言推理的肯定前件式，我们把这种形式叫做二难推理的复杂构成式。它的推理公式是：

如果 p，那么 q；如果 r，那么 s

或者 p，或者 r

总之，q 或者 s

古代希腊哲学家伊壁鸠鲁认为上帝并不干涉人的生活，他写道："很多人认为上帝是全知全能全善的。如果上帝是全能的，则能扑灭世界上的邪恶；如果上帝是全善的，则肯定愿意消除世界上的邪恶。这样世界上就应该没有邪恶，可是，现在世界上存在着很多邪恶，这说明上帝不能扑灭世界上的邪恶，或者不愿意消除世界上的邪恶。更说明上帝或者不是全能的，或者不是全善的。”我们将这段话稍加简化，就可以得到如下一个二难推理：

如果上帝是全能的，他就能扑灭世界上的邪恶；
如果上帝是全善的，他就愿意消除世界上的邪恶；
上帝或者没有扑灭世界上的邪恶，或者不愿意消除世界上的邪恶；
所以，上帝或者不是全能的，或者不是全善的。

在这个二难推理中，结论是复合的选言命题，结论的得出运用了充分条件假言推理的否定后件式，我们把这种形式叫做二难推理的复杂破坏式。它的推理公式是：

如果 p，那么 q；如果 r，那么 s
或者非 q，或者非 s
总之，非 p 或者非 r

亚当肚脐的风波

二难推理在生活中有着广泛的用途。它是一种有力的工具，可以使对方欲进不能，欲退不得，陷入“进退两难”的困境，最后不得不认输。

美国总统里根在任期间，他的政府背着国会秘密与伊朗进行了武器交易。这在美国是严重的违法事件。1986 年经媒体曝光后，全国哗然。抗议、声讨铺天盖地。人们把它称为“水门事件”之后的最大丑闻——伊朗门事件。里根为了洗刷自己，采取丢卒保车、丢车保帅的方法，先后抛出几个替罪羊。但是媒体仍然穷追不放。在一次记者招待会上，一名聪明的记者抓住机会向里根发问：“里根先生，您作为总统，是否事先知道伊朗门事件？”“我……”里根的脸红一阵白一阵，半天也说不出话来。

里根遇到了高手，这一招他招架不了。因为在记者的话中隐含一个二难

推理:

如果里根总统事先知道伊朗门事件，那么，总统本人是严重违法的，必须受到法律追究;

如果里根总统事先不知道伊朗门事件,那么,里根总统是严重失职的，因为他竟不知道部下在干什么，这样的总统是不能信任的;

里根总统或者事先知道伊朗门事件，或者事先不知道伊朗门事件;

总之，里根总统或者干了严重违法的事，或者严重失职。

里根总统无论选择哪一种情况，都是难以接受的，都说明里根不能胜任总统职务。所以，里根面对记者的二难攻势，无路可走，只好败下阵来。

事后,有人评论说,里根总统败于记者的一招之内。这一招就是二难设辩。可见，二难推理在论辩、讨论、研究中，具有奇特的作用。

运用二难推理，取得成功的例子很多。

战国时期，秦国的宣太后非常宠爱魏丑夫。宣太后病重临死前，下令死后让魏丑夫为她殉葬。很多大臣劝太后收回成命，太后不听。魏丑夫听了十分害怕。庸芮进宫去见太后。他问太后：“人死后有没有感知？”太后摇了摇头，回答说：“没有感知。”庸芮说：“如果人死后没有感知，那就没有必要将生前所爱的人殉葬在没有感知的死人身旁了。”太后不响，心想：“刚才说有感知就好了。”庸芮早就猜出太后的心思，接着说：“如果人死后有感知，你让魏丑夫为你殉葬，先王在九泉之下会因此而恼怒的。所以，臣以为不应该让魏丑夫为你殉葬。”宣太后点了点头说：“好！”收回了让魏丑夫为她殉葬的成命。庸芮运用一个二难推理使太后改变了用活人殉葬的主意。庸芮的推理如下:

如果太后死后无知，那就不应该让魏丑夫活活殉葬;

如果太后死后有知，那也不应该让魏丑夫活活殉葬;

或者太后死后无知，或者太后死后有知;

总之，不应该让魏丑夫活活殉葬。

《创造亚当》

在与有神论的斗争中，二难推理具有独特的魅力。

旅游者到了意大利，总要到罗马梵蒂冈的西斯廷大教堂去欣赏米开朗基罗的天顶画《创世纪》。参观者无不惊服于这神奇的艺术创造。天顶中间九幅主题性构图，描绘了神创造世界的圣经故事，其中一幅是《创造亚当》。图中，亚当半躺在绿色的小坡上，抬着头，手向前伸着，仿佛刚从酣睡中醒来。亚当的身体异常健美，他的头部集中表现了男性的美，特别是在他的肚子上有一个称得上全人类最完美的肚脐眼。提起这个肚脐眼，还有一段风波：

米开朗基罗从 1508 年开始画西斯廷天顶画。他不用助手，天天站在高高的脚手架上作画，头颈向后仰，眼睛向上看，聚精会神地作画。教皇朱利二世嫌他速度太慢，经常派人来监督，米开朗基罗十分不满。一天，他画完亚当的头后，开始画身子。他望了望教皇派来的人，说："请问大人，亚当有没有肚脐？"

按照《圣经》的说法，亚当是上帝创造的，上帝是按照自己的形象创造了亚当，又从亚当身上抽取一根肋骨造出夏娃。然后由这对男女开始，繁衍了今天的芸芸众生。

"有！"一个传教士说。

"胡说！亚当怎么会有肚脐？亚当是上帝按自己形象创造的，亚当有肚脐，那么上帝也应有肚脐。天哪！上帝要肚脐干什么用？上帝是至高无上的造物主，难道上帝还要被别的东西创造和孕育？”另一个传教士说。

“您是说亚当没有肚脐？”第一个传教士摇了摇头，“不对吧！亚当是上帝创造的最早、最完美的人。我们人人都有肚脐，而唯独亚当没有肚脐，亚当就不是一个完美的人。上帝怎么会创造一个不完美的人呢？上帝创造的人当中，有的人有肚脐，有的人没有肚脐，这不是说，上帝的创造不完美吗？上帝的创造怎么可能不完美呢？”

说亚当有肚脐不行，说亚当没有肚脐也不行，这怎么办？两个传教士左右为难。“你等一等，我们马上就给你一个满意的答复。”传教士立即向教皇请示。教皇召集手下商量来商量去，感到两种说法，都有损于上帝的形象。一个主教建议：“让画家画一束橄榄枝或者别的什么，遮住那个地方。”“这个主意好。”教皇高兴地说。

米开朗基罗听了哈哈大笑：“我画的是创造亚当，怎么能画橄榄枝？真是牛头不对马嘴！”过了一会，米开朗基罗对来人说：“请转告教皇，还是让神去管人们的灵魂，让我照顾人的身体。”具有强烈人文主义意识的米开朗基罗，没有理会教皇的旨意，毅然决然地给亚当画了一个漂亮的肚脐眼。

米开朗基罗“亚当有没有肚脐”的提问，给基督教“神创论”有力的一击。他的提问引出一个二难推理：

如果亚当有肚脐，那么上帝形象要受到损害；
如果亚当没有肚脐，那么上帝形象也要受到损害；
或者亚当有肚脐，或者亚当没有肚脐；
总之，上帝形象要受到损害。

对这个二难推理，教会确实很难回答。无论怎样回答，对上帝的形象总是不利。

隋朝初期，有人在朝中散布风水迷信，吹捧隋文帝，说隋文帝家的祖坟风水好。隋文帝杨坚不相信这一类鬼话，他哈哈一笑说：“我家墓田，若是不吉，我不当贵为天子，若是吉利，我弟不当战死。你们说说，我家墓田的风水，到底是吉还是不吉？”那些鼓吹风水支配命运的人一个个傻了眼，半天也说不出话来。隋文帝的推理过程是：

如果说我家墓田不吉利，那么我就不会当皇帝；
如果说我家墓田吉利，那么我的弟弟就不会战死；
或者我当皇帝，或者我的弟弟战死；
所以，或者不可说我家墓田不吉利，或者不可说我家墓田吉利。

班婕妤巧语避祸

运用二难推理，不仅能有效地置论辩对方于进退两难的困境中，而且还能巧妙地化解自身的困境。

班婕妤是西汉时的女文学家。她长得聪明伶俐，有才学，成帝时被选入宫。

班婕妤像

入宫后很受汉成帝的宠幸，敕封为婕妤。后来汉成帝转宠赵飞燕姐妹，班婕妤于是失宠。一天，赵飞燕在汉成帝面前状告班婕妤，诬陷她向鬼神诅咒汉成帝。汉成帝听后大怒，急忙传讯班婕妤，眼看班婕妤要大祸临头了。但是她没有惊慌失措，十分镇静。传讯中，班婕妤从容不迫地回答说："我听人们常说'死生由命，富贵在天'，修善尚且不能得福，做坏事难道能得到好处吗？假如鬼神无知，向他们诅咒又有什么好处呢？假如鬼神有知，他们是不会接受坏人的诉说的。因此，我是不会那样做的呀！"汉成帝听了，觉得很有道理，就放了她，不再追究。班婕妤依靠自己的聪明才智，巧用二难推理，化解一场飞来的横祸，躲过一劫。

海瑞在淳安做知县时，有个姓鄢的副都御史到东南一带视察。每到一地，他都先派人送上一个招待要俭朴的通知给当地官吏，但到了当地后却大吃大喝，并大肆敲诈勒索，连个小便壶都要地方官吏做了银的送他。地方大小官吏为了保住自己的乌纱帽，都竭力讨好他。他将到淳安时，也派人送了一个招待要俭朴的通知给海瑞。海瑞感到此事很棘手：俭朴招待吧，他定会找茬整你；花天酒地招待，就会增加百姓负担。这两种后果，海瑞都不愿意接受。海瑞脑筋一转，计上心来，心想，何不把这个难题踢给那个姓鄢的副都御史呢？于是写了一个禀帖，派人送给了他，说："你通知我们招待要俭朴，事实上你所到之处无不花天酒地。我如按照通知办事，有怠慢之罪；我如大肆招待，又违背了你体贴百姓的好意。请问。我们应该怎么办呢？"姓鄢的副都御史面临海瑞的两种选择，左右为难，感到去淳安不仅捞不到油水，而且还会碰一鼻子灰，就悄悄地绕道走了。海瑞巧用一个二难推理，既化解了自身的困境，又制服了贪得无厌的副都御史，真是一举两得。海瑞的推理是：

如果按照通知俭朴招待，那么我就有怠慢之罪；
如果大肆招待，那么违背了你体贴百姓的好意；
或者按照通知俭朴招待，或者大肆招待；
所以，或者我有怠慢之罪，或者违背了你体贴百姓的好意。

聪明的囚徒

古希腊有个国王，想把一批囚徒处死。当时流行的处死方式有两种：一种是砍头，一种是绞刑。

“本王对你们宽宏大量，”国王用眼睛扫了一下站在自己面前的囚徒，说：“我要让你们自己来选择死的方式。选择的方法是这样的：你们每个人必须当着我的面说出一句话，说什么都可以。如果说的是真话，就处绞刑；如果说的是假话，就砍头。听明白没有？”

囚徒们沉默不语。对他们来说，砍头、绞刑都是死，有什么好选择的？倒是国王手下的大臣觉得很有趣。“陛下英明！”一个大臣奉承道。“陛下仁慈！”另几个大臣也不甘示弱。

“陛下太幽默了！不过，如果有的囚徒不说话，怎么办？有的囚徒说的话无法辨别其真假，怎么办？”一个年长的大臣说。“混账！这还不好办？不说话的按说真话的处理，无法辨别其真假的话按说假话的处理。”国王大声说道。

选择开始了，许多囚徒不是因为说了真话而被绞死，就是因为说了假话而被砍头。在这些囚徒中，有一个非常聪明的人。当轮到他来选择处死方式时。他从容不迫地站在国王面前说：“我会被你们砍头的。”

“好，我就成全你。”国王不假思索地说，命令刽子手将他拖去砍头。当刽子手举起刀时，这个囚徒大叫：“我的这句话是真话呀！”

国王一愣：是啊，砍了他的头，他的话就成了真话，说真话是应该被绞死的。“住手！”国王向刽子手大吼一声，然后命令他们把这个囚徒带到绞刑架下绞死。当绞绳刚套进这个囚徒的脖子时，这个囚徒又大叫起来：“你们不能绞死我！”“砍头不行，绞死你还不应该？”

国王生气说。

“因为我的这句话是假话！”

“假话？”国王有些不解，但低头一想，说：“嘿，绞死这小子，他说的这句话还真是成了假话哩！”国王不管是砍头还是绞死，都没有办法执行自己原来的决定，只得将他放了。

国王面临着这个囚徒设置的二难困境，这个二难推理是一个简单构成式：

如果将他砍头，那么就违背国王原来的决定；
如果将他绞死，那么也违背国王原来的决定；
或者将他砍头，或者将他绞死；
总之，都要违背国王原来的决定。

就这样，聪明的囚徒依靠自己的智慧绝处逢生。

文学与二难

二难推理是抽象思维，文学创作运用的是形象思维，二难推理与文学创作好像是风马牛不相及，然而在中国文学作品中，不少是运用了二难推理的。

元朝的姚燧，写过一首散曲《越调·凭阑人·寄征衣》，描写妻子给丈夫寄征衣时的心理活动。原文是这样的：“欲寄君衣君不还，不寄君衣君又寒，寄与不寄间，妾身千万难。”

在这首散曲中，诗人运用了一个二难推理。具体的推理过程是这样的：如果寄去君衣，则君有了征衣保暖而不还；如果不寄去君衣，则君没有征衣而会挨冻受寒；或者寄去君衣，或者不寄去君衣；所以，或者君不还，或者君又寒。总之，妾身千万难。在寄不寄征衣问题上，妻子处在左右为难的境地。诗人构思新巧，通过二难推理的形式，把结局聚焦在“难”字上，深切地表达了妻子怀念夫君的复杂心情。读来有言尽意不尽之妙。

张养浩是元代的著名词曲作家。天历二年（公元1329年），关中大旱，饥民相食。张养浩路经潼关，目睹百姓的苦难，心情沉痛地写了《中吕·山坡羊·潼关怀古》这首小令："峰峦如聚，波涛如怒。山河表里潼关路。望西都，意踌蹰。伤心秦汉经行处，宫阙万间都做了土。兴，百姓苦！亡，百姓苦！"

诸侯争霸，战火连绵，王朝不断兴亡更替，宫阙有毁有成。兴则大兴土木，刮尽民脂民膏；亡则兵连祸结，百姓生灵涂炭。无论兴还是亡，百姓都深受其害。诗人借助于二难推理，疾呼广大百姓的苦难，把批判的锋芒直指向统治阶级，于浓烈的抒情色彩中迸发出先进思想的光辉。

我国著名的美学家朱光潜先生曾经引用苏轼的一首诗来说明美是主观与客观的统一。苏轼的诗题名为《琴诗》，共有四句："若言琴上有琴声，放在匣中何不鸣？若言声在指头上，何不于君指上听？"苏轼的诗包含着一个二难推理：

如果琴上有琴声，那么琴放在匣中会鸣；
如果琴声在指头上，那么在指头上能听得到；
或者琴放在匣中不会鸣，或者指头上听不到琴声；
所以，或者琴上没有琴声，或者琴声不在指头上。

苏轼运用诗歌的形式否定了"琴上有琴声"和"声在指头上"这样两种观点，实际上向人们揭示了一个道理：悦耳的琴声是有情感和有技巧的人的指头作用于琴上的结果，美是主观与客观的统一。

可见，二难推理是有助于文学创作和艺术表现的。

阿马将军的怪论

二难推理虽然是一种很好的工具，但是并非人人都能正确地运用它，而且诡辩论者也经常利用它进行诡辩，所以对不正确的二难推理要学会驳斥。驳斥二难推理的主要方法是指出二难前提的虚假和二难推理的形式无效。

菲律宾反对党领袖阿基诺遇害后，他的夫人挺身而出，与马科斯独裁政府进行不屈的斗争。1986 年，阿基诺夫人与马科斯竞选总统。据民意测评，阿基诺夫人的票数稍稍高出在任总统马科斯。马科斯不甘心失败，他拿出大量的金钱，企图收买选票，左右选举。在权势和金钱面前，选民们面临严峻的考验：如果接受金钱，那么就要投违心票；如果不接受金钱，那么就要遭到报复。选民们当时只有两种选择：或者接受金钱，或者不接受金钱。但是，结果都是不妙的：或者投违心票，或者要遭到报复。选民们既不愿投违心票，也不愿遭到报复。

就在大家左右为难时，天主教的一位主教站出来对选民们说："马科斯的钱物是从人民身上搜刮来的，这些钱物本应归还人民，你们都是人民的一分子，马科斯给的钱物你们应该接受，并且受之无愧。所以，你们在投票时就不必理会给钱物人的嘱咐，而应按自己的意愿，该投给谁就投给谁。"选民们听了恍然大悟，他们一面接受马科斯的钱物，一面将选票投给了阿基诺夫人。结果，阿基诺夫人赢得了大选，当选为菲律宾的总统。

这位主教轻而易举地破解了二难，这是因为他发现在这个二难推理中，它的第一个大前提是虚假的，不能成立，即接受金钱不是投违心票的充分条件。所以，当他指出接受金钱与投违心票之间没有必然的联系时，这个二难推理就被推翻了。

有的二难推理，它的两个大前提都是虚假的。阿马将军的怪论就是这样。

阿马是古代伊斯兰将军。公元 8 世纪，他率领阿拉伯军队攻陷了亚历山大城。进城后，他的士兵到处杀人放火。阿马看见一座气势宏伟的大楼，问道："那是什么地方？"他的随从连忙回答："图书馆。""图书馆？干什么用的？""藏书用的。里面有几十万卷珍贵的图书。""有没有《古兰经》？""有一部。""好，快传我的命令，"阿马说，"留下这部《古兰经》，把其他的书全烧了！""烧了？"随从不相信自己的耳朵，"书是有用的，书里面有……""混账！这个道理都不明白？如果那些书所讲的道理，和《古兰经》相同，则已有了《古兰经》，无须留了；如果不同，则是异端，不该留了。"阿马将军一声令下，中世纪最大的图书馆被大火吞没了，50 多万卷珍贵藏书只留下一本《古兰经》。

这就是阿马将军的怪论，它是一个二难推理。其完整形式是这样的：

如果那些书所讲的道理，和《古兰经》相同，则已有了《古兰经》，无须留了；

如果不同，则是异端，不该留了；

那些书所讲的道理，或者和《古兰经》相同，或者不同；

总之，那些书都不要留下。

这个二难推理的两个假言前提都是虚假的，其前后件之间并没有充分条件的关系，即与《古兰经》道理相同的书，并不意味着无须留下；与《古兰经》道理不同的书，也并不意味着不该留下，其烧书的结论是站不住脚的。这个怪论表现出阿马将军的愚昧和无知。

二难推理的前提虚假，还表现在选言肢的不穷尽。有的学生报怨体育活动不好。为什么呢？因为："如果体育活动太多，则学习受影响；如果体育活动太少，则身体受影响；无论体育活动太多或太少，总之，不是学习受影响，就是身体受影响。"这个二难推理的选言前提的选言肢是不穷尽的，遗漏了"体育活动适量"这一选言肢，所以，它是一个错误的二难，其结论是不必然的。

二难推理的形式无效，是指其违反了假言推理或选言推理的逻辑规则。有人对一个既没有经济方面罪行，也没有刑事方面罪行的人受到了法律制裁，表示不理解，说："他既没有经济罪行，也没有刑事罪行，怎么也受到法律制裁？"这段话包含着一个省略了假言前提的二难推理。它的完整形式是：

如果经济上犯罪，就要受到法律制裁；

如果刑事上犯罪，就要受到法律制裁；

他没有经济上犯罪，也没有刑事上犯罪，

所以，他不会受到法律制裁。

这个二难推理的内容是真实的，但推理形式不正确，违反了充分条件假言推理“否定前件不能否定后件”的规则，所以不能得出必然结论。事实上，除了经济犯罪、刑事犯罪外，还有其他方面的犯罪，也要受到法律的制裁。

年羹尧遭遇反二难

驳斥一个错误的二难推理，除了指出其内容上的虚假、推理形式上的错误外，还有一种方法，就是构造一个与对方类似的二难推理。

公元前5世纪至前4世纪，古希腊出现了一批以传授知识为职业的哲学家，人们称他们为智者派。智者派公开招收学生，收取学费，并向学生传授辩论术、语法、修辞等知识。在智者派中，有一部分人倾向于诡辩，后来这部分智者堕落为名副其实的诡辩派，靠一种似是而非的智慧填饱私囊。他们败坏了社会风气，使社会诡辩成灾，也使智者的名声扫地，当时的人们对他们深恶痛绝。

一天，一位手工匠突然发现自己心爱的儿子也在向“智者”学习，大为光火。他感到十分痛心，于是好言相劝，希望儿子能回心转意。没想到儿子已经着迷，他十分坦然地劝其父不要担心，他说：“如果我说真话，那么穷人喜欢我；如果我说谎话，那么富人喜欢我；我或者说真话，或者说谎话，总之都有人喜欢我。”

父亲看出儿子在诡辩，就说：“不！你说得不对。你无论如何都会遭人咒骂的。如果你说真话，那么富人骂你；如果你说谎话，那么穷人骂你；你或者说真话，或者说谎话，总之都有人骂你。”

“这……”儿子语塞。

父亲的二难推理与儿子的二难推理非常相似，但意义相反。这种反驳就是构造相反二难的方法，即根据对方理由的片面性，针锋相对地构造出意义完全相反的二难推理，将对方的理由推了回去。从内容来说，如果说真话，那么必然导致穷人喜欢、富人骂；如果说谎话，那么必然导致富人喜欢、穷人骂。所以儿子二难推理的假言前提是不真实的，其后件是片面的。同样，父亲二难推理的假言前提也是不真实的，其后件也是片面的。虽然父亲的二难推理并不正确，但由于他完全是按照儿子的内容和形式进行的，以其人之道还治其人之身，所以反驳却是有力的。因此，构造相反的二难，不仅被认可，而且还是一种非常有力的驳斥二难的方法。

还有一种特殊的驳斥二难的方法，就是以对方二难结论为前提，巧妙构思出反二难。雍正初年，大将军年羹尧带兵收复一个边城。抓获了三个反叛头目。年羹尧嘿嘿一笑，对这三个头目说："你们是想死还是想活？"

第一个是文官，连忙磕头求生。"胆小鬼，留你何用？拖出去杀了！"年羹尧大怒。

第二个是武官，昂头求死。"好样的！本帅成全你。"年羹尧笑而杀之。

第三个是幕客，心想："如果求生，则被杀；如果求死，亦被杀。我或者求生，或者求死，总之，只有被杀一条路。怎么才可免于一死呢？……""别

年羹尧像

婆婆妈妈的！你到底是求生还是求死？”年羹尧急不可待。“恕我直言，此事晚生无法妄断！”幕客不能重蹈文官、武官的覆辙，他想回避求生与求死这个难题。“你无法妄断？简直是窝囊废！”年羹尧生气了。“将军请息怒！如果将军杀了我，那么……”幕客故意不说了。“如果本帅杀了你，怎么样？”“这当然是将军之威！”“如果本帅不杀你呢？”“那就是将军之德。”

“将军或者杀我，或者不杀我，生死予夺之权，都操在将军手里。将军是想留威名还是留德名于世，也由将军定夺。将军是朝廷重臣，早已威震华夏。”幕客慢条斯理地说。

年羹尧心想：“这个幕客不简单，句句都在理上。我是杀他还是不杀？如果杀他，那么立威；如果不杀，那么立德；或者杀他，或者不杀，所以，或者立威，或者立德。”

年羹尧落入幕客的圈套，左右为难。他权衡来权衡去，感到立德更重要，加上幕客言辞婉转，不亢不卑，不失自己的体面，就决定对幕客网开一面。年羹尧大手一挥，说：“赦！”幕客面对年羹尧杀无赦的二难，将计就计，以对方的结论为前提，构造出新的二难推理，破解了年羹尧设下的二难困境，使年羹尧高兴地饶了他一命。

苔丝德蒙娜巧言解二难

如果我们遇到一个前提成立并且推理形式也正确的二难推理，是不是就无法摆脱呢？

《聊斋志异》中有一则故事：一个屠夫晚上回家，途中遇到两只狼。狼紧随不舍，屠夫心中害怕，将担中的肉骨头扔在地上。狼吃完骨头后，又追了上来。屠夫担子里已没有什么东西可以给狼吃了，屠夫十分惊慌。突然，一只狼蹿到屠夫的前面，企图与另一只狼一起前后夹攻屠夫。屠夫心想：坏了！这一前一后的狼，怎么对付？如果防前就顾不了后，如果防后就顾不了前。怎么摆脱这不利的局面呢？他忽然发现旁边的麦场上有一草堆，于是急中生智，快步跑到草堆下，背靠草堆，手拿锋利的屠刀，迎向那两只狼，把前后受敌化为了正面迎敌。面对利刀，两只狼不敢向前。过了一会，一只狼悄悄地走了。另一只蹲在屠夫前面，闭起了眼睛，打起了瞌睡。屠夫见状，猛地冲向前，挥舞手中的屠刀，连劈数刀，劈死了面前的这只狼。“还有一只狼到哪里去了呢？”屠夫心想。他转到草堆后面一看，原来另一只狼正在草堆上钻洞，妄图从后面袭击屠夫，重新形成前后夹攻的态势。这时，狼的身子已经钻进去了，只留屁股在外面。屠夫手持利刀，对准狼的屁股猛刺数刀，这只狼很快就毙命了。屠夫这时才恍然大悟：刚才正面那只狼假装睡觉，是为了诱敌呀！

屠夫以草堆为依托，成功地化解了腹背受敌、进退二难的窘境，将狼各个击破。这个故事告诉我们，当你处于进退二难的困境时，千万不要坐以待毙，要想方设法，另辟蹊径，摆脱二难的窘境。

清朝时，一天，某省举行祭孔大典，该省的军政要员都出席了。管财赋和人事的布政使行走匆忙，一个踉跄，差点跌倒。这个举动在当时来说，是

《聊斋志异·狼》插图

对孔子的大不敬。管刑名的按察使本来就与布政使有矛盾，于是就借机禀告皇帝，告布政使对圣人失礼。皇帝立即传令该省最高行政长官总督查明此事。总督与布政使、按察使两人关系都很好。他想：如果据实上报，那么布政使就会被免官；如果否定此事，那么按察使就是诬告，更要治罪。这件事，要么据实上报，要么否定此事，其结果不是布政使免官，就是按察使被治罪，我的左右两臂总要失去一臂。正在他进退二难的时候，有人给他写了八个字："臣列前位，不敢后顾。""哈哈哈！这八个字实在高明！"总督如获至宝。总督立即用这八个字上报皇帝，皇帝只好作罢。

屠夫是化二难为一难，总督是用一个对谁都可以交代的理由，回避了二难。二者都巧妙地化解了二难。

有的二难是无法摆脱和回避的，怎么办？一般来说，只好"两害相权择其轻，两利相衡取其重"了。通俗地说，选择利大害小的那一种可能。

北宋文学家、书画家苏轼，青年时期在家乡结识了一位医术高超的隐士，从他那里得到了许多治病秘方，其中最为珍贵的是"圣散子"。隐士对他说："'圣散子'我是连儿子都不传的，只传给你。你休得外传！"苏轼答应了，并指江水发誓永不传人。宋哲宗元祐四年，苏轼出任杭州地方长官。当时杭州河流堵塞，湖水淤积，瘟疫流行，人心惶惶。苏轼一面领导人民兴修水利，清理西湖；一面想方设法帮助百姓消灭瘟疫。水利很快修好，湖水澄清碧绿，西湖变成了江南美景。但瘟疫仍然横行，各种药方都不起作用。苏轼心里明白：只有"圣散子"才能防治瘟疫。可是自己已经指江水发了誓，大丈夫一言既出，驷马难追，岂能食言？不拿出"圣散子"，瘟疫就消灭不了，百姓就得继续受折磨。真是左右为难：如果拿出"圣散子"，则违背誓言；如果不拿出"圣散子"，则瘟疫横行，百姓受难；或者拿出"圣散子"，或者不拿出"圣散子"，总之，或者违背誓言，或者瘟疫横行，百姓受难。经过一番激烈的思想斗争，苏轼认为个人食言事小，还是拯救百姓要紧，于是决定公开"圣散子"的秘方。

在"两害相权择其轻"时，也应尽量减少另一种可能带来的损失，这就需要高超的艺术。

莎士比亚写的悲剧《奥赛罗》里有一个情节：苔丝德蒙娜是当地元老勃

拉班修的独生女儿，她非常热爱自己父亲。后来，苔丝德蒙娜爱上了威尼斯将军摩尔人奥赛罗，并冲破世俗偏见，与奥赛罗结合。勃拉班修歧视奥赛罗的肤色，坚决反对这门亲事，他要苔丝德蒙娜在众人面前公开表明是选择父亲还是选择奥赛罗。苔丝德蒙娜面临左右为难的困境：她一方面敬爱自己的父亲，一方面又深爱自己的丈夫。如果选择父亲，就要失去丈夫；如果选择丈夫，就要得罪父亲。二者必取其一，怎么办？

苔丝德蒙娜的回答十分巧妙："正像我的母亲对您恪守一个妻子的义务，把您看得比她的父亲更重一样，我也应该有权利向这位摩尔人，我的丈夫，尽我应尽的名分。"

苔丝德蒙娜在父亲与丈夫之间，两害相权择其轻，两利相衡取其重，选择了丈夫。却又巧妙地请求父亲能予以谅解。苔丝德蒙娜的话说得非常有艺术：她不直说自己选择了丈夫，而是说把丈夫看得比父亲更重，避免直接伤害父亲；而且交代这样选择是从母亲那里学来的，言下之意，父亲也是同意的。这样，苔丝德蒙娜既表明了自己选择丈夫的态度，又巧妙地请求父亲能予以谅解，保全了父亲的面子。

归纳类比趣话

一　漫话归纳

大灰狼和小猫咪

一只大灰狼冲破猎人的围堵，拼命向山后跑去，猎人带着猎狗紧追不舍。大灰狼慌不择路，闯到一个只有4户人家的小山村，正巧碰到蹲在墙头晒太阳的小猫咪。大灰狼气喘吁吁地哀求小猫咪："快救救我吧！亲爱的小猫咪，猎人追我来啦！"贪睡的小猫咪也不睁眼看看是谁，就懒洋洋地说："快躲到东头的斯切潘家去吧！""不行啊，去年我偷过他家一只羊，他恨死我了。""那就快躲到西头的吉木扬家去吧！""哪能行？今年春天我吃过他家一只兔子，他不会保护我的！""那就躲到南面的特罗菲姆家去吧！""也不行啊，前年冬天我咬死了他家的牛，他怎么肯保护我呢？""那还有最后一家，你快躲到北头的克里木家去吧！""更不行啊，昨天我还偷走他家三只鸡，他绝对饶不了我！""啊？全村4户人家你都得罪了，那么这个村子里的人都不会保护你了。"大灰狼急得心如火烧，跪在地上求小猫咪："猫大哥，行行好吧！猎人马上就要到了！"小猫咪叹了一口气说："真的没有办法了。"这时，猎人出现了，说时迟，那时快，只见猎狗一口咬住大灰狼的脖子，大灰狼惨叫一声。这一叫，吓了小猫咪一跳，小猫咪急忙睁开眼睛一看，尖叫了起来："啊！原来是大灰狼，怪不得你把村子里的人全得罪了。早知道是你，我才不理你呢！"

小猫咪得出"这个村子里的人都不会保护你了"的结论，用的是归纳推理。所谓归纳推理，是指从个别知识的前提推出一般知识的结论的推理。归纳推理分为完全归纳推理与不完全归纳推理。小猫咪用的是完全归纳推理。完全归纳推理是根据某类事物的全部对象都具有某种属性，推出该类事物具有某种属性的推理。它的公式是：

S_1——P

S_2——P

……

S_n——P

（S_1S_2……S_n 是 S 类的所有对象。）

所以，S——P

完全归纳推理的特点是：前提中考察了该类事物的每一个对象，它的结论是必然的。正由于如此，完全归纳推理是一种重要的论证方式，它可以帮助我们认识事物，解决矛盾。

德国数学家卡尔·弗里德里斯·高斯 10 岁那年，在小学上算术课时，老师给班里几十个孩子出了一道算术题，他要孩子们计算一下：1+2+3+4……+97+98+99+100=？老师心里想，要加的数目这么多，可得费些功夫呀！而且稍不留神，就会算错。可是出乎意料的是，老师刚把题目说完，小高斯就举起了手，报出了答案：5050。老师非常吃惊，忙问小高斯是怎么算出来的。

小高斯说，他发现这 100 个数有一个特点，就是依次把头尾两个数加起来都等于 101，而这样的数刚好有 50 对，因此，这 100 个数的总和就是 101×50=5050。

高斯运用的就是完全归纳推理。

完全归纳推理虽然结论可靠，但如果不恰当运用，也会出问题。有一个笑话：小明家来了客人，妈妈叫小明到附近果园买苹果，临走时，妈妈叮嘱："你要买甜的来，不甜的不要！"小明到了果园，就捡起苹果来。他挑一个苹果，就咬一口尝尝，一个也没有放过。他买好苹果，回到家对妈妈说："我买的都是甜的。"

咬过的苹果怎么招待客人？小明错用了完全归纳推理。当然，咬过的苹果削掉这部分后还可以吃，划过的火柴就完全没用了：爷爷叫小明去买火柴，小明买回来后，爷爷问："火柴好划吗？"小明说："每根都好划，一划就着，我一根一根都试过了。"爷爷哭笑不得。

所以，在不该使用完全归纳推理的时候千万不要使用完全归纳推理。

兄弟俩剥花生

从前，有位师傅招收了两个徒弟。这两个徒弟学手艺都很用心，又都一样手巧。有一天，师傅想考考他们，看看他们哪一个更聪明一些。于是就把两个徒弟叫到面前，对他们说："我给你们每人一筐花生，你们剥开看看，花生仁是不是都有粉衣包着？看谁能先回答这个问题。"

大徒弟听完师傅的话后，就端起一筐花生快步跑回家，连饭也顾不上吃，就急急忙忙地剥了起来。

小徒弟却不像师兄那样心急火燎，他不慌不忙地把一筐花生端回家中，对着筐里的花生仔细观察了一番，一边默默琢磨，一边伸手从筐里捡了八九个饱满的，又捡了八九个不饱满的，合起来总共不过一捧花生，分成两堆。每堆中都有三个仁的、两个仁的和一个仁的。他把这几种不同类型的花生全剥了，发现不论饱满的、不饱满的，也不论三个仁的、两个仁的、一个仁的，都有粉衣包着，他高兴得自言自语地说："不用全剥了，我都知道了，所有花生仁都有粉衣包着。"

大徒弟怕师弟超过自己，一边剥着一边打发自己的妻子去打探消息。妻子回来说："他只剥了不到二十个，就不剥了。"大徒弟听了很高兴，心想这次自己肯定赢了。于是他更加起劲了，从早晨一直剥到傍晚，好不容易才把筐里的花生全部剥完。这时他才松了一口气，自言自语地说："原来所有花生仁都有粉衣包着啊！"他连歇也不歇，就急匆匆赶到师傅那儿，可是到那里一看，师弟早已在那里等他了。

师傅见他俩都来了，说：“小徒弟先来的，先回答我的问题。”

小徒弟说：“师傅，我选了十多个各种类型的花生来剥，发现这些花生仁都有粉衣包着，所以我知道所有花生都会是这样的。”

大徒弟听了，恍然大悟，说：“还是师弟比我聪明。”

大徒弟剥完一筐所有的花生才得出结论，运用的是完全归纳推理，而小徒弟只剥了有代表性的一部分花生就得出了结论，运用的是不完全归纳推理。不完全归纳推理是根据某类事物的部分对象都具有某种属性，推出该类事物具有某种属性的推理。它的公式是：

S_1——P

S_2——P

……

S_n——P

（S_1S_2……S_n 是 S 类的部分对象。）

所以，S——P

由于不完全归纳推理前提中只需考察该类事物的部分对象就可得出结论，所受时间、空间的限制少，因而运用方便简洁。兄弟剥花生这个故事就充分说明了这一点。人们在生活工作中运用的归纳推理，大多数是不完全归纳推理。不完全归纳推理主要分为简单枚举归纳推理和科学归纳推理。

完全归纳推理的结论是必然的，不完全归纳推理的结论是不是必然的呢？逻辑学家罗素曾讲过一个火鸡的故事。

有一只火鸡，它是个不折不扣的归纳主义者。在它到达火鸡饲养场的第一天，它观察到，喂食的时间是上午九时。当然，这个火鸡作为卓越的归纳主义者不会马上得出“每天上午九时要给火鸡喂食”的结论，它觉得应该大量地观察。于是，它又接连观察了好几天，它发现饲养场的饲养员总是每天上午九时来喂食。应该说，这个火鸡是个很有水平的归纳主义者，到了这个时候，它还不敢贸然地下结论。

于是，它又在各种情况下进行观察：星期三和星期四，热天和冷天，雨天和晴天。在这些不同的场合，主人也总是每天上午九时来喂食。最后，这个归纳主义者良心上感到满足了，它就进行归纳推理，得出“主人总是上午九时给我喂食”的结论。当然，它自己认为这就是科学知识。可是，在圣诞节的前一天，主人不仅没有给它喂食，而且还把它宰杀了。这个事实就证明火鸡的结论是错误的。

这个故事说明，不完全归纳推理的结论是或然的，即不是完全确实可靠的。

鲁国姑娘的远虑

古时候，鲁国有个农村姑娘，聪明过人。一天晚上，这位姑娘与女伴们聊天，伤心地哭起来了。女伴们问她为何伤心？她说：“我听说卫国的国君残暴好战，所以心里十分难过。”女伴们说：“卫国国君残暴好战与你有什么关系？你何必伤心呢？”

她说：“姐妹们，话可不能这样讲！前些年，宋国国君残暴好战，结果打到我们鲁国，军队的马匹践踏了我们的庄稼，使我们的收成减少了一半。越国国君残暴好战，吴国国君也残暴好战，吴国和越国开战了，打了几十年战。我们鲁国国君惧怕越王，就竭力巴结他，给他敬献美女，结果把我姐姐也选去了。我哥哥去看望我姐姐，途中遇难，死于非命。越王与吴王作战，遭殃的却是我们平民百姓。世界上没有一个残暴好战的国君不给老百姓带来巨大灾难的。由此可见，凡国君残暴好战，老百姓都要遭殃。现在我又听说卫国国君残暴好战，我们大家不知道谁又该遭殃了，我怎么能不难过呢？”

鲁国姑娘虽然只考察了部分国君，但在考察中没有发现相反的情况，即她从来没有遇到过哪一个国君残暴好战而不使百姓遭殃的，于是得出“凡国君残暴好战，老百姓都要遭殃”的一般性结论，她所运用的是简单枚举归纳推理。简单枚举归纳推理是根据某类事物的部分对象都具有某种属性，而且没有遇到相反的情况，从而推出该类事物具有某种属性的推理。它的公式是：

S_1——P

S_2——P

……

S_n——P

（S_1S_2……S_n 是 S 类的部分对象，并且没有遇到反例。）

所以，S——P

简单枚举归纳推理是根据生活经验中多次出现的事例，没有出现相反情况而概括出来的，所以它的结论是或然的，一旦出现相反事例，就会被推翻。“天下乌鸦一般黑”“动物的血都是红的”“鸟都会飞”这些用简单枚举归纳推理得出的结论，都是由于出现反例而被推翻的。为了提高简单枚举归纳推理结论的可靠性，就必须增加考察对象的数量和范围。如果只根据个别事实、个别地区、个别情况下的同类对象进行归纳，就会犯“轻率概括”或“以偏概全”的错误。

从前有一个非常浮躁的后生，忽然间心血来潮，拜倒在一位老先生门下，立志要发奋读书。第一天，老师在纸上划了一横，告诉他说：“这个字是‘一’。”第二天老师又在纸上划了两横，告诉他：“这个字是‘二’。”第三天老师再在纸上划了三横，还没等老师开口，这个后生就抢先说：“我知道了，这个字是‘三’。嘻嘻！”他想：人人都说识字难，没想到识字这么容易。照这样我也可以当先生了。第四天，他就卷起铺盖回家了。他真的开始教书了。第一天，一个学生拿着作业本请老师写名字。“你的名字叫什么？”“千百万。”他想：划一横是一，划两横是二，划三横是三，那么“千百万”就要划千百万道横线。于是他就挥笔划了起来。从油灯初上划到太阳升起，数了数，离千百万划还远着哩！第二天早上，学生家长带着孩子来看老师，见老师正在划横线。老师一见家长就大发雷霆：“你为什么给孩子起了个‘千百万’的名字？这个名字特别难写，害得我一夜都没睡，到现在还没有写完。如果叫‘一二三’，我不早就写完了！站在旁边等着吧！我还得半天才能写完。”学生看老师写得很吃力，灵机一动，说：“老师，要是把我妈妈的梳子拿来，蘸上墨，一下子就能划几十条横线，不就省事了吗？”老师一听马上说：“为什么不早说？快去取梳子！”

孩子刚要跑回家取梳子，却被家长叫住了："笨蛋，何必用梳子？把笤帚拿来，一下子就能刷几百道横线，岂不更快！"

这个后生从"'一'是划一横，'二'是划两横，'三'是划三横"，推出"'千百万'就是划千百万横"，这是从极其个别的对象出发轻率地得出一般性的结论，犯了"轻率概括"或"以偏概全"的逻辑错误。

惊弓之鸟

战国时期，有一名神射手，他的名字叫更羸。有一天，他陪同魏王在后花园一个高台上喝酒。他们看见一只大雁从远处徐徐飞来。魏王对更羸说："听说你的箭法很高明，你能一箭就把这只大雁射下来吗？"更羸回答说："启禀大王，我根本不用箭，只需空拉弓弦，就能把那只大雁射下来。"魏王说："先生别开玩笑了，一个人的射技怎么会达到如此高超的地步呢？"更羸说："大王如果不信，我可以马上表演给您看。"说话间，大雁已经飞到头顶，只见更羸拉满弓，对魏王说："大王请看！"随后只听弓弦"嘣"的一声响，再看那只大雁，在空中扑打了几下，便一头栽落下来。魏王惊奇得简直不敢相信自己的眼睛，叫道："先生真是神人啊！射技竟然达到如此高超的水平！"更羸放下弓说："我不是什么神人，只是懂得一些道理就是了。"

魏王问："什么道理？快给寡人讲讲。"

更羸说："我看见这只大雁飞得很慢，而且叫声悲哀。据我多年的经验可知，飞得慢，是由于它体内有严重的创伤；叫声惨，是由于它长久离群而且伤口疼痛。这只伤口疼痛而惊魂未定的大雁，当它听到我这里弓弦一响，就必然奋起高飞。由于用力过猛，就会使伤口迸裂，所以就跌落下来。"

魏王听后说道："先生真会神机妙算啊！"

更羸只拉弓、不发箭，就把大雁射落下来，用的是科学归纳推理。所谓科学归纳推理，就是选择一类对象中部分比较典型的对象加以考察，并进一步考察这些对象存在某种属性的客观原因，然后得出一般性的结论。更羸在多次实践的基础上，不但知道那些飞得慢、叫声惨的大雁听到弓弦一响就会跌落下来，而且知道弓响雁落的原因。即受伤的大雁听到弓响后奋起高飞，因用力过猛，致使伤口迸裂而跌落下来。所以这是科学归纳推理。科学归纳推理的公式是：

S_1——P

S_2——P

……

S_n——P

（S_1S_2……S_n 是 S 类的部分对象，并且 S 与 P 有必然联系。）

所以，S——P

谁干扰了雷达?

1942 年 2 月的一天上午，德国空军飞临英国城市上空，英国高炮部队立即开火，击落了一架又一架德国飞机。但是在战斗过程中，高炮指挥部经常接到许多炮连的报告：炮瞄雷达经常突然受到干扰，影响了战斗。战斗结束后，指挥部对此进行了认真分析，有人提出："是不是德国使用了某种反雷达的新式武器？"问题反映到统帅部，丘吉尔下令调查此事。英国情报部门通过各种手段，摸清了情况：德国根本没有使用什么新式武器。那么，干扰炮瞄雷达的原因是什么呢？统帅部把这个问题交给了科学家们。

科学家们分头到各个部队去了解情况。在伦敦，科学家问炮瞄雷达的操纵员："在什么情况下，雷达会受到干扰？"战士们回答说："当敌机从太阳底下钻出来时，雷达就受到干扰。"在考文垂，指挥官们反映："敌机一旦接近太阳，我们的雷达就瞎了眼。"……经过多次调查研究，科学家发现，尽管各个部队所处的环境不同，使用的雷达型号不一，训练的水平不同，操作的时间不同，但是有一点却是相同的，这就是每当炮瞄雷达对准太阳时，就会受到同样的干扰。于是科学家们得出结论：炮瞄雷达所受的干扰来自太阳，太阳也会发射无线电波。

科学家们查清炮瞄雷达受干扰的原因，运用的是探求因果联系逻辑方法中的求同法。19 世纪中期，英国逻辑学家穆勒在前人研究的基础上，提出了探求因果联系的 5 种方法，即求同法、求异法、求同求异并用法、共变法和剩余法。求同法又称契合法，它的内容是：在被研究现象出现的若干场合中，只有一个先行情况是共同的，那么这个共同的先行情况就是被研究现象的原因。它的公式是：

场合	先行情况	被研究现象
（1）	A、B、C	a
（2）	A、D、E	a
（3）	A、F、G	a
……	……	……

所以，A 是 a 的原因

科学家们调查炮瞄雷达受干扰的原因时，发现各高炮部队雷达受干扰时，虽然许多情况（所处的环境、使用的雷达型号、训练的水平、操作的时间等）都不相同，但是有一个情况是共同的，就是炮瞄雷达对准了太阳。所以，科学家们据此可以得出结论：炮瞄雷达所受的干扰来自太阳的无线电波。

求同法的运用是很广的。例如我们发现一些人身体很好，他们的情况各不相同，但他们却有一个共同的情况，他们都坚持锻炼身体。由此可以得出结论，坚持锻炼身体是他们身体好的原因。求同法的特点是异中求同，而且在各个场合只有一个共同情况。如果在不同情况中还有另一个共同情况，那么就不能揭示被研究现象的真正原因。

白求恩大夫的报告

白求恩大夫是每个中国人都熟知的，他放弃优裕的生活条件，不远万里来到中国，帮助中国人民抗击日本帝国主义的侵略，献出了自己宝贵的生命。毛泽东称赞他是“毫不利己专门利人”“对工作极端的负责任，对同志对人民极端的热忱”。白求恩大夫从延安来到晋察冀边区工作，曾经写过一个报告:《在冀中4个月的工作报告》。在报告中讲述了他给两个被步枪子弹打穿肠子的伤员施行手术的情形。

白求恩的战地医院设在一个肮脏的菩萨庙里。晚上，随着一阵急促的脚步声，抬进来一个重伤员。“什么时候受的伤？伤在哪里？”白求恩急切问。“凌晨3点，肠子被打穿了。”白求恩看了看怀表，说：“啊呀，已经18小时了。”然后命令：“赶快上手术台！”白求恩打开腹部一看，子弹是从与

白求恩拯救伤员

脐部平行的地方进入腹内，大肠和小肠有 10 个穿口和裂缝，粪便已进入腹腔，肠间膜动脉管破裂而导致大量出血，腹内积满了血。在蜡烛和手电筒的光亮下，白求恩细心而迅速地给这位年轻的伤员做了手术。

这时又抬进来一个重伤员。白求恩大夫又问：“什么时候受的伤？伤在哪里？”“已经 8 小时了，肠子被打穿了。”白求恩看了看这位年轻的战士，不顾疲劳，坚决地说：“上手术台！”白求恩打开腹部一看，太巧了！这个战士的受伤的情况与刚才的伤员几乎完全相同，子弹也是从与脐部平行的地方进入腹内，大肠和小肠也有 10 个穿口和裂缝，粪便进入了腹腔，肠间膜动脉管破裂，腹内积满了血。在蜡烛和手电筒微弱光线照耀下，白求恩又为这个战士做了同样的手术。

第二天，第一个伤员终于没有逃脱死神的召唤，在呻吟中死去了。第二个伤员病情稳定，过了十多天，就平安出院了。白求恩十分感慨地说：“生与死就是 8 小时与 18 小时的区别啊！”在 1938 年 12 月 8 日的日记中，白求恩写道：“两个同样腹部被子弹射穿的伤员得到了同样的外科治疗，一个活了，一个死了。什么原因？第一个是在受伤后 18 个钟头动的手术，第二个是受伤后 8 个钟头。生死之别就在 10 个钟头！可见，伤后及时抢救、及时动手术是多么重要。”白求恩是运用求异法得出这个结论的。求异法又称差异法，它的内容是：在被研究现象出现和不出现的两个场合中，只有一个先行情况不同，那么这个唯一不同的先行情况就是被研究现象的原因。它的公式是：

场合	先行情况	被研究现象
（1）	A、B、C	a
（2）	—、B、C	—
……	……	……

所以，A 是 a 的原因

白求恩是这样考虑的：两个伤员的伤势，施行手术的地点、条件，主刀人和助手都是相同的，唯一不同的是伤员接受手术的时间不同，第一个是受伤后 18 小时，第二个是受伤后 8 小时。那么这个唯一不同的情况就是第一个伤员死亡的原因。所以，白求恩大夫说：“生死之别就在 10 个钟头。”

求异法的结论要比求同法的结论来得可靠。在科学研究中，特别是在科学实验中，人们常常运用求异法，找出事物变化的真正原因。求异法是同中求异，必须注意的是，不同的情况只能有一个。如果有几个不同的情况，那么就不能揭示被研究现象的真正原因。

孙思邈治病

唐朝时期，我国诞生了一个大医学家，他的名字叫孙思邈。孙思邈少年时身体不好，从此发愤学医，他总结了唐以前的临床经验和医学理论，收集了方药、针灸，著有《千金要方》和《千金翼方》，后人尊称他为“药王”。

孙思邈不但勇于实践，还善于从实践中总结经验。有一次，他来到城里

药王孙思邈像

给人看病。一个有钱的财主连忙把他请去，说：“先生，快治治我的病吧！”孙思邈一看，就知道那人得的是脚气病，足胫肿大，肌肉疼痛，软弱麻木无力。他根据医书，给病人开了药方。

不久，从乡下来了一个富人，看的也是脚气病。后来陆续来了几个有钱的人，都是脚气病。孙思邈就十分奇怪：为什么这些城里乡下的有钱人都得了脚气病？是不是这里的水土有问题？

孙思邈走到贫苦的人家去打听：“你们有谁得过脚气病？”“什么是脚气病？”那些平民不明白。孙思邈就向他们作了解释。“噢，这种病，我们穷人从来不得，那是富人常得的病。”穷人们的话中充满了自豪。

孙思邈查问了许多城里乡下的穷人，发现穷人确实是不得脚气病的。他想：这就说明脚气病的原因与水土无关。如果与水土有关，那么穷人也应该得这种病呀！不与水土有关，很有可能与饮食有关，不是多吃了什么，就是少吃了什么。他分析，富人吃的是荤腥细粮，而穷人吃的是素食粗粮。问题很有可能出在这里面。

孙思邈把细粮与粗粮两相比较，发现精米、白面虽然好吃，但是缺少了米糠、麸皮。他想：有钱的人得脚气病可能是缺少米糠、麸皮而引起的吧！根据这个设想，他决定试用米糠、麸皮来治脚气病。

“什么？你竟然叫我们吃这些东西？这是猪兔吃的。”富人开始十分不满。但想到孙思邈的名声，也就试了试，结果非常灵验。“孙先生真是神人啊！妙手回春，手到病除。”病人们个个竖起了大拇指。

后来，孙思邈又发现杏仁等中药，对脚气病也有疗效。

现在科学医学早已证明，脚气病是因为身体里缺少维生素 B1 引起的。而米糠、麸皮、杏仁中含有较多的维生素 B1。

孙思邈是运用求同求异并用法找出脚气病的病因的。求同求异并用法又称契合差异并用法，它的内容是：在被研究现象出现的若干场合中，如果只有一个先行情况是共同的，而且在被研究现象不出现的若干场合中，这个先行情况也不存在，那么这个共同的先行情况就是被研究现象的原因。它的公式是：

	场合	先行情况	被研究现象
正面场合	（1）	A、B、C、F	a
	（2）	A、D、E、G	a
	（3）	A、F、G、C	a
	……	……	……
反面场合	（1）	—B、C、G	—
	（2）	—D、E、F	—
	（3）	—F、G、D	—
	……	……	……

所以，A 是 a 的原因

孙思邈首先将患脚气病的所有富人加以比较，发现他们各人的性格、脾气等都不同，但有一个共同点，就是吃精米白面，由此得出，吃精米白面得脚气病。其次将不患脚气病的所有穷人加以比较，发现他们各人的情况也不尽相同，但也有一个共同点，就是没有精米白面吃，由此得出，不吃精米白面（即吃粗粮）不得脚气病。最后将这两种情况加以比较，得出结论：吃精米白面是得脚气病的原因。实际上，求同求异并用法是运用了两次求同法和一次求异法。

增兵减灶与增兵增灶

公元前 342 年，魏国派兵攻打韩国。韩国向齐国求救。齐宣王派田忌和孙膑带兵救援韩国。孙膑又使出他“围魏救赵”的老法子，不去救韩，引兵直接去攻打魏国。庞涓接到魏王的告急文书，只好退兵赶回去。这时，齐国的兵马已经深入魏国了。庞涓下马查看齐军扎过营的地方，发现齐军的营盘占了很大的地方。他叫人数了数做饭的炉灶，足够 10 万人吃饭用的。“妈呀，怎么这么多人？”庞涓吓得说不出话来。

第二天，庞涓带着大军继续追赶，赶到齐国军队第二次扎营的地方，又命人数了数炉灶，炉灶大大减少了，只能供 5 万人用的了。庞涓不由得高兴起来。

第三天，魏军继续往回走，他们追到齐国军队第三次扎营的地方，仔细数了数炉灶，只剩了两三万人用的了。庞涓这才放了心，笑着说：“我早就知道齐军都是胆小鬼，10 万大军到了魏国，才三天工夫，就逃散了一大半。哈哈哈！”他舍弃步兵，带着轻锐部队日夜兼程地按着齐国军队走过的路线追上去。

一直追到马陵（今河北大名县东南），此时天已黑了。马陵道在两座高山之间，山路旁边都是深涧。庞涓恨不得一步赶上齐国的军队，吩咐大军摸黑往前赶。忽然前面的兵士回来报告：“前面的山道被木头堵住了。”庞涓上前一看，果然见道旁的树全被砍倒了，只留下一棵最大的没砍。细细看去，上面影影绰绰好像写着几个大字。庞涓叫兵士拿火来照。几个兵士点起火把一照，树上写的是：“庞涓死于树下。”庞涓大吃一惊，连忙命令撤退，但已经晚了。齐军万箭齐发，杀声震天，魏国军队一片混乱。

原来这是孙膑设下的计策，他故意天天减少炉灶的数量，引诱庞涓追上来。庞涓走投无路，只好拔剑自杀。这就是“增兵减灶”典故的来历。从此，孙膑的名气传遍了各国，他写的兵书一直流传到今天。孙膑增兵减灶的计谋，从逻辑上看，就是灵活运用共变法的结果。共变法的内容是：在被研究现象发生变化的各个场合中，如果其中只有一个先行情况是变化着的，那么这个变化着的先行情况就是被研究现象的原因。它的公式是：

场合	先行情况	被研究现象
（1）	A1、B、C	a_1
（2）	A2、B、C	a_2
（3）	A3、B、C	a_3
……	……	……

所以，A 是 a 的原因

孙膑运用灶的多少与军队人数成正比的共变关系，故意天天减灶，制造齐军人数骤减的假象，引诱庞涓丢弃大部队，只率领轻锐部队进入马陵绝境，从而一举歼灭庞涓军。

利用“增兵减灶”取得了战争胜利，利用“增兵增灶”也能取得胜利。公元115年，羌族进攻东汉武都。虞诩奉汉安帝之命率军赶赴武都出任太守，领军抗击羌军。虞诩行至陈仓、肴谷时，得知羌人数千人在前面截击。虞诩就停止前进，并宣称等待援军。羌人不知虚实，不敢贸然进攻。数日后，乘羌人不备时，虞诩日夜兼行百余里，“令吏士各作两灶，日增倍之”，即采取逐日增灶的谋略。羌军见汉军的灶日益增多，以为虞诩的援兵不断增加，不敢逼近。这样迷惑了敌人，虞诩及时赶到武都，调动部队打败了羌军。虞诩也是运用共变法，根据灶的多少与军队人数多少成正比的情况，利用增灶来表示兵力增加，从而迫使羌军不敢逼近，达到了战略目的。

马陵道射庞涓

钱怎么多了？

朱玲同学家不幸遭受火灾，家里的东西全部被烧毁。消息传到朱玲的学校，全校师生开展了“献爱心”的活动。朱玲所在的班级，更是热烈响应。有的拿出了所有的压岁钱，有的捐出了自己的零花钱，有的甚至把准备买自行车的钱也捐出来了。大家把捐助的钱交给小组长，小组长再把钱交给班长李明。放学后，李明和其他三个班干部一起到朱玲家去送钱。朱玲一家暂住在邻居家。李明代表全班同学向朱玲的父母表示慰问，并当场交给了朱玲母亲两只信封，里面有全班捐献的2850元。“谢谢！”朱玲的父母感动得不知说什么好，身旁的朱玲激动得流出了眼泪。

第二天上学的时候，朱玲一见到班长李明就问：“昨天，你交给我妈妈多少钱？”

“2850元啊，怎么，”李明问，“少了？”

“不是少了，而是多了50元。”朱玲说。

“这怎么会呢？”

“千真万确，我和我妈妈数了好几遍，不会错的。”

李明把这件奇怪的事报告了徐老师。徐老师问：“各小组交了多少钱？”

“第一组950元，第二组850元，第三组1050元，共计2850元。没错啊！”

“现在朱玲收到了2900元，说明另外还有人捐了50元。”停了一会，老师问：“班上是不是每人都捐了钱？”

“只有黄华，我没让他捐，因为他家太困难了。去年他生病，还是大家捐的钱。”

“他和你们一起到朱玲家去了吗？”

“去了，他说我们不让他捐钱，那就让他去看看朱玲，表示一下心意，我就同意他一起去了。”

“噢，这50元很有可能是黄华捐的。你们去问问他吧。”老师说。

李明很快找到了黄华："那50元是不是你捐的？"黄华见无法隐瞒了，只好默默地低下了头。"我不是让你不要捐吗？你怎么——"班长生气了。"去年大家帮助我，我也——"黄华快要掉泪了。原来在李明把钱递给朱玲妈妈时，黄华偷偷地往信封里塞了50元。

老师断定"另外还有人捐了50元"，是运用了求因果联系的剩余法得出的。剩余法的内容是：如果已知某一复合情况是某一复合现象的原因，又知复合情况中的一部分情况是复合现象的一部分现象的原因，那么复合情况的剩余部分就是复合现象的剩余部分的原因。它的公式是：

已知复合情况F（A、B、C）是某一复合现象的原因K（a、b、c）的原因

又知B是b的原因

C是c的原因

所以，A是a的原因

全班捐款2900元，三个小组共捐2850元，那剩下的50元，就一定是另一个人捐的。

二　漫话类比

王法连坐

齐国大夫郗石夫阴谋叛乱，被齐宣王杀掉了。齐宣王还准备连坐杀尽他的全族。郗石夫的族人很多，大家聚在一起商量办法。有人提出，别人的话，齐宣王是听不进去的，只有艾子机智聪明，很受齐宣王的信任，咱们都去求艾子吧！于是，全族的人都来求艾子。艾子笑着说："这事不难，你们去给我找根绳子来，马上就可以免掉灾祸。"大家都以为艾子在开玩笑，但谁也不好深问，只好按照艾子的要求，找了一根绳子给他。艾子把绳子揣在怀里，去见齐宣王。他对齐宣王说："郗石夫这个人，包藏祸心，谋反叛乱，大王您把他当众杀掉，是完全应该的。不过，干这坏事的只有郗石夫自己，他的族人没有参与，没有罪过，大王您要是把他全族的人斩尽杀绝，这是仁德的君王所应当做的吗？"齐宣王回答说："这不是我本人的意思，是前辈君王定下来的法律明确规定的。《政典》里就有这样的话：凡与叛乱同宗族的人，都必须杀掉，不能赦免！"艾子点点头说："我也知道大王是出于不得已！请听我再说两句：过去公子巫曾经以邯郸这个地方去投降秦国，公子巫也是大王的至亲，大王也就成了叛臣的宗族了，按照前辈君王定下的法律，大王也应该被连坐问罪。现在我带了根绳子交给大王，请大王今天就处置自己，免得有损前辈君王定下的法律。"齐宣王听了站起来说："艾先生，不用再说了，我这就赦免他们就是了。"

艾子凭他的聪明机智救了郗石夫的族人。艾子在与齐宣王对话中包含这样一个推理：

公子巫犯有叛乱罪，大王是公子巫的同宗族的人，按前辈君王定下的法律，大王该被连坐问罪，但大王没有问自己的罪；

郗石夫犯有叛乱罪，他们是郗石夫的同宗族的人，按前辈君王定下的法律，他们该被连坐问罪；

所以，大王可以不问他们的罪。

在这个推理中，艾子根据两个对象（大王与郗石夫的族人）在一系列属性上相同（都与叛乱者同宗族，按前辈君王定的法律都该连坐问罪），并且已知其中一个对象还具有其他属性（大王本人“没有问自己的罪”的属性），由此推出另一个对象（郗石夫的族人）也具有同样的其他属性的结论（可以不问他们的罪）。这种推理就是类比推理。类比推理是从特殊到特殊的推理，它的公式是：

A有属性a、b、c、d

B有属性a、b、c

所以，B有属性d

这里，“A”和“B”可以指两个类，也可以指两个个体，还可以其中一个指类，一个指个体。类比推理是把某对象所具有的属性d推移到与之相似的另一对象，结论所作的断定超出了前提的断定范围，所以它的结论是或然的。

鲁班的故事

与演绎推理和归纳推理相比，类比推理的适用范围极广。演绎推理和归纳推理都是在同类对象的范围内进行的，而类比推理则不受此限制，那些差别极大的殊异对象，也可以运用类比推理。类比推理能启发人们的思想，起触类旁通的作用，在人们认识和改造世界的活动中，具有重要作用。科学技术发展史上许多创造发明或发现就是运用类比推理取得的。

鲁班是春秋时鲁国的巧匠。有一次，他承建一座大宫殿，需要许多木材，用斧子砍伐，费工又费时，怎么也供应不上。他很着急，就亲自上山去砍树。谁知山高路陡，鲁班只好攀登而上。突然，什么东西划了一下他的手，血立即流了出来。鲁班低头查看，原来是他抓住了路边的丝茅草。鲁班根本没有想到丝茅草这样柔软的叶子会把他的手割破。他又仔细找，总认为有什么锋利的东西，但除了丝茅草以外，实在没有什么别的东西了。突然他注意到了丝茅草长长的叶子两边呈齿状。会不会是这齿状的叶子作怪？他试了试，啊，柔弱的齿状叶竟又把鲁班的手割了一条口子。柔弱的齿状叶竟会如此锋利，那么齿状的金属片不是更锋利吗？以齿状的金属片割树，岂不可以加快进度？鲁班想到这里，高兴得顾不上手痛，立即跑回去，想啊想，试啊试，经过反

鲁班像

复的试验和改进，终于制成了锯子。鲁班发明了锯子以后，不但解决了当时木材的供应问题，而且给后人留下了一种锋利的伐木工具，今天我们还用锯子锯木头哩！

鲁班发明锯子，运用的就是类比推理：丝茅草叶扁平长条，两边有齿，锋利，能割物；金属片扁平长条，两边有齿，锋利，也一定能割物。

有一次，鲁班应海边老百姓的要求，造一个能出海打鱼的东西。鲁班费了好多心血，想了又想，做了又做，还是做不出来。一天，鲁班的妻子到河边去洗衣裳。一阵风刮过来，鞋子被吹到河里，向远处漂去。她心里一着急，“扑通”一声跳进河里，把鞋子抓了上来。他妻子一回到家，就把这事对鲁班说了。鲁班一听，感到很奇怪，鞋子掉在水里为什么不沉下去？他朝妻子的翻头鞋上瞟了一眼，然后接过鞋子仔细看看，忽然像发现了什么似的，大声叫了起来：“一是空心，二是不漏水，空心又不漏水，就不会沉到水底去了。”于是，鲁班就仿照翻头鞋的样子造了一只可供出海打鱼用的木船。这里，鲁班也是用的类比推理。

不仅鲁班的发明运用了类比推理，而且古今中外许多科学理论的创立和科学技术的发明都得益于类比推理。哈维的血液循环理论、气体分子运动理论、达尔文的“自然选择”理论、卢瑟福的原子模型等，最初的提出都是运用了类比推理。阿基米德发现浮体定律，运用的是人体与皇冠之间的类比。试制飞机，是从风筝得到启发。现代模拟系统和仿生学的建立，更为类比推理的运用开辟了广阔的美景。

邹忌比美

徐公是齐国公认的美男子，齐国大夫邹忌长得也相貌堂堂。有一天，邹忌问妻子：“我和城北的徐公相比，谁长得漂亮？”妻子毫不犹豫地说：“您美极了，徐公哪能比得上您呢？”邹忌不大相信，又去问他的妾，妾害怕地说：“那还用问，当然是您漂亮。”过了一天，有个客人来访，谈话间，邹忌又顺便问了客人："你看，我和徐公相比，谁美？"客人赔着笑说："徐公比不上您美。"邹忌听了，仍不自信。一天，正好徐公来访，邹忌仔细观看了徐公，发现自己的相貌比不上徐公。当徐公走后，邹忌又对着镜子看了看，更觉得自己不如徐公美。邹忌想：我明明不如徐公美，为什么别人都说我比徐公美呢？他终于悟出了道理：妻子说我美，是因为妻子对我偏爱；妾说我美，是因为惧怕我；客人说我美，是因为有求于我。邹忌由此联想到，一国之君受的蒙蔽就更多了。

于是他上朝去见齐王，对齐王说："我确实知道自己不如徐公美，但我的妻子偏袒我，妾惧怕我，朋友有求于我，因此都说我比徐公美。如今大王的左右仆人和宫里的后妃没有一个不偏爱大王，满朝大臣没有一个不惧怕大王的，四境之内没有一个不有求于大王的！这样看来，大王所受的蒙蔽实在太厉害了！"

齐王听了以后说："你说得对！"于是下令："今后无论官员百姓，凡能当面指出我过失的，受上等赏赐；凡能上书批评我过失的，受中等赏赐；凡能议论我的不是而让我听到的，受下等赏赐。"命令一发出，群臣纷纷进言上书。齐王闻过必改，励精图治，国势由此大振，燕、赵、韩、魏等国都派使臣来朝拜。

邹忌在进谏中，通过自己的生活环境与齐王的生活环境的类比，推测因为仆人后妃、群臣百姓等偏爱、惧怕齐王而不直言进谏。齐王听后大悟，虚心采纳了邹忌的意见，使齐国强盛起来。这说明类比推理具有以小见大、由此及彼、触类旁通的推测和预见功能。

萨克斯说服罗斯福

1939 年 10 月 11 日，银行家萨克斯到白宫去见总统罗斯福，他带着一封爱因斯坦署名的信。信中，爱因斯坦对德国研制原子弹表示忧虑，并建议美国在纳粹德国之前赶制出原子弹。

罗斯福像

萨克斯读完爱因斯坦的信后，罗斯福淡淡一笑，说："这些都是很有趣的，不过现在就由政府干预其事，是不是为时过早？"

听到这句话，萨克斯的心凉了半截：总统拒绝了。罗斯福看到自己的好友、私人顾问面有难色，为了表示歉意，他约请萨克斯第二天来共进早餐。

萨克斯想了一夜，想出了一个说服总统的好办法。

早上，罗斯福一见萨克斯就说："今天，不许再谈爱因斯坦的信。"

"我只想讲一个历史故事。"萨克斯回答说，接着就轻松地讲了起来。

"19 世纪，拿破仑的骑兵征服了整个欧洲大陆，唯独海上作战屡屡失败，因为英国有一支强大的海军。这时，一个年轻的美国发明家富尔顿向拿破仑献计，他建议砍断桅杆，撤去风帆，把木板换成铁板，用蒸汽机作为战舰动力，这样法国的战舰就能战胜英国的帆船舰队了，才能渡过英吉利海峡征服英国。拿破仑一听就生气了，军舰没有帆能走吗？木板换成铁板能不沉下去吗？蒸汽机怎么能用于战舰？就连赶带骂地把富尔顿轰出去了。拿破仑仍然使用帆船，结果终于未能横渡英吉利海峡。"

萨克斯讲到这里，停顿了一下，意味深长地说："这就是拿破仑缺乏见识而使英国得以幸免失败的例子。如果拿破仑当年稍微动动脑子，郑重考虑一下富尔顿的建议，那么 19 世纪的历史可能就要重写了。后来，拿破战败被送往圣赫勒拿岛流放。途中，拿破仑望见英国强大的舰队，对当初没有听富尔顿的建议，后悔不已。”

罗斯福听完萨克斯的故事，沉默了好几分钟，说：“美利坚合众国总统不是拿破仑！”然后把沃特逊将军叫到身边，指着爱因斯坦的信，语气坚定地说：“对此事要立即采取行动！”

萨克斯的一番话，对罗斯福总统拍板制造原子弹起了决定的作用。萨克斯的说理运用的就是类比推理。他首先分析了罗斯福与拿破仑在这个问题上的共同点：要征服对方需要强有力的武器，拿破仑需要蒸汽船，罗斯福需要原子弹。接着分析了拿破仑不听科学家的建议结果失败了，从而推出“如果罗斯福不听科学家的建议也会失败”的结论，从而使罗斯福下了制造原子弹的决心。

由于类比推理借助于具体的事例，生动形象，具有较强的说服力和感染力，所以人们常常使用它。

张举烧猪

类比推理在破案中也有重要作用。

据《益智编》记载，明朝时，冠氏县有一个妇女路过瓜园，顺手摘了一个瓜给小孩吃。瓜主发现后，抓住了她，把她送到县衙门。

他想：偷一个瓜也不能治罪呀！怎么办？他灵机一动，便自己摘了 30 多个瓜，送到官府，诬告是妇女摘的。在大堂上，瓜主一口咬定妇女偷摘了她 30 多个瓜，被他抓住，人赃俱在。妇女一面流泪，一面叫冤。县令唐公问瓜主：“妇人偷瓜时带了什么样的筐子篮子？”瓜主说：“她没带东西。”“那好，现在你抱着孩子，把地上 30 多个瓜捡起来！”“什么？我抱孩子捡瓜……”瓜主慌了。“还不快捡！”唐公大喝一声。瓜主抱着孩子还没捡上 10 个瓜，就抱不住了。唐公哈哈一笑，对瓜主说：“你连 10 个瓜都捡不起来，她怎么能偷你 30 多个瓜呢？”瓜主连忙承认是有意诬告。

县令唐公侦破此案，用的是类比推理。瓜主与妇女都是大人，不用筐子、篮子，抱着小孩，这都是共有属性，瓜主还具有“一人无法抱住 30 多个瓜”的属性，所以，那个妇女也应该具有“一人无法抱住 30 多个瓜”的属性，即妇女不可能偷摘 30 多个瓜。

在人命案的侦破中，类比推理往往更有价值。张举是三国时的吴国人。在他任句章县县令时，县里有一个妇女谋害了自己的丈夫后，怕官府追究，立即放火把房子烧了，然后号哭着告诉别人，说房子失火烧死了丈夫。死者的弟弟怀疑此事，告到县衙门。张举到现场勘察验尸，他验尸后当众向这个妇女宣告：“你丈夫不是失火烧死的。凡是被火烧死的人，死在火中，烟熏火烤，呛得喘不过气来，迫于呼吸，口中势必吸进一些灰尘，而你丈夫口中却一点灰尘也没有。”

这个妇女不服，拒不承认是她杀死丈夫。张举就叫人取来两头活猪，杀死其中一头，然后将活猪和死猪同时放到柴堆里点着火烧。火灭后，取出两头焦猪来检查。活猪被烧死的，口中有灰；而死猪被烧后，口中无灰。杀人的妇女这才不得不承认谋杀亲夫的事实和原因。

张举破案依据的也是类比推理。他从猪与人在生理上有许多相同的情况出发，既然活猪被烧死后口中有灰尘，那么活人被烧死后口中也应该有灰尘；死猪被烧后口中无灰尘，人死后被烧口中也应该无灰尘。由此可见，死者不是失火烧死的。

东施效颦

西施是春秋末年越国有名的美女，亭亭玉立，婀娜多姿。有一天，西施得了心痛病，用手按住胸口，愁眉蹙额，从村里走过。村里人见她那副表情，觉得比平时另有一种妩媚的风姿。同村有个丑女，名叫东施。听到人家赞扬西施美丽，以为这是由于西施愁眉蹙额的缘故，于是她也学着西施的模样，故意用双手按住胸口，紧皱愁眉，慢吞吞地从村里走过。村里的人见了她这副既丑又怪的样子，一个个躲得远远的。富人急忙关上大门，看也不愿看她；穷苦人见了，赶紧带着妻子儿女避开了。大胆的老妇人就挖苦她说：“哈哈！你一皱眉，眉头上的皱纹更深，捂住胸口又弯着腰，倒像个老太婆啦！”

东施效法西施，运用的是类比推理。她是这样琢磨的：

西施按住胸口，愁眉蹙额，就增添了美丽；
我东施按住胸口，愁眉蹙额；
所以，我东施也会增添美丽。

可惜，东施运用的这个类比推理是错误的。因为正确的类比推理要求类比对象之间的相同属性要多，并且这些相同属性应该是本质属性。东施只知道西施按胸皱眉的样子很美丽，却不知道西施按胸皱眉显得更美的道理，不了解西施之美是客观存在的，是由多方面的条件决定的，误认为西施之美是按住胸口、愁眉蹙额的缘故，忽视了自身的条件，生搬硬套，也学西施病态的动作，自然弄巧成拙，传为笑话。这是犯了“机械类比”的逻辑错误。所谓机械类比，就是将两个或两类本质不同的事物，按其表面的相似来机械地加以比较而得出某些结论。后来人们用“东施效颦”这个成语比喻不知道人家好在哪里，自己不顾是否具备条件而胡乱学样。

明朝文学家谢肇淛在《五杂俎》中讲了一个笑话：

李载仁是唐王室李家的后人。他避乱到了江陵，在当地做了观察推官。李载仁不吃猪肉。一天，他应邀出门，刚上马，他的两个随从吵架，双方动了手。李载仁大怒，要重重地处罚打架的两个人，急忙命人从厨房拿来大饼和猪肉，命令打架的两个人面对面地吃大饼夹猪肉。并且郑重其事地警告他们：“以后如果再打架，还要加重处罚，猪肉里还要加上大油，叫你们也知道我的厉害！”

这个李载仁真是可笑得很，他自己不吃猪肉，就以己之所恶，推之于人，以为别人也不吃猪肉。他自己把吃猪肉看作一件痛苦的事，就以为别人也是这样，所以才用吃猪肉来惩罚打架的随从。这就犯了机械类比的错误。

包拯断案

包拯字希仁，庐州合肥人，他曾担任过开封府知府、枢密副使。

包拯一生为官清廉，铁面无私，人们把他当作清官的典型，尊称他“包公”或“包龙图”。民间流传着许多包公铁面无私、断案如神、打击权贵的故事。然而《宋史》本传记载包拯所办的完整案例，只有一个，就是“割牛舌案”。不过，仅此一案，也足以看出包拯智谋过人之处。

包拯早年做过天长县(今安徽天长)的县令。有一次，县里发生了一个案件，有个农民晚上把耕牛拴在牛棚里，早上起来，发现牛躺倒在地上，嘴里淌着血，掰开牛嘴一看，坏了！原来牛的舌头被人割掉了。耕牛是农民的命根子，这个农民又气又心痛，就赶到县衙门告状，要求包拯为他查究割牛舌的人。这个无头案该往哪里去查呢？包拯想了一想，就对告状的农民说：“这件事还有别人知道吗？”“没有。我一发现牛舌被割，就直接到您这儿来了。”“很好。你先别声张，回去把你家的牛宰了，然后把牛肉拿到市场去卖。”按当时的法律，

清官包拯画像

耕牛是不准私自屠宰的，私宰者要判重刑。可是牛被割掉舌头后，就不能吃草，活不了几天了。现在县令让他宰牛，就用不着怕犯法。所以农民回家后，就把耕牛杀掉了。

第二天，天长县衙门就有人来告发那个农民私宰耕牛。

包拯问明情况，立刻沉下脸来，大喝一声说："好大胆的家伙，你把人家养的耕牛割掉了舌头，反倒来告人家私宰耕牛？"

那家伙一听，犹如晴天霹雳，不禁大惊失色，伏在地上直磕头，老老实实供认是他干的。原来割牛舌的人跟那个农民有冤仇，所以先割了牛舌，又去告发牛主人私宰耕牛。

从那以后，包拯审案的名声就传开了。

包拯料事如神，当那个农民报案时，他就预料到案犯割牛舌是为了陷害牛主人以"私宰耕牛罪"。这种预料，就是逻辑上讲的"假说"。所谓假说，就是根据已经掌握的事实材料和科学原理，对某一未知事物及其发展规律所作出的一种推测性的说明。包拯根据已了解的材料——这一家的耕牛舌头被割掉，进行分析：把牛舌头割掉，牛就不能吃草，牛主人怕它饿瘦、饿死，必然会把牛杀掉，这样他就犯了私宰耕牛罪，便可达到报复、陷害他的目的。然后再以这个基本假定为前提，作出推断，预料割牛舌的案犯定会前来揭发，倒打一耙。果然不出意料，割牛舌的案犯第二天就前来告发。案情真相，完全证实了包拯所作的假说。

假说在科学发展的过程中具有重要作用，恩格斯指出："只要自然科学在思维着，它的发展形式就是假说。"

论辩趣话

一　证明的技巧

无辜的拉基雅

巴基斯坦电影《人世间》，描述了善良姑娘拉基雅的不幸遭遇，成功地塑造了女主人公的典型形象。拉基雅在那冷酷的社会里，受尽了人世间的各种折磨和痛苦。特别是他那恶贯满盈的丈夫，不断从肉体和精神上对她进行摧残，令人发指。人们看了这部电影，对她的遭遇无不给予无限的同情，对她的命运无不给予深切的关注。在影片中，拉基雅的丈夫由于作恶多端，最后被人枪杀。凶手是谁呢？当时，拉基雅在忍无可忍的情况下，奋起反抗，曾对准她丈夫连打 5 枪。检察机关认定罪犯就是拉基雅。拉基雅也承认是她杀死了自己的丈夫。这时，一个正直的有经验的老律师曼索尔出现了，他不怕威胁和利诱，坚决为拉基雅辩护。他经过认真仔细的考察，否定了检察机关对拉基雅的指控。

在法庭上，曼索尔对拉基雅提出了无罪辩护，他以充足的理由证明拉基雅不是杀死她丈夫的凶手。

曼索尔是这样证明的：

他说："拉基雅不可能是凶手。因为，凶手是用枪击中拉基雅丈夫的心脏而使之毙命的。拉基雅在万不得已的情况下虽然开了枪，并且打完了枪中的 5 发子弹，但是却没有一发子弹打中她的丈夫。因为她的子弹全部打飞了，打到哪里去了呢？全部打在了对面的墙上。这一点，我想请警长作证。"

“警长，他说的是事实吗？”法官问。

“是事实。这个女人确实是发射了5发子弹。经过现场检查，可以肯定她手枪中的5发子弹都打在对面的墙上了。”

停了一会，曼索尔又说：“再有，如果拉基雅是杀死她丈夫的凶手，那么，子弹一定是从前面打进她丈夫的身体的，因为拉基雅是面对面地对她丈夫开了枪。但是经过法医的检查鉴定，尸体上的子弹是从背后打进去的。这说明不是拉基雅开枪打死她的丈夫，而是另有人乘机作案。”

曼索尔的辩护句句在理，引起了原告及法官们一阵惊慌。曼索尔的辩护就是一个证明的过程。所谓证明，就是用一个或一些已知为真的命题确定另一个命题真实性的思维过程。根据证明中所运用的推理形式的不同，证明可分为演绎证明、归纳证明、类比证明；根据是否对论题直接进行论证，证明又可分为直接证明和间接证明。老律师曼索尔在辩护中运用的证明方式是演绎证明。演绎证明是借助于演绎推理的形式来确定论题的真实性的证明，即用一般原理来证明特殊事实的一种证明。曼索尔所要证明的论题是“拉基雅不是凶手”。他的证明用了两个演绎推理，首先他用了一个三段论推理：

杀人凶手是用枪击中拉基雅丈夫的，
拉基雅没有用枪击中她的丈夫，
所以，拉基雅不是杀死她丈夫的凶手。

这是三段论的第二格，完全符合推理规则。然后，曼索尔又用了一个充分条件假言推理：

如果拉基雅是杀死她丈夫的凶手，那么，子弹一定是从前面打进她丈夫的身体的；
子弹是从背后打进去的，
所以，拉基雅不是杀死她丈夫的凶手。

这是充分条件假言推理的否定后件式。由于演绎证明是用一般原理来证明特殊事实，它的结论是必然的、可靠的，因此它是证明最常用的方式。从证明方式上分类，间接证明中的反证法、选言证法也属于演绎证明。

兼听则明，偏听则暗

玄武门之变后，有人向李世民告发，东宫里有个官员，名叫魏征，曾劝说太子李建成杀害李世民。李世民听了，立刻派人把魏征找来，问他："你为什么要在我们兄弟中挑拨离间？"

魏征不慌不忙地说："可惜那时太子没有听我的话，否则就不会发生这样的事了。"

李世民觉得魏征这个人说话直爽，很有见识，就不记旧恨，把他留用下来。

李世民即位后，为了励精图治，富国强兵，采取了一系列措施，其中之一就是广开言路，鼓励大臣们把意见当面说出来，并把敢于直言的魏征提拔为谏议大夫。在唐太宗的鼓励下，大臣们都敢于说话，特别是魏征，有什么意见就在唐太宗面前直说，唐太宗特别信任他，常常把他召进内宫，听他谈

李世民像

魏征像

论政事，批评得失。魏征见皇帝肯听意见，也就知无不言。有时太宗发怒，魏征总是神色不变地把意见讲完。

有一次，唐太宗问魏征："历史上的君主，为什么有的人明智，有的人昏庸？"

魏征回答说："兼听则明，偏听则暗。"

"此话怎讲？"唐太宗问。

魏征说："过去尧能向百姓了解情况，所以能够及时得知少数民族的叛乱，知道那里有坏人作恶；舜耳目灵通，所以不会受奸臣的蒙蔽。但是，秦二世偏信赵高，结果被赵高篡权，终于造成秦朝灭亡；梁武帝偏信朱异，最后以亡国告终；隋炀帝偏信虞世基，结果落得个国破身亡。可见，君王只有广泛听取各种意见，才不会被得势的官吏所蒙蔽，民情才能真正反映到君王那里来。"

唐太宗连连点头说："你说得多好啊！"

唐太宗重用人才，能接受大臣的意见，政治比较开明；也注意减轻百姓的负担，发展生产。在他统治的时期，生产有了发展，社会安定，历史上把这段时期称为"贞观之治"。

公元643年，魏征去世了。唐太宗很伤心，他流着眼泪说："一个人用铜作镜子，可以正衣冠；用历史作镜子，可以知兴亡；用人作镜子，可以知得失。魏征一死，我就少了一面好镜子。”

魏征对“兼听则明，偏听则暗”的论证用的是归纳证明。归纳证明是借助于归纳推理的形式来确定论题的真实性的证明，即用某种典型的关于特殊事实的判断来证明一般原理的一种证明。魏征归纳了尧、舜的成功原因，证明了“兼听则明”；归纳了秦二世、梁武帝、隋炀帝的失败原因，证明了“偏听则暗”。

止楚攻宋

春秋末年，楚惠王想重新恢复楚国的霸权。他扩大军队，准备攻打宋国。他重用了当时最有本领的工匠，名叫公输般，他是鲁国人，也就是后来人们称为鲁班的。公输般替楚王设计了一种攻城的工具，非常高，叫做云梯。

楚国要用云梯进攻宋国的消息传出去后，列国诸侯十分担心，宋国惶惶不可终日。墨子听说后，决定制止这场战争。

墨子是墨家学派的创始人。他主张“兼爱”，反对战争，主张节俭、节葬，反对铺张浪费。

墨子急急忙忙地亲自跑到楚国去。跑得脚底起了泡、出了血，奔走了十天十夜，到了楚国的都城郢都。他先去见公输般。

他对公输般说：“北方有一个人侮辱我，请先生帮助我杀掉他。”公输般听了十分不高兴。墨子又说：“我愿意给你千金作为酬金。”公输般说：“我讲义，不杀人。”墨子说：“既然你义不杀人，那么，你为什么接受楚王的俸禄，帮助楚王造云梯攻打宋国去杀人呢？”

公输般输了理，就回避矛盾，说：“不行呀，我已经答应楚王了。”

于是墨子又去见楚王，他对楚王说：“有这样一个人，自己家里已经有了华贵的车，还去偷邻居家的破车；自己家里已经有了绣花绸袍，还去偷邻居家的粗布短袄；自己家里已经有了鱼肉佳肴，还去偷邻居家的糠糟。您说，这是怎样一个人？”

楚王不假思索地说：“这个人一定犯了偷窃病！”

墨子说：“楚国方圆五千里，土地肥沃，而宋国方圆不过五百里，土地贫瘠，这就好比华贵的车与破车；楚国有数不尽的名贵木材，而宋国连高大的树木都没有，这就好比绣花绸袍与粗布短袄；楚国地大物博，有各种珍奇禽兽，而宋国物产不丰富，连雉兔鲋鱼也没有，这就好比鱼肉佳肴与糠糟。大王今天攻打宋国，这不是和那位爱偷窃的人一样吗？”

楚王说：“先生说得有道理啊，不过，我们有攻城的云梯，拿下宋国是易如反掌呀！”墨子哈哈一笑说：“你能攻，我能守，你也占不了便宜。”

他解下身上系着的皮带，在地上围着当作城墙，再拿几块小木板当作攻城的工具。叫公输般来演习一下，比一比本领。公输般采用一种方法攻城，墨子就用一种方法守城。一个用云梯攻城，一个就用火箭烧云梯；一个用撞车撞城门，一个就用滚石擂木砸撞车；一个用地道，一个用烟熏。公输般用了九套攻法，把攻城的方法都使完了，可是墨子还有好些守城的高招没有使出来。

公输般呆住了，但心里不服，说：“我想出了办法对付你，但是现在不说出来。”

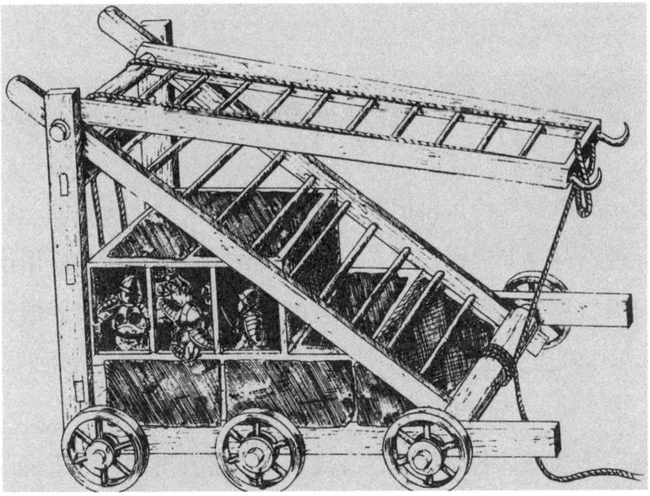

云梯

墨子微微一笑说：“我知道你想怎样对付我，不过我也不说。”

楚王听两个人说话像打谜语一样，弄得莫名其妙，问墨子说：“你们究竟在说什么？”

墨子说：“公输般的意思很清楚，不过是想杀了我。他以为杀了我，宋国就没有人帮助他们守城了。其实他打错了主意。我来到楚国之前，早已派了学生三百多人守住宋国，他们每一个人都学会了我的守城办法。即使把我杀了，楚国也占不了便宜。”楚惠王听了墨子一番话，又亲自看到墨子守城的本领，知道打宋国没有希望，只好说：“先生的话说得对，我决定不打宋国了。”

这样，一场战争就被墨子制止了。

类比证明是借助于类比推理的形式来确定论题的真实性的证明形式，即用特殊事实来证明特殊事实的一种证明。墨子在止楚攻宋的过程中，用了两次类比证明，一次是对楚王讲的偷窃成性者的故事，论证了楚国进攻宋国等于害了偷窃病，楚王不得不承认墨子说得对。另一次是与公输般进行的模拟战，论证了楚国进攻宋国一定失败。两次类比证明，使楚王既输了理，又看到用云梯攻打宋国的结局，只好放弃攻打宋国的打算。

类比证明形象生动，具有启发性和说服力。

优孟劝楚王

在《史记·滑稽列传》里记载了这样一件事：楚庄王得到一匹好马，非常喜欢它。他给马穿上锦绣衣服，把他安置在华丽的房子里，用没有帷帐的床给它作卧席，拿枣脯喂养它。这匹马由于养尊处优，得肥胖病死了。楚王十分悲伤，下令群臣为死马治丧，按大夫的葬礼来安葬它。大臣们纷纷劝谏，楚王大怒，下令说：“谁再进谏，罪该处死。”

宫中有一个戏子，名叫优孟，身高八尺，富有辩才。他听说此事后，走进宫殿大门，就放声大哭。楚王很吃惊，问他为什么哭。他回答说：“这匹马呀，是大王的心爱之物，凭着堂堂的大楚国，有什么要求办不到的，现在只用大夫的葬礼来安葬它，太寒酸了！我请求大王按君王的葬礼来安葬它。”

楚王问：“那你说该怎么办呢？”

优孟说：“我请求用雕花的美玉做棺材，用纹理秀美的梓木做外椁，用贵重的木材做护棺的题凑，派遣士兵挖掘墓穴，老人和小孩背土筑坟，齐国和赵国的使节在前面陪祭，韩国和魏国的使节在后面护卫。并且为马建立祠庙，用猪、牛、羊各一头的大礼来祭祀它，并且拨万户的城邑来供奉它。这样，诸侯各国都知道大王贱人而贵马的事了！”

楚王听了如梦初醒，说：“我的过错竟然到了这种地步呀！那该怎么办呢？”

优孟说：“既然这样，我请大王以六畜之礼埋葬它。这就是，以灶为椁，以锅为棺，以火光为衣服，用姜、枣、木兰为调料，以稻米作祭品，把它埋葬到人的肚子里去。”

楚王听了哈哈一笑，派人把马交给主管膳食的人了。

大臣们怎么说，也不能阻止楚王愚蠢的做法；但是一个戏子的一番话，却使楚王幡然醒悟。因为戏子优孟巧妙地运用了反证法。反证法就是通过证明反论题的虚假来确定论题真实性的论证方式。它的求证过程是：

求证论题：p
设反论题：非 p
证明：非 p 是假的
根据排中律，非 p 假，所以 p 真

优孟要证明的论题是“不该用重礼葬马”。为了证明这个论题，他首先提出反论题“该用重礼葬马”，然后证明“该用重礼葬马”就会使诸侯各国知道大王贱人而贵马，即“该用重礼葬马”是错误的。既然“该用重礼葬马”是错误的，根据排中律，那么论题“不该用重礼葬马”就是真的了。优孟运用反证法，既可以避免直接触犯楚王，又可以把重礼葬马的危害讲深刻，从而顺利说服了楚王。

反证法由于避免正面表态，而且说理十分有力，所以人们常常使用它。特别是从正面很难证明的论题，反证法就有特殊的作用。古代无神论者王充在《论衡》中提出了“人死不为鬼”的著名论断。在当时，这个论题要从正面证明是相当困难的。王充除了努力从正面证明外，更重要的是从反面进行了有力的证明。他首先假设“人死为鬼”，然后指出，到现在为止，人的数目应当不如鬼多，鬼的数目当以亿万数来计算，这样就到处是鬼，人们在道路上行走，就会一步遇到一个鬼。人们所见到的鬼，应当有数百万，充满整个房子，填满大街小巷，不会只见到一两个鬼。而且所见到的鬼，应该是赤身裸体的，因为衣服冠带无精神，它早已与形体一起腐烂了，鬼怎么能穿上衣服呢？但是儒家之徒所宣扬的鬼，却是衣冠楚楚，与人无异，可见，“人死为鬼”是不对的。

王充运用反证法是十分机智的，它令人信服地证明了“人死不为鬼”的论题。

青梅煮酒

小说《三国演义》第二十一回，曹操邀请刘备到他府上作客，青梅煮酒。酒至半酣，忽然阴云密布，骤雨将至。曹操对刘备说：“你久历四方，必知当世英雄。请指给我看看。”刘备推辞说：“我刘备肉眼，哪里知道天下英雄？”曹操说：“不要过谦嘛！”刘备又推辞说：“我承蒙皇恩，在朝廷做官，见的人不多，谁是天下英雄，实在不知道。”曹操哪里肯放过刘备？又说：“你没有见过他们，总听说过他们的名字吧！”

刘备被逼得无法，只得说：“淮南袁术，兵粮足备，可为英雄？”

曹操笑着说：“他是冢中枯骨，我早晚要擒获他！”

刘备说：“河北袁绍，四世三公，门生故吏数不胜数。如今盘踞在冀州，手下有本领的人很多，是不是英雄？”

煮酒论英雄

曹操又笑着说："袁绍色厉内荏，好谋寡断。干大事而吝惜生命，见小利而不顾死活，不是英雄啊！"

刘备说："有一个人名称八俊，威震九州，他的名字叫刘景升，是不是英雄？"

曹操摇摇头说："刘表徒有虚名，不是英雄。"

刘备说："江东领袖孙伯符，血气方刚，该是英雄了吧！"

曹操说："孙策是凭借他父亲的名声，哪里是英雄？"

刘备又说："益州刘季玉，是不是英雄？"

曹操说："刘璋虽然是皇家宗室，但只不过是守护家园的一条狗，怎么会是英雄？"

刘备最后说："张绣、张鲁、韩遂这几个人怎么样？"

曹操拍手大笑说："这些碌碌小人，何足挂齿？"

刘备把手一摊，说："除此以外，我刘备实在是不知道啊！"

曹操说："要说英雄，就要胸怀大志，腹有良谋，有包藏宇宙之机，吞吐天地之志。"

刘备问："那么，谁能当英雄？"

曹操用手指了指刘备，然后又指了指自己，说："如今天下的英雄，只有你和我啊！"

刘备一听，大吃一惊，手中的筷子惊得掉在了地上。此时正巧大雨将至，雷声大作。刘备从容地弯腰捡起了筷子，掩饰了心中的惊慌。

曹操青梅煮酒论英雄，运用的是选言证明。选言证明是通过确定除论题以外所有可能情况的虚假，从而推出被证明论题的真。选言证明的过程是：

被证明的论题：p

提出与论题有关的所有情况：或 p 或 q 或 r

确定除 p 以外的所有情况的虚假：非 q 非 r

根据选言推理得出结论：所以，p 真

曹操所要论证的论题是"当今天下英雄是刘备和我曹操"。他故意让刘备历尽天下著名人物，然后一一否定，最后根据选言推理的否定肯定式得出："如今天下的英雄，只有你和我啊！"这个结论合乎逻辑，把"勉从虎穴暂趋身"的刘备吓得把筷子都掉在地上。

立刻证明

在《百喻经》中记载这样一个故事：从前有许多人坐在一间房子里闲谈，说起某一个人的品行，其中有一个人说："这个人呀，其他方面都不错，只是一样不好，就是办事鲁莽，动不动就发怒。"

恰巧这个人从门口路过，听到这话，勃然大怒，一脚就把大门踢开，揪

孙中山像

住说话的人挥拳就打，一边打一边大叫：“你给我说清楚，我到底什么时候鲁莽过？！什么时候发过怒？！”

别的人连忙拉住他的手，说：“过去的都不说了，现在不就证明了吗？”

“啊？”那人听了，一句话都说不出来。

这个鲁莽汉子为什么说不出话来，因为用自己的行为直接证明了自己“办事鲁莽，动不动就发怒”的品行。这种用确凿的事例来说明论题的真实性的证明，就是事实证明，也称例证法。选择具有典型意义的事实来证明，往往比其他任何道理都有说服力。人们常说“事实胜于雄辩”，就是这个道理。

中国革命的先行者孙中山先生在一次讲演中，为了说明国家与个人的关系，他说了一个真实的故事：

南洋爪哇有一个财产超过千万的华侨巨商。有一天，他外出访友，却因未带夜间通行证和夜灯而无法返回家中。因为当地法令规定，华人夜出如无通行证和夜灯，一旦为荷兰巡警查获，轻则罚款，重则坐牢。出于无奈，他只得花一元钱，请一个日本妓女送自己回家。因为荷兰巡警不会问日本妓女的客人。

孙中山说：“日本妓女虽然很穷，但是她的国家很强盛，所以她的地位高，行动也就自由。这个中国人虽然很富，但他的祖国却不强盛，所以他连走路也没有自由，地位还不如日本的一个娼妓。如果国家灭亡了，我们到处都要受气。不但自己受气，子子孙孙都要受气啊！”

孙中山先生运用的这个事实，有力地支持了他的论题“国家的强弱与个人的地位息息相关”，他的话如同电击一般打在听众的心弦上，激起了强烈的共鸣。

我国古代人非常善于运用事实证明。有一个成语叫“杞人忧天”，说的是古时杞国有一个人，担心天会掉下来，地会陷下去，弄得自己无处安身。他整天愁眉苦脸，提心吊胆，坐也不是，立也不好，甚至连觉也睡不着，饭也吃不下。有个热心的人就跑过去向他解释：“天不会掉下来，地也不会陷下去。因为天不过是堆积起来的气体，没有一个地方没有这种气。你一举一动，一呼一吸，到处都跟大气打交道，整天都在天空里活动，为什么还怕天会掉下来呢？”

那个杞人听了，将信将疑，问道：“天要是真的由大气堆积起来，那么日月星辰挂在上面，不会掉下来吗？”

热心的人说：“日月星辰也是由气体聚集而成的，不过能发光罢了。即使掉下来，也绝不会伤害人。”

杞人想了一想，又问道：“要是地陷下去，那怎么办呢？”

那个热心的人继续解释：“地不过是堆积起来的土块罢了，它充满着各个角落，你整天在地上活动，踩着泥土，东走西跑，为什么要担心它会塌下去呢？”经过一番解释，那个杞人才明白过来，心头好像放下了千斤重担。

这个热心的人证明“天不会掉下来，地也不会陷下去”这一论题，用的就是事实证明，虽然他讲的事实今天看来，很多是不科学的，但在两三千年前，能有这种认识，已经是非常不容易的了。

鸡蛋的故事

世界著名航海家哥伦布发现美洲新大陆后，凯旋西班牙，受到成千上万的西班牙人的迎接，国王和王后还特地在王宫里举行了隆重仪式欢迎他。当时还从未有过一个普通人受到如此的礼遇，这引起了一部分人的妒忌和不满。

在一次宴会上，有一个人站起来对哥伦布说："你发现了新大陆，这有什么了不起呢？我看不出这有什么值得大惊小怪的，任何一个人都可以发现，这是再简单不过的事了。"

"对，这是最简单的事！没什么了不起！"另一个人大声附和。

"哈哈哈！"其他的人一起乱起哄。

哥伦布听后微微一笑，没有吱声。当讥笑声停了下来后，他站了起来，从盘子里取出一个鸡蛋，对周围的人说："先生们，你们当中有谁可以使这个鸡蛋竖立起来？"

听到这个奇怪的问题，在座的人都感到迷惑不解。他们轮流拿起这个鸡蛋尝试，可是没有一个人成功。于是，大家都说这是不可能的。

哥伦布接过鸡蛋，小心地将它一头的蛋壳敲破了一点，鸡蛋就竖立起来了。他抬起头，扫视了大家一眼，平静地说："先生们，还有什么比这更容易的呢？可你们却说是不可能的。这是再简单不过的了！任何人都可以做得到的——在有人做过了以后。"

哥伦布说完之后，大家沉默不语。过了一会，有人带头鼓起掌来。

哥伦布这个证明是一个经典。他证明的论题是："发现新大陆是不简单的。"他证明的方式很特殊，用竖立鸡蛋来比喻发现新大陆，这种借物喻事的论证方法，就是比喻论证。比喻论证是根据两个事物有某种相同或相似，而推出其他属性也相同的证明方式。哥伦布从大家无法使鸡蛋竖立起来，而自己却能打破常规使鸡蛋竖立起来的事实出发，推出为什么其他人没有发现新大陆而自己却能发现的原因。

比喻论证虽然不具有必然性，但是它生动形象，发人深思，是巧妙的证明方法。我国古代运用比喻论证的不乏其人。有一次。巫马子在路上见到了墨子，他笑着对墨子说："您竭力推行兼爱的主张，可是这么久了，天下的人并没有得到好处。我一直反对您的主张，也已经很长时间了，但天下人并没有遭到什么危害。可见你我的做法都对社会没有起到什么影响，您为什么

墨子像

还坚持自己的主张呢？”

墨子看了看巫马子，笑着说：“这个道理连小孩子都明白，可你为什么总是糊涂呢？我给你举个例子吧！假如现在有人放火烧了你的房子，有个人急忙提水去灭火，另一个人拿着火把、木材去助长火势，虽然他们都没有达到目的，但你认为这两个人谁对谁错呢？”

巫马子不假思索地说：“当然是那个救火的人对呀！而那个想火上加油的人不是好东西。”

墨子听了哈哈一笑：“你说得对极了，虽然他们两人的目的都没有达到，但是，谁是谁非还是能判定的。我主张兼爱，你反对兼爱，虽然你我的目的都没有达到，但是谁对谁错还是一目了然的。”

说完，墨子大笑。巫马子一句话也没说，转身就走了。墨子机智地运用了“灭火与助燃”的比喻，巧妙地论证了自己观点的正确性。

猎苑嫌大

齐宣王整天不理朝政，率领宠臣，带着飞鹰走狗，到处打猎。

有一天，齐宣王问孟子：“我听说周文王围了方圆七十里的地方作为打

吕不韦像

猎的场地，这是真的吗？”

孟子说：“史书上是有这样的记载。”

齐宣王吃惊地追问：“方圆七十里，真的有这么大吗？”

孟子回答说：“当时的老百姓还嫌它小呢！”

齐宣王叹了口气说：“哎！我只围了方圆四十里的地方作为打猎的场地，老百姓就嫌它太大。现在的老百姓真是不通情达理啊！”

孟子解释说：“周文王的打猎场地虽然方圆七十里，可是老百姓可以进去砍柴，进去抓兔子，进去打鸟。实际上，周文王同老百姓一起享用这块打猎的场地，这叫与民同乐。因此老百姓嫌它太小，这不是很自然的事吗？”

孟子稍微停顿了一下，继续说：“可是您的打猎场，不准老百姓随便出入，如果在场内打死一只鹿，就要判死刑。这不就是等于在国内挖了一个方圆四十里的大陷阱吗？老百姓嫌这个陷阱太大，不也是合情合理的吗？”

孟子的一席话，说得齐宣王哑口无言。

孟子为了论证“与民同乐”，运用了正反对比的方法，即把周文王猎场的使用情况，与齐宣王猎场的使用情况，形成鲜明的对比，从而证明周文王能与民同乐而齐宣王不能与民同乐的道理。这种将两件事摆在一起，进行鲜明对照的证明方法，就叫做对比证明。

对比证明有很强的说服力。战国末期，秦国为了控制燕国，派张唐到燕

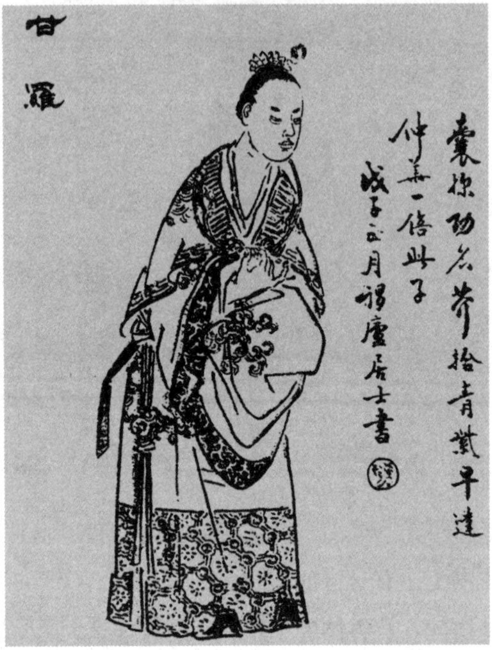

甘罗像

国去做国相，但是张唐死活不肯去。国相吕不韦费尽口舌，张唐就是不从。当时才 12 岁的甘罗听说后，自告奋勇要求去说服张唐，吕不韦已无计可施，只好答应甘罗去试一试。

甘罗立刻去见张唐，对他说：“您的功劳跟武安君比，哪个大？”甘罗说的武安君是指秦昭王时的名将白起，他曾击败过韩、魏、赵、楚等国，为秦国夺得大片土地，封为武安侯。张唐说：“武安侯南败强楚，北胜燕赵，战必胜，攻必克，获得的城市不计其数。我的功劳怎么可以和他相比？”

甘罗又问：“秦昭王时的国相应侯（范雎）跟我们现在的国相文信侯（吕不韦）比，哪一个更受到大王的信任，哪一个更有权呢？”

张唐说：“当然文信侯比应侯更有权。”

“您真的知道文信侯比应侯更有权吗？”甘罗故意追问一句。

“真的，这是明摆着的事，谁人不知？”张唐说。

“既然您知道您的功劳不如武安侯，又知道现在国相的权力超过当年的应侯，那么，我明白地告诉您，您很危险了。”

“此话怎讲？”张唐不安地问。

“当年应侯想攻打赵国，而白起不赞成，结果白起被应侯逼死。这您一定是知道得很清楚的。如今文信侯亲自请您到燕国去，而您却不肯去，我不知道您将死在什么地方了。”

甘罗的一席古今对比，说得张唐毛骨悚然，面如土色。

“好，那我就答应去燕国，马上就出发！”张唐战战兢兢地说。

吕不韦费尽口舌也没有说服张唐去燕国，而小甘罗三言两语却让张唐接受使命，这就是对比证明的威力。

二　反驳的智慧

赫尔岑的幽默

有一次，俄国著名作家赫尔岑应朋友的邀请去参加一个音乐会。

音乐会的节目刚开始不久，赫尔岑就十分厌烦地用双手捂住耳朵，打起瞌睡来了。这时，女主人对赫尔岑的反常举动感到非常奇怪，便走到他的身边，轻轻推了赫尔岑一下，问他："先生，您身体不舒服吗？"

"不，我身体很好，夫人。"

"噢，您不喜欢音乐？"

"哪里！我喜欢优雅的高尚的音乐。不过，"赫尔岑指着演奏的地方，摇摇头说，"这种低级的轻佻的音乐有什么好听的！"

女主人惊叫起来："您说的什么呀？我们的作家！这里演奏的都是世界上最流行的歌曲呀！难道还不高尚吗？"

赫尔岑平心静气地反问女主人："难道流行的东西都是高尚的吗？"

女主人对赫尔岑的反问不以为然，不服气地说："流行的东西当然是高尚的，不高尚的东西怎么能够流行呢？"

赫尔岑听了女主人的这句话，哈哈一笑，幽默地说："那么，流行性感冒也是高尚的了！"

"这——"女主人红着脖子，说不出话来。

赫尔岑用风趣的语言反驳了女主人。所谓反驳，就是根据一个或一些已知为真的命题，来确定对方论题、论据的虚假，或论证方式不能成立的思维过程。反驳通常从三个方面人手：反驳论题、反驳论据或反驳论证方式。赫尔岑的反驳是反驳对方的论题。女主人话中的论题是“凡流行的东西都是高尚的”，从这一论题出发，运用三段论推出了“这些乐曲是高尚的”。其具体推理过程是：“流行的东西是高尚的，这些乐曲是流行的东西，所以这些乐曲是高尚的。”赫尔岑把锋芒对准女主人的论题，因为驳倒了对方的论题，对方的结论也就不攻自破。

赫尔岑反驳女主人的话中包含这样一个推理；

如果凡流行的东西都是高尚的，那么流行性感冒也是高尚的，因为流行性感冒也是流行的东西；

事实上，流行性感冒并不是高尚的，

所以，并非凡流行的东西都是高尚的。

赫尔岑运用推理巧妙地驳倒了女主人的论题，所以女主人理亏词穷，说不出话来。

运用推理可以驳倒对方的论题，利用事实也可以驳倒对方的论题。“狼和小羊”的故事，大家都听说过，小羊就是用事实反驳狼的论题：

狼看见一只小羊在河里喝水，就想找个理由把它吃了。于是就对小羊说：“你这该死的家伙！竟敢把河水弄脏了，存心不让我喝水！”小羊说：“我是紧紧靠在河边喝水，不会把水弄脏的。况且，您是在上游，我是在下游，水是从您那儿流到我这儿，我怎么会把您喝的水弄脏呢？”

狼生气地说：“听说，去年你在背地里说我的坏话！”

小羊说：“亲爱的狼先生，那是没有的事啊！去年我还没有出生呢！我怎么会讲您的坏话？”

小羊用确凿的事实非常容易地把狼的两个论题驳倒了，这就是事实反驳的威力。

钱若水办案

宋朝大学问家司马光在《涑水记闻》一书中，记载了北宋名臣钱若水平反冤狱的故事：

钱若水在同州任推官的时候，一天，一个富家大户的小丫环逃亡出走，不知去向。丫环的父母到州里告状，知州命令录事参军办理此案。录事参军过去曾向这个富户借钱而遭到拒绝，于是诬称富家父子合谋杀害丫环，并弃尸河中，尸体随水漂流而去，无从查找。富家父子数人经不起严刑拷打，终于屈打成招，被迫承认了杀人罪。定案以后，上报到同州，州官们进行复审，一致认为结论同案件事实相符，只有钱若水对案件发生怀疑，他把案件压了下来。他一压就是10多天，中间尽管知州多次催促，他总是借故拖延，上上下下的人都责怪他。

有一天，钱若水来见知州，他避开众人对知州说："我之所以扣发案卷，是因为暗中密访丫环的下落，现在已经找到了。"知州大吃一惊，说："丫环在哪里？"若水把丫环秘密地送到知州那里，让她藏在竹帘后面，然后把丫环的父母找来，问道："如果你们现在看到自己的女儿，还能认识她吗？"丫环的父母回答说："哪有不认识的道理？"于是钱若水从竹帘内把丫环唤出，丫环父母一看就说："这正是我们的女儿。"于是真相大白，知州把被诬告为杀人凶手的富户父子从狱中提出，打开刑具，全部释放，一起冤狱得以平反。富户父子出狱后，对钱若水非常感激。

录事参军判定富户父子犯了谋杀罪，其证据是小丫环"不知去向""尸体随水漂流而去，无从查找"。为了弄清案情，查明真相，钱若水对案子本身不发表任何意见，对拟议中的错误判决也不进行驳斥，而是在证据上下工夫。他派人寻找失踪的丫环，找了10多天，终于把丫环找到了。这就说明丫环还活着，也就是彻底否定了原来的证据。否定了证据，原来所谓"富家父子合谋杀害丫环"的说法就不攻自破了。

钱若水破案的方法，从反驳的种类来看，就足反驳论据。反驳证据就是证明对方论据是虚假的。因为论题的真实性是由论据的真实性确定的，驳倒了对方的论据，犹如釜底抽薪，它说明对方的论题不能从对方的论据中得出。当然，从逻辑的角度看，驳倒了对方的论据，一般并不能就能确定对方论题的虚假。

李白是西域胡人？

李白是我国唐代大诗人，围绕他的出生，学术界曾展开热烈讨论。有一种观点认为：“李白必为西域胡人。”其理由是：在南北朝和隋唐时代，有不少西域胡商和传教者来到内地活动，内地也有不少商人流入西域经商。以陈先生为代表的学者，列举了许多事例，说明六朝隋唐时代，蜀汉地区也成了西域胡人经商的地方。因此他断言：李白的先人和李白自己一定是西域胡人。

郭沫若先生不同意这种观点，他写文章反驳了这种观点。郭沫若没有反驳对方的论据，因为这个论据是事实，也没有直接反驳对方的论题，而是反驳对方的论证方式。他指出，对方的论据“六朝隋唐时代西域和内地有来往”，与其论题“李白必为西域胡人”之间没有必然逻辑联系，也就是指出以对方的论据证明不了自己的论题。

郭沫若的反驳是十分有力的。因为驳倒了对方的论证方式，就说明从对方的论据推不出论题，也就是说，对方的论题没有得到证明。从这里可以看到，所谓反驳论证方式，就是指出从对方的论据中推不出所要证明的论题来，即揭露对方证明中犯了“推不出”的逻辑错误。当然也要注意，驳倒了对方的论证方式，并不意味着驳倒了对方的论题。

在审案破案中，发现论证方式上的破绽，就能纠正冤假错案。古时候，有个叫余良肱的官员，他在荆南当司理参军时，发生一起杀人案，被捕获的“凶手”已经承认自己是杀人犯，其他官员都认为可以结案了，唯独余良肱不表态。他仔细检验了被害人的尸体和使用的凶器，发现杀人的利刀有一尺多长，而死者的伤口却不到一寸。他对其他官员说："这种事情是不可能发生的，用一尺多长的刀砍人，砍出的伤痕怎么会不到一寸？这里面肯定有问题！"他把这个情况报告了上级，请求详细审查。后来，果然不出他的所料，这是一起冤假错案，真正的杀人凶手终于被抓到了。

余良肱为什么怀疑这起杀人案，因为他发现，"杀人的利刀有一尺多长"与"死者的伤口不到一寸"不符合。也就是说，用大刀子行凶所造成的伤口应该与大刀子的"尺寸"相符，一尺多长的刀不可能造成不到一寸的伤口。从逻辑上讲，就是"推不出"。正是由于余良肱指出了"推不出"的问题，才避免了一起冤案。

以意用药

归谬法是指在反驳的过程中，先假定对方的观点是正确的，然后从对方的观点中推出非常明显的荒谬结果，再根据充分条件假言推理的否定后件式，确定对方观点的虚假性。其过程是：

反驳：p

假设：p 真

推导：如果 p 真，那么 q

非 q

所以，并非 p 真

结论：p 假

运用归谬法反驳不仅生动有力，而且幽默、风趣，是最常用的反驳形式。《东坡志林》记有这样一件事：

有一天，苏东坡与他的老师欧阳修闲聊。欧阳修说："有一个病人，医生问他得病的原因，他说：'一次乘船外出，途中遭遇大风，自己受到惊吓而得此病。’医生听后，就取来多年的舵把子，这个舵把子上浸透了许多舵工的手心汗。医生从舵把子上刮下了细木屑，加上丹砂、茯神等药，为他治病，他喝下去后，结果病就好了。后来的《本草·别药性论》上记有这样的话：止汗用麻黄根节以及旧的竹扇子刮末入药。”

停了一会，欧阳修继续说：“中医以意用药，多类似这样做法，初看起来很像儿戏，然而有时也很灵验，恐怕也不容易问出个所以然来。”

苏东坡听后，微微一笑，说：“如果这样用药是正确的话，照这样说来，用笔墨烧灰给读书人喝下去，不是可以治昏惰病了吗？推此而广之，那么喝一口伯夷（孤竹君之子，与其弟互相谦让王位）的洗手水，就可以治疗贪心病了；吃一口比干（商纣王无道，比干谏而死）的残羹剩汁，就可以治好拍马屁的毛病；舔一舔刘邦的勇将樊哙的盾牌，就可以治疗胆怯病；闻一闻古代美女西施的耳环，就可以除掉严重的皮肤病。”

欧阳修听了哈哈大笑。

欧阳修从一个医生根据病人得病的原因，用舵把子上的木屑人药的事，得出中医是“以意用药”的结论。苏东坡当然不同意这个观点，他马上进行了反驳。他用的就是归谬法：先承认对方的观点是正确的，然后从对方的论题出发，引出一系列的荒唐结果，最后引得欧阳修哈哈大笑，不得不承认自己的说法是不对的。

从金表到皮箱

20 世纪 30 年代中期，香港茂隆皮箱行生产的皮箱由于货真价实而生意兴隆。他们的皮箱不仅占领了香港的市场，还畅销东南亚，各国的订单源源不断。这引起了英国的同行商人威尔士的嫉妒，他发誓要搞垮茂隆皮箱行。于是他蓄意敲诈。一天，他来到茂隆皮箱行，郑重其事地订购了 3000 只皮箱，价值 20 万元港币。合同规定茂隆皮箱行必须在 1 个月内交货，逾期不交或不能按质按量交货，由卖方赔偿贷款百分之五十的损失费。

茂隆皮箱行抓紧时间生产，不到 1 个月就制作了 3000 只皮箱。当茂隆皮箱行的经理冯灿带着皮箱准备向威尔士一手交货，一手取钱时，意想不到的事发生了：威尔士漫不经心地打开了几只皮箱看了几眼，指着皮箱里支撑的木条，怒气冲冲地叫嚷起来："我们定购的是皮箱，现在皮箱中竟然有木材，这还能称皮箱吗？你们必须赔偿我的损失！"

无论冯经理怎样解释，威尔士还是蛮不讲理。

俗话说，恶人先告状。威尔士仗着自己是英国人，香港当时又是英国的殖民地，就向法院提出起诉，要求茂隆皮箱行按合同赔偿损失。明眼人一看就知道威尔士是故意刁难，茂隆这下可要倒霉了。

果然，港英法院偏袒威尔士，企图判冯灿诈骗罪。冯灿走投无路，只得聘请了当时毫无名气的罗文锦律师出庭辩护。

法院开庭后，威尔士盛气凌人，非常嚣张。这时，只见罗文锦律师不慌不忙地从律师席上站了起来，胸有成竹地从口袋里拿出一块亮晶晶的大号金怀表，高声问法官："法官先生，请问这是什么表？"

法官看了一眼金表后说："这是一块英国伦敦出品的金表。但是，这与本案有什么关系呢？"

"绝对有关系！"罗文锦回答，然后高举着金表，面对法庭所有的人问道："这是金表，没有人怀疑吧？我也知道这是块金表，但是请问，这块金表除了表壳是镀金的以外，内部的机件难道都是金制的吗？"

"那还用说，当然不是！"坐在下面旁听的人说。

"这不是全金的表，那么，人们为什么又把它叫作金表呢？"稍作停顿，罗文锦接着高声说："既然并非完全用金制的表可以叫金表，那么，并非完全用皮制的箱子，为什么不能叫皮箱呢？由此可见，茂隆皮箱行的案件，不过是原告无理取闹、存心敲诈而已！"

罗文锦的辩护引起了一阵骚动，威尔士被驳得理屈辞穷，像泄了气的皮球，瞪着眼睛说不出话来。法官在众目睽睽之下，只得判威尔士败诉，以诬告罪罚款 5000 元结案。

从此，罗文锦在香港的名声大振。

威尔士控告茂隆皮箱行的理由是：“有木材支撑的皮箱就不是皮箱。”罗文锦律师在辩护中借助于类比推理来反驳威尔士这一观点：英国伦敦出品的金表，并不是全金的，里面有其他材料，但是人们都叫它金表；茂隆皮箱行制造的皮箱，里面用了一些木材支撑，并不是全皮的，当然也应该叫皮箱。罗文锦的反驳非常生动形象，而且很有说服力。我们把这种借助于类比推理来反驳的方式，叫做类比反驳。类比反驳虽然不具有必然性，但是却形象有力。

不存在的谷堆

在论辩中，有的人专讲歪理，用诡辩手法蒙骗人，甚至用不正当手段攻击人，这时，最有力的反驳方法是“以其人之道，还治其人之身”，即以毒攻毒。

有一天，阴云密布，雷声隆隆，天快要下雨了。大公吩咐欧布里德带人把晒谷场上的谷堆搬回仓库。欧布里德阳奉阴违，结果谷子全部被淋湿了。大公大怒，责问他为什么不把谷子收起来。欧布里德却辩解说：“一粒谷该不是谷堆吧？再加一粒，也不是谷堆。这样每加一粒谷，每次都不能形成谷堆，因此，谷堆根本就不存在，我搬什么呢？”

大公听了，只是微笑了一下。等到年底发薪水那天，只有欧布里德没有领到薪金。他去责问大公，大公十分平静地说：“一个钱币该不是你的薪金吧？再加一个，还不是你的薪金。这样每加一个钱币，而每次都不是你的薪金，因此，你的薪金根本就不存在，叫我怎么付给你呢？”

欧布里德只好自认倒霉。于是，欧布里德的薪金补偿了谷子的损失。

一天，欧布里德向邻居借了一笔钱，约定一个月后归还。还钱的期限到了，邻居向欧布里德讨债，他故作惊讶地说：“我没有借您的钱啊！”

邻居说：“你忘了吗？你是上个月向我借的，我可有证人。”

欧布里德恍然大悟，说：“对！上个月我借了您的钱，不过，您应该知道，哲学家说过，一切皆流，一切皆变。现在的我已经不是上个月向您借钱的我了，您怎么能叫现在的我为过去的我还钱呢？”

邻居被欧布里德的诡辩气得说不出话来，顺手拿了一根棍子，朝着欧布里德就是一顿痛打。“好，你打人啦！等着瞧吧，我要到法庭控告你！”

邻居笑嘻嘻地说：“你去控告谁呢？你不是说一切皆流，一切皆变吗？现在的我，已经不是刚才打你的我了。你要告，就告刚才打你的那个我吧！”

欧布里德无言以对，只好忍声吞气，自认倒霉。

对付欧布里德的诡辩，大公和邻居都运用了以毒攻毒、以牙还牙的方法。这种方法既简洁巧妙，又能充分揭露诡辩的荒谬性，让诡辩者尝足诡辩的苦头。

我国也有许多这样故事。宋朝张耒写的《明道杂志》记载：有个名叫丘浚的人去逛庙，庙里有一个老和尚见他寒酸，就对他十分冷淡。这时，恰巧有一个当官的也来逛庙，老和尚马上摆出一副笑脸，降阶相迎，热情招待，十分恭敬。等到当官的走了以后，丘浚问老和尚，为什么对当官的这样恭敬，对自己却冷若冰霜。

老和尚说：“你不懂，按我们佛门的规矩，恭敬就是不恭敬，不恭敬才是恭敬。”

丘浚听后，猛然间抄起木棍，对准老和尚的头就打，打得老和尚哇哇直叫。老和尚问丘浚为什么打人？

丘浚说：“既然恭敬就是不恭敬，不恭敬才是恭敬，那么，我打你就是不打你，不打你才是打你了。”

老和尚满面羞愧，无言以对。

老和尚胡说什么“恭敬就是不恭敬，不恭敬才是恭敬”（其实佛门根本没有如此规定），丘浚就“以其人之道，还治其人之身”，按照老和尚的逻辑，痛打了老和尚一顿。老和尚挨了打，也只好自作自受。

管仲辨人

有一种特殊的反驳方法，它并不否认对方的论据，而是利用对方的论据，

管仲像

从对方提供的事实中推出一个与对方论题相反的结论，从而达到反驳的目的。这种反驳的方法，可称为反推法。

管仲是春秋初期齐国的相国，他辅助齐桓公称霸诸侯。管仲临死前，齐桓公特地去看望他，问他谁可以接他的班。齐桓公想重用易牙、开方和竖刁。管仲连连摇头说：“万万不可。”

齐桓公说：“易牙为了让我尝尝人肉的滋味，把自己的儿子都杀了，这说明他尊重我超过了爱他的儿子，这样好的人，难道还有什么可以怀疑的吗？”

管仲说：“人们最疼爱的莫过于自己的儿女，易牙对自己最心疼的幼儿竟能残忍地宰杀，难道对国君还有什么真心吗？连人情都没有的人，千万不可用啊！”

齐桓公又说：“那么竖刁有什么可以怀疑的呢？他为了伺候我，把自己阉割了，他对寡人的忠诚不是超过爱惜自己的身体吗？”

管仲苦笑了一下，说：“人们最宝贵的莫过于自己的身体，竖刁连自己的身体都不珍惜，难道还能对您尽忠吗？这种人决不能亲近！”

齐桓公又说：“开方是卫国人，侍奉寡人已经 15 年了，他父亲去世的时候，都不去奔丧，说明他侍奉我，超过对他自己的父亲，这又有什么可怀疑的？”

这时，管仲长长叹了一口气，说：“人们最孝敬的莫过于自己的双亲，开方对自己的双亲如此残忍，连死都不去看看，难道对您还会尽忠吗？他放弃千乘之国的太子地位，前来侍奉您，可见他的野心有多么大，您可千万不要重用他，否则就会给大家带来祸乱。”

管仲死后，齐桓公十分悲痛，他想起了管仲的嘱告，于是罢免了易牙、开方和竖刁的官职。但齐桓公很快就发现，少了这三人，日子就过得不快乐。于是又把三人召回宫中。

又过了一年，齐桓公病重，易牙等三人乘机作乱，饿死了齐桓公，大杀朝臣，齐国大乱。

同样一个事实：宰杀幼子、摧残身体、不敬父母，齐桓公从中得出易牙、竖刁和开方是忠臣，要提拔重用。而管仲恰恰相反，他从这些事实中推出相反的结论，认为易牙等三人是奸臣，千万不能重用。管仲用的就是反推法，他的推论句句有根有据，齐桓公被管仲的推论说服了，并罢免了这三人的官职。可惜的是，齐桓公后来又召回了这三人，结果酿成大祸。

反推法能产生强烈对比，造成出乎意料的反驳效果。据说有一次，一个美国记者采访周恩来总理，他看到总理办公桌上有一支美国派克钢笔，就带着几分讽刺的口气问：“请问总理阁下，你们堂堂中国人，为何还要用我们美国的钢笔呢？”

周总理听出了他的弦外之音，回答说：“提起这支笔，话就长了，这是一位朝鲜朋友抗美的战利品，作为礼物赠送给我的。我无功不受禄，就拒收。朋友说，留下做个纪念吧。我觉得有意义，就收下了这支贵国的钢笔。”

那个记者听后，十分尴尬，半晌也说不出话来。美国记者本想利用这支派克笔来讽刺攻击总理欣赏美国货，哪里料到周总理却点出了这支笔的特殊经历和背景，狠狠地反驳了他。

烛邹有罪

还有一种特殊的反驳方法，它表面上是赞同对方的观点，使对方听起来很舒服，实际上说的是反话，是在反驳对方的观点。我们把这种反驳称之为反语反驳。

《晏子春秋》记载了这样一个故事：齐景公一次外出捕鸟，命令手下人烛邹看管捕获的鸟。烛邹不小心，让几只鸟飞走了。齐景公十分恼火，命令武士把烛邹拖出去杀了。烛邹苦苦哀求景公饶命。景公不听。站在一旁的晏子于心不忍，就立即上前拜见景公说："且慢！烛邹有三大罪状，请让我当面一条条地斥责他，然后再处死，否则太便宜他了。"

景公说："可以。"

于是，晏子指着跪在地上的烛邹说："你为国君管鸟，却让鸟飞走了，这是第一条罪状；我们的国君是个仁慈的人，现在被迫叫他杀人，这是你的第二条罪状；把你杀了，这事肯定要传出去，诸侯各国知道了，他们一定会批评我们国君看重鸟而轻视人，这名声多难听，这是你的第三条罪状。"斥责完毕，晏子转过身来对景公和武士说："现在可以把他押下去杀了。"

"慢！"景公说，"先生的话我明白了。算了，放了他吧！"

晏子说的是反话，表面上是斥责烛邹的罪状，实际上是批评景公"毫无仁慈之心""重鸟轻人"。既照顾了齐景公的面子，又把是非说清楚了，致使齐景公认识到自己的错误，并改正了错误。

用反语进行反驳，比较委婉、客气，容易为人们接受，所以，在下级对上级，晚辈对长辈的辩驳中运用较多。特别是在中国封建社会中，由于直言正谏容易触怒对方，招来杀身之祸，因此聪明的人，常常使用反语反驳。《史记·滑稽列传》中记载：有一年，秦始皇准备把打猎游乐的园林东扩至函谷关，西扩至雍县、陈仓一带。这样一来，几千万亩农田将被毁。秦宫中一个艺人，名叫优旃，擅长说笑话。他听说这个消息后，趁秦始皇高兴时，说："听说

秦始皇像

皇上要扩大园林？”

“有这么回事。”秦始皇得意地点了点头。

“好极了！皇上英明！”优旃说，“园林扩大了，可以多养些禽兽，如果敌人从东方来进攻，咱们可以命令大大小小的鹿去作战，用鹿角撞死他们！”

“这——”秦始皇马上清醒了，立刻下令停止扩大园林。

优旃运用反语，委婉地驳斥了秦始皇劳民伤财的举动。

三 谬误种种

什么是谬误?

两个学生来到老师办公室，问道：

“老师，什么是谬误？”

“谬误？”坐在窗口的历史老师，望着可爱的学生说：“我来告诉你们，从前有一个内阁大学士，他的儿子在科举考试中屡屡名落孙山，而这个儿子的儿子，也就是大学士的孙子，却在第一次考试中中了榜。为此，大学士经常骂他的儿子‘不肖’‘不成才’。可是他的儿子不服气，有一次辩解道：‘我的儿子中了进士，你的儿子却没有中进士，可见你的儿子不如我的儿子。既然你的儿子不如我的儿子，那就是说你不如我，你凭什么说我不肖、说我不成才呢？’你们说说看，这个儿子讲的话有没有道理？”

“当然没有道理，”一个学生抢着说，“从‘你的儿子不如我的儿子’中，是得不出‘你不如我’的结论！”

“回答得非常正确。”历史老师缓缓地说，“这个儿子的辩解就是谬误。所谓谬误，就是指人们在思维和语言表达中产生的各种逻辑错误，比如违反逻辑规律、逻辑规则而出现的错误。”

停顿了一会，历史老师又问：“你们知道大学士是怎样对待儿子的辩解的？”

“那当然是狠狠骂他一顿！”

“错了。大学士听了，哈哈大笑。从此以后，大学士再也不骂自己的儿子了。”

“看来，大学士认为自己的儿子说得对？”

“是的，大学士并没有发现儿子说的是谬论。也就是说，谬误会给人一种似是而非的感觉，人们有时很难识别。”

“那么，老师，诡辩是不是谬误？”

“问得很好，诡辩当然是谬误，而且是一种恶劣的谬误，或者说是一种自觉的、有意识的谬误。”

“老师，您能不能举个例子。”

“有两个人到我这里来做客，一个很干净，一个很脏。我请这两个人去洗澡。你们想想，他们两人中谁会去洗澡？”

“那当然是那个脏人。”学生肯定地说。

“错了，是干净人。因为他养成了洗澡的习惯。”老师反驳说，然后又问：“再让你们想想看，究竟谁去洗澡了？”

“干净人！”两个学生齐声说。

“又错了，是脏人，因为他需要洗澡。而干净人身上很干净，不需要洗澡。”老师又反驳说，然后再次问道：“如此看来，我的客人中谁洗了澡了？”

“脏人呗。”学生重复了第一次的回答。

“哈哈，不对，当然两个人都洗了。”老师解释说，“干净人有洗澡的习惯，脏人需要洗澡。那么，他们两人到底谁去洗澡了呢？”

“看来他们都去洗澡了。”两个学生犹犹豫豫地说。

“还是不对，他们两个人都没有去洗。”老师摇摇头说，“因为干净人不需要洗澡，脏人没有洗澡的习惯。”

“老师，您究竟叫我们怎么回答？”两个学生着急了，“我们每次回答都是错的，而您讲的每次都不一样，但又总是对的！”

“现在你们该明白了吧！我的回答就是诡辩，我的论点总是在不断变换，一会儿依据的是‘有无习惯’，一会儿强调的是‘脏不脏’，让你们无所适从。诡辩的特点就是似是而非、胡搅蛮缠、颠倒黑白、混淆是非，故意违反逻辑规律规则，专讲歪理。”

“那么，谬误有哪些具体表现呢？”学生问。

“表现是多方面的，它可以分为两大类：形式谬误和非形式谬误。前者是指违反逻辑规律、逻辑规则而产生的逻辑形式不正确的各种谬误；后者是指除形式错误以外的谬误，如预期理由、以人为据、诉诸情感、循环论证、虚假论据等等。”

“谢谢老师。”两个学生高兴地说。

安东尼的煽动

诉诸情感就是在论证中不依靠有充分根据的论证，而是利用激动的感情、煽动性的言词，去拉拢听众，投其所好，迎合一些人的不正当的要求，使人们支持自己的论点而出现谬误。

在莎士比亚的政治悲剧《尤里乌斯·恺撒》中，罗马统帅恺撒在安东尼等将领的支持下，密谋消灭共和制度，建立个人独裁的政权。以勃鲁脱斯和凯歇斯为首的共和派为了挽救共和秩序，密谋刺杀了恺撒。刺杀了恺撒之后，勃鲁脱斯在大市场向罗马市民发表演说，说明他们杀死恺撒的目的，是为了阻止他建立君主政权。他说：“并不是我不爱恺撒，而是我更爱罗马……因为他是勇敢的，所以我尊敬他；因为他有野心，所以我杀死了他。我用尊敬去崇仰他的勇敢，用死亡去惩戒他的野心。”经过勃鲁脱斯的演讲解释，在场的罗马市民都对勃鲁脱斯等人刺杀恺撒的行为表示赞同。

但是勃鲁脱斯犯了一个错误，他允许恺撒的心腹安东尼也发表演说。安东尼等人抬着恺撒尸体来到大市场，安东尼煽动性的演说使形势发生了大逆转。安东尼避而不谈恺撒的政治野心，因为他举不出任何有力的证据来证明恺撒没有想当独裁者的野心，而是极力赞美恺撒的功绩。他站在恺撒尸体前面，用催人泪下的声调赞美恺撒，把恺撒描绘成一个公正仁慈、爱护人民的人。他把恺撒尸体上的23处伤痕一一指出来给在场的群众看，他还当众宣布：恺撒留下的遗嘱是把自己的全部财产分给人民，每个罗马人都有一份！安东尼充满激情的煽动性演说，感染了在场的群众，他们群情激昂，齐声高呼着："尊敬的恺撒！伟大的恺撒！"叫嚷着要惩罚杀害恺撒的凶手。结果，勃鲁脱斯和其他共和派都被赶出了罗马，并很快被安东尼的部队镇压了。恺撒的后继者于是建立了三人执政的专政。

安东尼的演说运用的就是诉诸情感的手法。他本应证明恺撒没有独裁的野心，这是他无法证明的，因为恺撒确实想消灭共和制度。于是他采用了煽动群众感情的手法，在恺撒英勇善战、公正仁慈上大做文章，并利用恺撒身上的累累伤痕来蛊惑群众的情绪，结果群众的情绪被煽动起来了，激起了对恺撒的同情，失去了理性，不分是非曲直，把坚持共和秩序的勃鲁脱斯等人轰出了罗马，而安东尼等人的独裁梦竟顺利地得到了实现。

诉诸情感的表现是多样的，其中包括诉诸怜悯。诉诸怜悯是以某人某事值得怜悯、同情而作为论据进行论证的谬误。如有的盗窃分子，在审问中，常常以自己的家庭情况不好，上有年迈的老母、下有年幼伤残的儿女等情况，以此来博得别人的怜悯和同情，来为自己的罪行辩护。这就是诉诸怜悯的谬误。

一个鸡蛋的家当

论据是用来证明论题真实性的理由，论据如果不真实，论题的真实性就得不到支持。在论证过程中，经常有人使用虚假论据，把虚假的证据作为立论的基础和根据。这是非常荒谬的。

有一户贫民，穷得叮当响。一天，丈夫突然把他妻子送到官府，向官府告状说："我的全部家当都给这个恶妇败坏了，请老爷狠狠治她的罪！"

县官问："你的家当在哪里？怎么给她败坏的？"

丈夫就有板有眼地说了起来：

今天早上，他在路上捡到一只鸡蛋，赶快跑回家，高兴地对妻子说："我有家当了！我有家当了！"

妻子忙问家当在哪里？他拿出鸡蛋一晃说：“这就是！”

于是他就扳起手指头给妻子细细计算起来：“我拿这个鸡蛋，放到邻居家的鸡窝里去孵小鸡。等小鸡孵出来，我就把它抱回来下蛋。两天一个鸡蛋，一个月就可以得到15个鸡蛋。然后再孵成小鸡。两年内，鸡再生鸡，就可以发展到300只，能卖10两金子。用这10两金子，买5头母牛，母牛生母牛，3年可得25头牛。牛再生牛，又过3年，就能发展到150头，可以卖300两金子。我用这些金子放债，3年之间，连本带利，可以得到500两金子。这时拿出三分之二来买房置地，三分之一用来买奴婢，娶小老婆。我和你就可以过上神仙一样的日子。”

起初，妻子听他的打算，倒也乐得眉飞色舞，后来听到他要娶小老婆，气就不打一处来，伸手一巴掌，把鸡蛋打在地上摔碎了。

丈夫一看鸡蛋摔碎了，美妙的打算霎时成了泡影，就揪住妻子痛打一顿，然后把她送到官府。

县官听了十分好笑，叫了起来：“哎呀！这么大的一份家当，全坏在她的一巴掌之下，真是该杀，该杀！”

于是县官宣布判处“死刑”。

妇人一听号啕大哭，说：“丈夫说的全都是没影的事，为什么要判我死刑？”

县官故意说：“你丈夫娶小老婆也是八字还没有一撇的事，你为什么要妒忌呢？”

妇人说：“老爷问得对，可是我只是想早点根除祸害，性急一些罢了！”

县官哈哈一笑，把她放了。

在这个笑话中，丈夫状告妻子，证据完全是虚假的。

过于执断案

预期理由是论证时常犯的逻辑错误。所谓预期理由，就是在论证中所用的证据本身还是一些真实性尚未得到证明的命题。

昆曲《十五贯》写的是一段平反冤案的故事。无锡城中有个屠户叫做尤葫芦，由于好酒贪杯，把本钱喝光了，肉店被迫停业，依靠借当过日子。有一天，尤葫芦到郊外亲友处借到了十五贯钱，还喝了两壶酒，回到城里时已经深夜了。他同别人约好第二天早晨一起去买猪，准备重新开业。尤葫芦回到家后，他女儿苏戌娟问他十五贯钱从哪里来的？尤葫芦就给女儿开了一个玩笑，说这是把她卖给人家当陪嫁丫头的身份钱。苏戌娟不是尤葫芦的亲生女儿，他生父死后，母亲改嫁尤葫芦，苏戌娟就跟来尤家，不久母亲也死了。她听了继父的话，信以为真，乘尤葫芦沉睡之际，急忙离家出逃，去皋桥投奔姨母。由于她心慌意乱，忘了把大门带上，屋里的灯也没有吹灭。

当地有个赌棍娄阿鼠从尤葫芦家经过，见屋里有灯光，以为尤葫芦在杀猪，想再去赊几斤肉解馋。他进门后，看见尤葫芦醉卧床上，枕头下有大量铜钱，就动了盗窃之心。正当他偷钱时，尤葫芦被惊醒了，他扭住了娄阿鼠，于是两个人厮打起来。娄阿鼠怕偷钱的事会被张扬出去，就起了杀心，拿起肉案上的斧头砍死了尤葫芦。

第二天，与尤约好的人来叫尤葫芦，发现尤葫芦已被人砍死，立即报了官。

苏戌娟离家后迷了路，遇到一个青年男子熊友兰，向他问路，两人正好一路，便结伴同行。这时，官差前来捉拿凶手，正好遇见二人，便捉来归案。

无锡县知县过于执是个自命英明果断、实为昏庸糊涂的昏官。他一见苏戌娟，还没有开始问话，马上就断定她是杀人凶手，他的理由是：

看她艳如桃李，岂能无人勾引？年正青春，怎能冷若冰霜？她与奸夫情投意合，自然要生比翼双飞之意。父亲阻拦，因之杀其父而盗其财，此乃人之常情。这案情就是不问，也已明白十有八九的了。这一段话，表面看起来似乎有道理，实际上这些理由都是过于执的“想当然”，并没有得到证明。在过于执的脑子中，女人貌美，就一定有男子来勾引；姑娘年轻，必定会接受男子的勾引；男女有私情，就一定会私奔；父亲阻拦，这一对男女就必定杀父盗财。

过于执把自己的主观想象当作证据，判处苏戌娟和熊友兰死刑。

后来，苏州知府况钟经过一番调查研究，弄清了案情，找到了杀人凶手娄阿鼠，假案才被推翻，冤案才得到平反。

以想当然、预期理由来断案，哪能不造成冤案？以想当然、预期理由来证明，是极其荒谬的。

樵夫也会听琴？

有一种常见的谬误，就是“以人为据”，即以人的地位高低贵贱、名声大小、关系亲疏、个人品质的好坏等作为立论或驳论的唯一根据。

明朝冯梦龙在《警世通言》的第一卷中讲述了俞伯牙与钟子期相遇的故事：

俞伯牙是春秋时期晋国的上大夫，著名弹琴高手。一次他出使楚国，回来时乘船行至汉阳江口，遇到雨过天晴的好天气，就开囊取琴，弹曲一首。不料发现有人偷听，伯牙大喝一声：“何人偷听？”

钟子期答道：“我乃一樵夫，闻君雅操，少驻听琴。”

俞伯牙大笑：“山中打柴之人，也敢称‘听琴’二字！那我刚才弹的是什么曲子。”

钟子期说：“方才大人所弹的是‘孔仲尼叹颜回’。”

伯牙大喜，请钟子期上船细谈。

钟子期一身樵夫穿戴，身披蓑衣，手持尖担，腰插板斧，脚踏芒鞋。伯牙一见钟子期的装束，就皱起眉头，心想，一个山村樵夫，懂得什么音乐？怎么会听琴？因此也不问姓名，也不叫手下人端茶。而是提出一连串有关乐器的专业问题来为难钟子期。没想到钟子期对答如流。伯牙还是半信半疑，以为钟子期掌握的只是记问之学，并没有真才实学。于是沉思半晌，心里想着高山，弹奏一曲。伯牙一停手，钟子期就说：“太好了，简直像巍峨的高山屹立在眼前！”伯牙不答，又凝神一会，心里想着流水，再弹一曲。钟子期又赞美道：“妙极了，这琴声宛如奔流不息的江河！”

伯牙大惊，推琴而起，与钟子期行宾主之礼，连呼：“失敬失敬！石中有美玉之藏，若以貌取人，岂不误了天下贤士！先生高名尊姓？”

子期听琴

“小人姓钟名徽，字子期。”

伯牙拱手道：“是钟子期先生。下官俞瑞。”

“原来是伯牙大人。”

从此，两人结为兄弟，成为知音。

第二年，伯牙抱着七弦琴，去看望钟子期。不料，这时钟子期已经去世。俞伯牙立即把琴摔碎了，悲痛地说：“知音已不在人世，我还弹什么琴？”从此以后，俞伯牙再也不弹琴了。

俞伯牙一见钟子期是个打柴的，马上得出一个结论：他不懂音乐、不会听琴。这就是“以人为据”。后来的事实证明，俞伯牙错了。钟子期不仅懂乐理、懂乐器，而且欣赏水平极高，是俞伯牙唯一的知音。俞伯牙虽然犯了“以人为据”的逻辑错误，但他能知错就改。有的人就不行。

意大利著名物理学家、天文学家伽利略曾经讲过这样一个故事：

一个经院哲学家坚决不相信人的神经在大脑中会合这一科学结论。一个解剖学家邀请他去参观人体解剖。这个经院哲学家在解剖室里亲眼看到人的神经确实是在大脑中会合，而不是像亚里士多德所说的那样在心脏会合。之后，解剖学家对他说："现在你该相信了吧！"没想到这位经院哲学家却说："您让我这样清楚明白地看到了这一切，假如在亚里士多德的著作里没有与此相反的说法，即神经是从心脏中产生出来的，那我一定会承认这是真理了。"

可见这位经院哲学家在事实面前，仍然顽固不化地坚持"以人为据"的谬误。

以人为据，古代有，外国有，现在仍然有。最近有一家报社招聘编辑，报名者很多，其中有很多高学历者。考试的时候，主编发给每位应聘者一篇文章，让大家修改。有一位自学成才者一看这篇文章，觉得其中错误很多，就拿起笔大大地修改了一遍。当他修改完，发现情况不对头，考场中所有的人都坐着不动，一个字都没有改，眼睛都盯住他，好像在嘲笑他。他感到很奇怪，就把文章从头到尾又看了一遍，终于发现，在反面最后一行上写着"选自余秋雨某书"。他脑子"轰"了一下，余秋雨写的文章难道还有错误？但是，他很快冷静了下来，坚信自己改得对。

主编收了考卷后，笑着说："我们的打字员犯了一个错误，打错了这篇文章的作者。"

最后，报社录取了这名自学成才者。

那么多高材生为什么被淘汰？因为他们以人为据，不从实际出发。

胸中有圣人

在论证中，论题的真实性是从论据的真实性中推出来的，所以，论据的真实性不能依赖论题来说明。"循环论证"就是用论据证明论题，又用论题证明论据的谬误。

莫里哀是17世纪法国最著名的喜剧作家，在他最后一个剧本《无病呻吟》中描述了这样一个情节：医学学士阿尔冈申请参加全国性医学团体，按照惯例，医学博士们对他进行了审核和考试。在考试中，第一位博士首先开口："你，学识渊博的学士，我十分崇敬的名人，请问你，什么原因和道理，鸦片可以

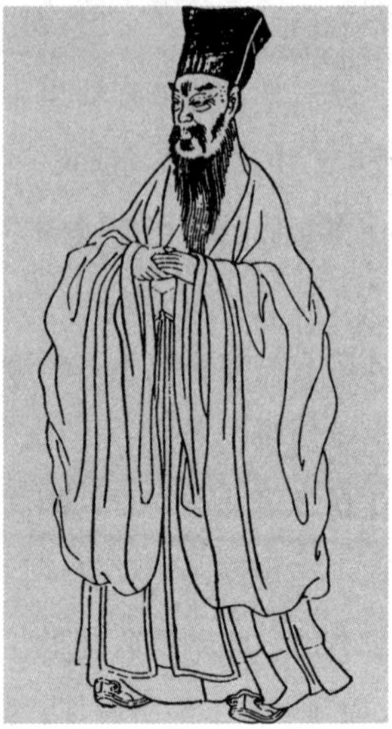

王守仁像

引人入睡？”

阿尔冈答道："高明的博士，承蒙您问什么原因和道理，鸦片可以引人入睡，我的答案是：由于它本身有催眠的力量，自然它会使知觉麻痹。”

第二个博士又问：“你，一个了不起的医生，你的回答给了我们无穷的智慧，请问你，什么原因和道理，鸦片具有催眠的力量？”

阿尔冈回答说：“伟大的博士，您的问题提得妙极了，我的答案是：鸦片催眠的力量来源于它能引人入睡，会使人的知觉麻痹。”

阿尔冈刚回答完，所有的博士齐声说：“好，好，好！回答得真好。够资格，够资格，可以踏进我们这医学团体的大门。”

莫里哀在这段对白中，揭露了中世纪的诡辩现象。阿尔冈的诡辩在于循环论证：鸦片之所以能引人入睡，是因为它有催眠的力量；鸦片为什么有催眠的力量？是因为它能引人入睡。论题和论据互为论据、互相证明，兜来兜去，什么也没有说清楚，什么也没有证明。

在《传习录》中记有这样一件事：有一天王守仁先生对大家说：“每个人心中都有个圣人，只是因为自信心不足，圣人就给埋没了。”然后，他回过头告诉于中说：“你胸中原来就有个圣人。”于中慌忙起来推辞。王守仁说：“这是你自家有的，为什么要推辞掉？”于中还是回答说：“不敢当。”

王守仁说："众人胸中都有个圣人，何况你于中？为什么要谦虚起来呢？靠谦虚是得不到的。"于中便笑着接受了。于是王守仁便笑着对大家说："你们看，于中心中有圣人了吧，可见每个人心中都有圣人。哈哈哈！"

王守仁以"每个人心中都有圣人"来证明"于中心中有圣人"；然后又以"于中心中有圣人"来证明"每个人心中都有圣人"，论题和论据互为论据，也犯了"循环论证"的逻辑错误。

登徒子好色乎？

论证有一条重要规则，就是论据与论题之间应当有逻辑联系，即要从论据能推出论题。如果论据与论题没有逻辑联系，从论据推不出论题，这个证明就是无效的。我们把这个谬误就称之为"推不出"。

战国时期，屈原的学生宋玉写了一篇文章《登徒子好色赋》，言辞极其美妙，至今为人们所传诵。在这篇文章中，记载了这样一个故事：

楚国大夫登徒子侍奉在楚襄王身边，劝告楚王："宋玉这个人样子长得美，又会说漂亮话，是个好色之徒，希望大王不要带他在后宫出出进进。"

楚襄王把登徒子的话告诉了宋玉，问他是否这样？宋玉回答说："我体貌长得美，是上天赋予我的；我会说话，是从老师那里学来的；至于说我好色，那是没影儿的事。"

楚襄王说："你说你不好色，有辩解的理由吗？如果理由充足你就可以留在我这儿，没有充分的理由就走开吧！"宋玉答道："天下的佳人莫过于楚国，楚国的丽人莫过于我的家乡，我家乡的美人莫过于我家东邻的女子。我家东邻的女子，她那身材如果增加一分就显得太高了，减少一分又显得太矮了；如果搽粉就太白了，抹上胭脂就太红了；眼眉像翡翠鸟青黑色的羽毛，肌肤如晶莹的白雪，腰身好似一束绢那样柔细，整齐的牙齿像白色的海贝一样洁白。她只要低眉顺眼微微一笑，就迷惑得阳城、下蔡的公子哥儿神魂颠倒。但是，就是这位美人趴在墙头上眉目传情地张望我三年，我至今都没有接受她的追

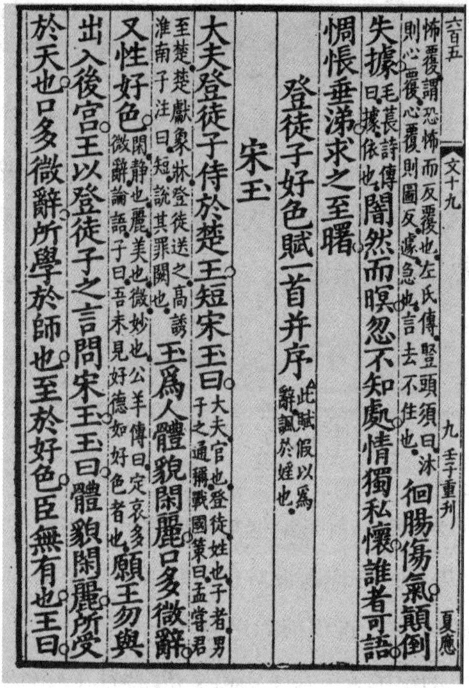

六百五　文十九　九　壬子重刊　夏應

怖覆謂恐怖而反覆也左氏傳豎頭須曰沐則心覆心覆則圖反遽急也言去不住也徊腸傷氣顛倒

失據毛萇詩傳曰據依也闇然而暝忽不知處情獨私懷誰者可語

惆悵垂涕求之至曙

登徒子好色賦一首并序此賦假以爲辭諷於婬也

宋玉

大夫登徒子侍於楚王短宋玉曰大夫官也登徒姓也子者男子之通稱戰國策曰孟嘗君至楚楚獻象牀登徒送之高誘淮南子注曰短說其罪闕也玉爲人體貌閑麗口多微辭

又性好色閑靜也麗美也微妙也公羊傳曰定哀多微辭論語子曰吾未見好德如好色者也願王勿與

出入後宮王以登徒子之言問宋玉玉曰體貌閑麗所受

於天也口多微辭所學於師也至於好色臣無有也王曰

《登徒子好色赋》

求。可是，登徒子就不同了。”

楚王问道：“登徒子怎么样啦？”

“登徒子的妻子非常丑陋，头发蓬乱，耳朵不灵，嘴巴秃短，露出几颗稀稀疏疏的牙齿，驼背再加上腿瘸，身上长着疥疮，屁股长痔漏。就是这样的女人，登徒子还非常爱她，和她生下五个孩子。登徒子连这样丑陋的女人都钟爱，如果是漂亮的女人，不是更甚了吗？请大王仔细考虑考虑这种情况，我与登徒子到底谁是好色的人呢？”

楚襄王被宋玉的花言巧语说服了，就没有辞退宋玉。

宋玉不管登徒子历来道德品质如何，也不管登徒子有没有不正当的男女关系，仅仅根据他同相貌丑陋的妻子感情好、生了五个孩子为理由，就断言登徒子是好色之徒，这是十分荒谬的。因为论据和论题之间没有逻辑的推论关系，从登徒子与相貌丑陋的妻子感情好、孩子多，是无论如何也推不出登徒子是好色之徒的结论的。宋玉的文章无论文辞多么美，也掩盖不了他立论的逻辑错误。

在我们日常生活中，犯“推不出”逻辑错误的是很多的。例如有的人以创立“相对论”的是爱因斯坦，而不是爱因斯坦的爸爸，来证明儿子比爸爸聪明；以创立“相对论”的是爱因斯坦，而不是爱因斯坦的儿子，来证明爸爸比儿子聪明，这都是犯了“推不出”的错误。有人以这人个子这么高，来证明他一定是篮球运动员；以脑袋小，来证明他笨，这也是“推不出”的，因为并非个子高就是篮球运动员，并非脑袋小就笨。

主要参考书目

[1] 彭漪涟等《趣味逻辑学》, 中国青年出版社 ,1981。
[2] 郑伟宏等《逻辑与智慧》, 湖南人民出版社 ,1983。
[3] 王政挺《中外奇辩艺术拾贝》, 东方出版社 ,1991。
[4] 王建伟《军旅逻辑漫谈》, 解放军出版社 ,1987。
[5] 周尚荣《大众逻辑学》, 甘肃人民出版社 ,1983。
[6] 王极《中学生逻辑趣谈》, 天津人民出版社 ,1983。
[7] 谭大容《笑话、幽默与逻辑》, 重庆大学出版社 ,1986。
[8] 刘锦方《趣味逻辑 100 题》, 黑龙江人民出版社 ,1986。
[9] 朱武《刑案逻辑解析》, 南开大学出版社 ,1985。
[10] 吴家麟《破案审案与逻辑》, 法律出版社 ,1982。
[11] 张同生等《逻辑知识与题解》, 贵州人民出版社 ,1985。
[12] 王晶雄《能言善辩》, 汉语大词典出版社 ,2001。
[13] 辛子牛主编《中国历代名案集成》, 复旦大学出版社 ,1997。